普通高等学校机械类专业规划教材

武汉理工大学本科教材建设专项基金项目

机械制造装备设计

主　编　文湘隆　　张锦光

武汉理工大学出版社

·武　汉·

内 容 简 介

本书是武汉理工大学校级"十三五"规划教材之一,是根据机械工程专业的课程教学计划编写而成的。

本书着重介绍机械制造装备的工作原理和设计的基本知识与方法。全书主要内容包括机床概论、机床设计、主要部件设计、夹具设计和机械加工生产线设计。

本书内容与生产实践紧密相连,取材精练,深入浅出,注重实用性,并适当反映制造技术与装备的发展动向。书中通过大量范例,详细说明机械制造装备设计的方法和步骤,方便读者学习和应用。

本书是机械工程学科的专业课程用书,既适用于高等工科院校机械类专业以及相关专业的教学,也可供从事机械制造装备设计及研究的工程技术人员参考。

图书在版编目(CIP)数据

机械制造装备设计/文湘隆,张锦光主编.—武汉:武汉理工大学出版社,2023.1
ISBN 978-7-5629-6737-8

Ⅰ.①机…　Ⅱ.①文…　②张…　Ⅲ.①机械制造—工艺装备—设计—教材　Ⅳ.TH16

中国版本图书馆 CIP 数据核字(2022)第 209733 号

项目负责人:黄玲玲　　　　　　　　　　责 任 编 辑:黄玲玲
责 任 校 对:李兰英　　　　　　　　　　排 版 设 计:正风图文
出 版 发 行:武汉理工大学出版社
地　　　　址:武汉市洪山区珞狮路 122 号
邮　　　　编:430070
网　　　　址:http://www.wutp.com.cn
经　　　　销:各地新华书店
印　　　　刷:武汉市籍缘印刷厂
开　　　　本:787mm×1092mm　1/16
印　　　　张:20.25
字　　　　数:493 千字
版　　　　次:2023 年 1 月第 1 版
印　　　　次:2023 年 1 月第 1 次印刷
定　　　　价:56.00 元

前　言

本书是机械工程专业的专业核心课程教材,主要内容包括绪论、金属切削机床概论、金属切削机床设计、机床主要部件设计、机床夹具设计、机械加工生产线总体设计等。课程学习的目的是掌握机械制造装备的基本类型、功能、结构和要求,掌握机械制造装备设计的基础理论知识、设计原理、方法和步骤,能从系统和系统部件的角度理解制造装备设计的特点和规律,具备制造装备总体设计和部件设计的基本能力。

针对课程内容是以机械制造传统知识为主的特点,本书的编写秉承"学以致用"的原则,力求做到删繁就简、弃旧图新,着重说明机械制造装备的基本原理及基本设计知识,适当地反映当前先进制造技术与装备的发展趋势。

本书在进行理论教学使用时,可根据专业、课时的具体情况进行调整,有些内容可在进行实验、课程设计和毕业设计时作为参考。

本书由武汉理工大学文湘隆、张锦光担任主编,并得到了武汉理工大学本科教材建设专项基金的资助。武汉理工大学出版社编辑黄玲玲对本书提出了许多宝贵的意见和建议,在此表示衷心感谢。

本书编写过程中,参考了许多同行作者的书籍和研究成果,在此一并致谢。

限于编者的水平,书中难免有不妥之处,恳请读者批评指正。

编　者

2022 年 6 月

目　　录

1 绪 论

1.1 概 述

制造业是国民经济的支柱产业,是制造生产资料和生活资料的主要生产部门,是一个国家经济发展、社会进步和人民生活水平提高的基本保证。无论在工业经济时代还是在信息技术时代,制造业都是国民经济的基础。而机械制造业是制造业的核心,其机械制造装备又是机械制造业的基础,直接为机械制造业提供生产用装备,同时间接为非机械制造业提供生产用机械设备,因此机械制造装备是机械制造业乃至整个制造业发展的基础,机械制造装备的发展水平是一个国家工业水平的重要标志。

随着社会需求的变化和科学技术的发展,机械制造业的生产模式发生着巨大的变革。与生产模式的变革相适应,机械制造装备的组成也发生了很大变化,目前,正在从传统的单机生产模式(单台机床及工装)向先进生产模式(数控机床及自动化)方向发展,而无论是单机生产模式还是先进生产模式都涉及机械制造装备问题。

1.1.1 机械制造生产模式的演变

在 20 世纪 50 年代以前,机械制造业推行的是"刚性"生产模式,自动化程度低,基本上是"一个工人、一把刀、一台机床",导致劳动生产率低下,产品质量不稳定;之后,为提高效率和自动化程度,采用"少品种大批量"的做法,强调的是"规模效益",以实现降低成本和提高质量的目的。在 20 世纪 70 年代,主要通过改善生产过程管理来进一步提高产品质量和降低成本。

从 20 世纪 80 年代起,我国开始实行改革开放政策,引进国外的先进制造技术,同时,与发达国家进行广泛的接触与合作。机械制造装备中较多地采用了数控机床、机器人、柔性制造单元和系统等高技术的集成,以满足产品个性化和多样化的要求,满足社会各消费群体的不同要求。机械制造装备普遍具有柔性化、自动化和精密化的特点,以便更好地适应市场经济的需要,适应多品种、小批量生产和经常更新品种的需要。随着计算机技术、电子技术及先进制造技术的飞速发展,这些高新技术也被广泛地应用于制造业的各个领域,加速了制造业的发展和变革。

在产品设计过程中,可采用计算机辅助绘图、辅助设计、三维造型、特征造型。利用计算机辅助工程分析软件,可以对零件、部件和产品的受力、受热、受振等各种情况进行工程分析、计算和优化设计。在工艺设计中采用计算机技术辅助编制工艺规划、选择刀具、选择或设计夹具。利用软件技术,生成刀具轨迹的数控代码,经过前、后置处理,便获得可以在数控机床或加工中心上进行零件加工的程序;通过仿真解决诸如刀具磨损补偿、避免干涉碰撞等问题。各种优化生产技术应运而生,包括物料需求规划(Material Requirement Planning, MRP)、制造资源规划(MRPⅡ)、考虑按设备瓶颈组织和优化生产(Optimized Production Technology,OPT)、考虑最优库存并准时生产(Just in Time,JIT)、企业制造资源计划 (Enterprise Resource Planning,ERP)等。此外,在加工现场,除数控车床、加工中心外,在 线的三坐标测量机、柔性制造单元(Flexible Manufacture Cell,FMC)和柔性制造系统 (Flexible Manufacture System,FMS)、各种自动化物流系统(如立体仓库、自动导引小车 等)、控制生产线的可编程序控制器(Programmable Logic Controller,PLC)等,也开始广泛 使用。计算机图形学同产品设计技术的结合产生了以数据库为核心、以图形交互技术为手 段、以工程分析计算为主体的计算机辅助设计(Computer Aided Design,CAD)系统。将 CAD的产品设计信息转化为产品的制造、工艺规划等信息,使加工机械按照预定的工序和 工步进行组合和排序,选择刀具、夹具、量具,确定切削用量,并计算每个工序的机动时间和 辅助时间,这就是计算机辅助工艺规划(Computer Aided Process Planning,CAPP)。将包 括制造、监测、装配等方面的所有规划,以及面向产品设计、制造、工艺、管理、成本核算等所 有信息数字化,转换为计算机所能理解的信息,并在制造的全过程共享,从而形成了所谓的 CAD/CAE/CAPP/CAM,上述系统构成了当前数字化制造中的数字化设计系统。为了对 世界生产进行快速响应,逐步实现社会制造资源的快速集成,要求机械制造装备的柔性化程 度更高,采用了虚拟制造和快速成型制造技术。数控技术和装备作为制造业的核心加工技 术,人们对其性能提出了更高的要求。

进入21世纪以来,数字化设计与制造的应用日趋广泛。数字化制造是指在虚拟现实、 计算机网络、快速原型、数据库和多媒体等支撑技术下,根据用户需求,迅速收集资源信息, 对产品信息、工艺信息和资源信息进行分析、规划和重组,实现产品设计和功能仿真,进而快 速生产出满足用户性能要求产品的整个制造过程。快速响应市场成为制造业今后发展的一 个主要方向。

现代设计方法、先进制造技术、计算机和网络信息化技术的发展,使得先进制造生产模 式不断涌现。技术的革新促进了智能制造系统的出现,人-机系统趋向于智能化。

制造生产模式的改变推动了生产力的发展,而计算机等技术的革新则促进了制造生产 模式的先进化,这反映出科学技术是改变生产力的第一要素。

1.1.2　机械制造业的作用和发展趋势

机械制造业是国民经济的基础产业,它的发展不仅直接影响国民经济各部门的发展,也 影响国计民生和国防力量的加强,因此各国都把机械制造业的发展放在首要位置。随着机 械产品国际市场竞争的日益加剧,各大公司都把高新技术注入机械产品的开发中,作为竞争 取胜的重要手段。

大量研究表明,在国民经济生产力构成中,制造技术的作用占60%以上。当今制造科 学、信息科学、材料科学、生物科学等四大支柱科学相互依存,但后三种科学必须依靠制造科 学才能形成产业和创造社会物质财富。而制造科学的发展也必须依靠信息科学、材料科学 和生物科学的发展,机械制造业是其他高新技术实现工业价值的最佳集合点。例如,快速成型机(3D打印)、虚拟轴机床、智能结构与机器人等,已经远超出了纯机械的范畴,而是集机械、电子、控制、计算机、材料、信息等众多技术于一体的现代机电一体化设备,充分体现了综合科学和个性化发展的内涵。

进入21世纪以来,全球制造业的发展速度越来越快,制造业正朝着制造全球化、制造敏捷化、制造网络化、制造虚拟化、制造智能化和制造绿色化等方向发展。

1.制造全球化

近年来,由于 Internet/Intranet 技术和交通手段的飞速发展,制造全球化的研究和应用得以迅速发展,其前沿内容主要有以下方面:

(1)市场的国际化,产品销售的全球网络化。

(2)产品设计和开发的国际合作。

(3)制造企业在世界范围内的重组与集成,如动态联盟公司。

(4)制造资源的跨地区、跨国家的协调、共享和优化利用。

(5)制造全球化的体系结构。

2.制造敏捷化

制造敏捷化是面向制造环境和制造过程的一种制造模式,其研究内容主要有以下方面:

(1)柔性,包括机器、流程、人、组织的运行柔性和扩展柔性等。

(2)重组,通过重组、重构的方式来增强对市场、新产品开发的快速响应能力。

(3)快速化的集成设计和制造技术,如快速原型制造(Rapid Prototyping/Parts Manufacturing,RPM)、集成设计法。

3.制造网络化

基于网络的制造,主要研究内容包括以下几个方面:

(1)企业内部的网络化,以实现制造过程的集成。

(2)企业与制造环境的网络化,实现制造环境与企业中工程设计、管理信息等系统的集成。

(3)企业与企业间的网络化,实现企业间的资源共享、组合与优化利用。

4.制造虚拟化

虚拟制造又称拟实制造,实际上就是实现产品制造的数字化。它是以制造技术和计算机仿真技术为基础,集现代制造工艺、计算机图形学、并行工程、人工智能、人工现实技术和多媒体技术等多种高新技术于一体,由多学科知识形成的一种综合系统技术。它通过建立系统模型将现实制造环境和制造过程映射到计算机及其相关技术所支撑的虚拟环境中,在虚拟环境下模拟现实制造环境和制造过程,并对产品制造及制造系统的行为进行预测和评价。

5.制造智能化

所谓智能制造系统,是一种由智能机器、人类专家共同组成的人机一体化智能系统,它在制造过程中能进行智能活动,如分析、推理、判断、构思和决策等。智能制造技术旨在使人与智能机器合作共事,从而扩大、延伸和部分地取代人类专家在制造过程中的脑力劳动,以实现制造过程的优化。

6.制造绿色化

绿色制造是一种综合考虑环境影响和资源效率的现代制造模式,其目的是使产品在从设计、制造、包装、运输、使用到报废处理的全生命周期中,对环境的影响最小,资源利用率最高。

制造业一方面创造人类财富,但同时又是环境污染的主要源头。制造业导致环境污染的根本原因是资源消耗和废弃物的产生。制造业的发展必须考虑到自然生态环境的长期承载能力,使环境和资源既能满足当代经济发展的需要,又能满足人类长远生存发展的需求,即制造业的发展必须以实现人与自然的和谐发展为基本前提,实现制造业的可持续发展。

绿色制造涉及的方面非常广泛,包括产品的全生命周期和多生命周期,主要有绿色设计、绿色材料、绿色工艺、绿色包装和绿色处理。绿色制造是目前和将来制造业应该予以充分考虑和重视的一个重大问题。

1.2　机械制造装备的分类及发展趋势

机械制造过程是对原材料进行热加工、冷加工,对零部件进行装配,对产品进行调试和检测、包装和发运的全过程。在此过程中使用的装备类型较多,大致可以分为加工装备、工艺装备、仓储输送装备和辅助装备四类。

1.2.1　机械制造装备的分类

1.加工装备

加工装备是机械制造装备的主体和核心,是采用机械制造方法制造机器零件或毛坯的机器设备,又称为机床或工作母机。机床的类型有很多,除了金属切削机床外,还有特种加工机床、锻压机床、快速成型机床等。

(1)金属切削机床

金属切削机床是利用刀具或磨具对金属工件进行加工,以获得几何形状、加工精度和表面粗糙度均符合要求的零件的机床。

金属切削机床种类繁多,按使用范围可分为通用机床、专用机床和专门化机床。

①通用机床,又称为万能机床。这类机床可加工多种工件,完成多种工序,具有使用范围广、通用程度高的特点,主要用于单件小批量生产。按切削方式,通用机床可分为车床、钻床、镗床、磨床、齿轮加工机床、螺纹加工机床、刨插床、拉床、锯床和其他机床。其中,其他加工机床有仪表机床、管子加工机床等。

②专用机床。这类机床是用于加工特定工件的特定工序的机床,是为特殊工艺要求专门设计、制造的加工设备,其结构简单、生产率很高,适用于大批量生产。组合机床是其中的一大分支。

③专门化机床。这类机床用于加工形状相似而尺寸不同的工件,生产率高,适用于成批生产,如凸轮轴车床、精密丝杠车床等。

此外,机床按其通用特性可分为手动、半自动、自动机床,普通、精密、高精度机床,仿形、数控、自动换刀机床,轻型、大型、重型及万能机床等。

(2)特种加工机床

随着军工、国防、航空航天、电子等尖端技术的发展,新材料、难加工材料不断涌现,对零件的加工精度和表面质量的要求越来越高,常规的加工方法难以甚至无法达到这些加工要求,特种加工技术便迅速发展起来。特种加工机床按其加工原理可分为电加工机床、超声波加工机床、激光加工机床、电子束加工机床、离子束加工机床、水射流加工机床等。

①电加工机床。电加工机床是利用电能对工件进行加工的机床,主要有电火花成型加工机床、电火花线切割机床和电解加工机床。

电火花成型加工机床是利用工具电极与工件之间产生脉冲放电的方法从工件上去除微粒材料以达到加工要求的机床。改变工具电极的形状和工具电极与工件之间的相对运动方式,可对复杂型面、导电的难加工材料,如淬火钢、耐热合金、硬质合金、金属陶瓷等进行加工。

电火花线切割机床是利用一根移动的金属丝(钼丝)作为电极,与被加工零件之间产生脉冲放电,加上液体介质,通过脉冲放电对被加工零件进行腐蚀,从而进行切割加工的机床。

电解加工机床是利用金属在直流电流作用下,在电解液中发生阳极溶解的原理对工件进行加工的机床。电解加工又称电化学加工。加工时,工件接电源正极,工具接负极,两者相对缓慢进给,并始终保持一定的间隙,让具有一定压力的电解液连续从间隙中流过,将工件上的被溶解物带走,使工件逐渐按工具的形状被加工成型。

②超声波加工机床。利用超声波能量对材料进行机械加工的设备称为超声波加工机床。加工时,工具做超声振动,并以一定的静压力压在工件上,工件与工具间引入磨料悬浮液,在振动工具的作用下,磨粒对工件材料进行冲击挤压,加上空化爆炸作用将材料切除。超声波加工适用于特硬材料,如石英、陶瓷、水晶、玻璃等材料的孔加工,以及套料、切割、雕刻、研磨和超声电加工等复合加工。

③激光加工机床。采用激光能量进行加工的设备统称为激光加工机床。激光是一种高强度、方向性好、单色性好的相干光。利用激光的极高能量密度产生的上万摄氏度高温聚焦在工件上,工件被照射的部分在瞬间急剧熔化和蒸发,并产生强烈的冲击波,使熔化的物质爆炸式地喷射出来,从而改变工件的形状。激光加工可以用于所有金属和非金属材料,如金刚石拉丝模、钟表的宝石轴承、陶瓷、玻璃等非金属材料,以及硬质合金、不锈钢等金属材料,常用于加工微小孔(直径为 0.01 mm 或更小)和材料切割(切缝宽度为 0.1~0.5 mm)。

④电子束加工机床。电子束加工是指在真空条件下,由阴极发射出的电子流被高电位的阳极吸引,向阳极方向运动,途中经过聚焦、加速和偏转,最后以高速和细电子束形式轰击工件的一定部位,该电子束能量密度和速度都极高,且直径仅为几微米,在极短的时间内将冲击动能转化为热能,使被加工部位温度在几分之一微秒内迅速升高到几千摄氏度,被冲击的局部材料瞬时熔化、汽化或蒸发,从而完成对工件的加工。电子束加工机床加工范围广,可对任何金属导体、半导体和非导体材料进行加工,常用于微细孔打孔、切割、焊接和熔炼等;也可利用电子束对某些高分子材料的化学作用,进行光刻加工。

⑤离子束加工机床。离子束加工是指在电场作用下,将正离子从离子源出口孔引出,在真空条件下,将其聚焦、偏转和加速,并以大量细离子束状态轰击被加工部位,由微观的机械撞击能量引起工件材料的变形与分离,从而实现工件的加工。离子束加工主要对工件进行穿孔、切割、铣削、成像、抛光、蚀刻、清洗、溅射、注入和蒸镀等加工。离子束加工机床就是利用离子束进行加工的装备。

⑥水射流加工机床。水射流加工机床是利用具有很高速度的细水柱或掺有磨料的细水柱冲击工件被加工部位,使被加工部位上的材料剥离,从而实现加工,常用于切割难加工材料,如硬质合金、陶瓷、高速钢、模具钢、淬火钢、耐热合金、复合材料等。高压水射流切割设备主要包括增压器、蓄能器、喷嘴、控制系统及辅助系统等。

（3）锻压机床

锻压机床是利用金属塑性变形进行加工的一种无屑加工设备,主要包括锻造机、冲压机、挤压机和轧制机四大类。

锻造机是使坯料在工具的冲击力或静压力作用下成型,并使其性能和金相组织符合一定要求的加工设备。按照成型的方法分类,锻造可分为自由锻造、胎模锻造、模型锻造和特种锻造;按照锻造温度的不同分类,锻造又可分为热锻、温锻和冷锻。

冲压机是借助模具对板料施加外力,迫使材料按模具形状、尺寸进行剪裁或变形的加工设备。按加工时温度的不同,冲压可分为冷冲压和热冲压。冲压工艺具有省工、省料和生产率高的特点。

挤压机是借助于凸模将凹模内的金属或塑料挤压成型的加工设备。根据挤压时温度不同,挤压成型可分为冷挤压、温挤压和热挤压。挤压成型有利于低塑性材料成型,与模锻相比,不仅生产率高、节省材料,而且可获得较高的加工精度。

轧制机是使金属材料在旋转轧辊的作用下变形的加工设备。根据轧制温度不同,轧制可分为热轧和冷轧;根据轧制方式不同,轧制又可分为纵轧、横轧和斜轧。

2.工艺装备

工艺装备是产品制造过程中所用各种工具的总称,包括刀具、夹具、模具、量具和辅助工具等,它们是贯彻工艺规程、保证产品质量和提高生产率的重要技术手段。

（1）刀具

切削加工时,能从工件上切除多余材料或切断材料的带刃工具称为刀具。工件的成型是通过刀具与工件之间的相对运动实现的,因此,高效的机床必须同先进的刀具相配合才能充分发挥作用。刀具类型有很多,每一种机床,都有其代表性的一类刀具,如车刀、钻头、镗刀、砂轮、铣刀、刨刀、拉刀、螺纹加工刀具、齿轮加工刀具等。

刀具种类虽然繁多,但大体上可分为标准刀具和非标准刀具两大类。标准刀具是按国家或部门规定的有关标准或规范制造的刀具,由专业化的工具厂集中大批量生产,占所用刀具的绝大部分。非标准刀具是根据工件及具体加工的特殊要求设计制造的,也可将标准刀具加以改制来实现。

（2）夹具

夹具是机床上用以定位和夹紧工件及引导刀具的装置,以保证加工时的定位精度、被加工面之间的相对位置精度,有利于工艺规程的贯彻和提高生产率。

夹具一般由定位机构、夹紧机构、刀具导向装置、工件推入和取出导向装置及夹具体等构成。按夹具安装所用机床,夹具可分为车床夹具、铣床夹具、刨床夹具、钻床夹具、镗床夹具、磨床夹具等;按夹具专用化程度,夹具又可分为专用夹具、成组夹具和组合夹具等。

专用夹具是为特定工件设计和制造的,产品或工艺改变,通常夹具需要重新设计制造。

成组夹具是采用成组技术,把工件按形状、尺寸和工艺相似性进行分组,再按每组工件设计组内通用的夹具。成组夹具的特点是具有通用的夹具体,只需对夹具的部分元件稍作调整或更换,即可用于组内各个零件的加工。

组合夹具是利用一套标准元件和通用部件(如对定装置、动力装置)按加工要求组装而成的夹具。标准元件有不同形状和尺寸,配合部位具有良好的互换性。产品改变,可以将组合夹具拆散,按新的加工要求重新组装。组合夹具常用于新产品试制和单件小批量生产,可缩短生产准备时间,减少专用夹具的品种和缩短试制过程。

(3)模具

模具是将材料填充在其型腔中,以限定生产对象的形状和尺寸,从而获得所需制件的工具。按填充方法和填充材料不同,模具可分为粉末冶金模具、塑料模具、压铸模具、冲压模具、锻压模具等。数控技术和特种加工技术的发展,不仅促进了模具制造技术的发展,还促进了少切削、无切削技术在生产制造中的广泛应用。

(4)量具

量具是以直接或间接方法测出被测对象量值的工具、仪器及仪表等,也称为量仪。量具可分为通用量具、专用量具和组合测量仪等。通用量具是标准化、系列化和商品化的量具,如千分尺、千分表、量块,以及光学量具、气动量具和电动量具等。专用量具是为测量特定零件的特定尺寸而专门设计的,如量规、样板等,某些专用量具通常会在一定范围内具有通用性。组合测量仪可同时对多个尺寸测量,有时还能进行计算、比较和显示,一般属于专用量具,或在一定范围内通用。数控机床的应用大大简化了生产加工中的测量工作,减少了专用量具的设计、制造与使用;测试技术与计算机技术的发展,使得许多传统量具向数字化和智能化方向发展。

3.仓储输送装备

仓储输送装备包括各级仓储装备、物料传送装置、机床上下料装置、刀具输送设备等。机器人既可以属于仓储输送装备,用于物料传送和机床上下料,也可以作为加工装备,用于焊接和涂装等。

(1)仓储装备

仓储装备用于存储原材料、外购器材、半成品、成品、工具、模具等。现代化的仓储系统应有较高的机械化程度,采用计算机进行库存管理,配合生产管理信息系统,控制合理的库存量,其中立体仓库是关键设备。

立体仓库是一种很有发展前途的仓储装备,它具有很多优点,包括占地面积小而库存量大、便于实现全盘机械化和自动化、便于进行计算机库存管理等。

(2)物料传送装置

物料传送主要指坯料、半成品或成品在车间内各工作站或单元间的传送,以满足流水生产线或自动生产线的要求。物料传送装置主要包括传送装置和自动运载小车。

传送装置的类型有很多,如由辊轴构成流动滑道,靠重力或人工实现物料输送,包括由刚性推杆推动工件同步运动的步进式输送带、在两个工位间输送工件的输送机械手、带动工件或随行夹具进行非同步输送的链式输送机等。

自动运载小车主要用于工作中心间工件的传送。与上述传送装置相比,其具有较大的柔性,可通过计算机控制方便地改变工作中心间工件传送的路线,故较多地用于柔性制造系统中。自动运载小车按其运行的原理分有轨运载小车和无轨运载小车两大类,其中无轨运载小车的走向一般靠浅埋在地面下的制导电缆控制,在小车紧贴地面的底部装有接收天线,接收制导电缆的感应信息,不断判别和校正走向。

（3）机床上下料装置

专为机床将坯料送到加工位置的机构称为上料装置;加工完毕后将制品从机床上取走的机构称为下料装置。在大批量自动化生产中,为减轻工人体力劳动,缩短上下料时间,常采用机床上下料装置。

（4）刀具输送设备

在柔性制造系统中,必须有完备的刀具准备与输送系统,完成包括刀具准备、测量、输送及重磨刀具回收等工作。刀具常通过传输链、机械手等输送,也可采用自动运载小车对备用刀具等进行输送。

4.辅助装备

辅助装备包括清洗机、排屑装置、测量设备、包装设备等。

清洗机是用来对工件表面的尘屑油污等进行清洗的机械设备,一般采用浸洗、喷洗、气相清洗和超声波清洗等方法,在自动装配中分步自动完成。它能保证产品的装配质量和使用寿命,应该给予足够重视。

排屑装置用于自动机床、自动加工单元或自动生产线上,包括切屑清除装置和输送装置。切屑清除装置常采用离心力、压缩空气、切削液冲刷、电磁或真空清除等方法;输送装置有带式、螺旋式和刮板式等多种类型,保证将切屑输送至机外或线外的集屑器中,并能与加工过程协调控制。

1.2.2　机械制造装备的发展趋势

机械制造生产能力和制造水平,主要取决于机械制造装备的先进程度。机械制造装备的核心为金属加工机床。一个国家的机床工业水平在很大程度上代表着这个国家的工业生产能力和技术水平。

随着制造业生产模式的演变,对机械制造装备提出了不同的要求,现代化机械制造装备的发展呈如下趋势。

1.向高性能化方向发展

高性能化一般包含高速化、高精度、高效率和高可靠性。新一代计算机数控(Computer Numerical Control,CNC)系统就是以满足此“四高”而诞生的。它采用 64 位或者 128 位 CPU 结构,以多总线连接,高速数据传递。在分辨精度高(0.1 μm)的情况下,该系统仍有高速度(100 m/min),可控及联动坐标达 16 轴,并且有丰富的图形功能和自动程序设计功能。如瑞士米克朗五轴联动铣削加工中心、日本马扎克七轴联动车铣加工中心等机床,都具备高性能化特点。

在高性能数控系统中,除了具有直线、圆弧、螺旋线插补等一般功能外,还配置有特殊函数插补运算,如样条函数插补等。微位置段命令用样条函数来逼近,保证了位置、速度、加速度都能良好控制,并设置专门函数发生器、坐标运算器进行并行插补运算。

在数字伺服控制中使用超高速数字信号处理器(Digital Signal Processor,DSP),并应用了现代控制理论的各种算法,如鲁棒控制、前馈控制和特定方式下的加、减速控制等控制策略以及非线性补偿技术,可在系统中进行在线控制和非线性补偿等。在给定精度要求下,可使响应速度大幅度提高。前馈控制可使位置跟踪误差消除,同时使系统位置控制达到高速响应,加、减控制能在高速下准确定位。如德马吉森精机公司生产的DMU210P主卧转换加工中心,最高转速8000 r/min,重复定位精度不大于1 μm。

其他方面,如瑞士IBAG公司磁悬浮轴承的高速主轴最高转速可达 15×10^4 r/min;加工中心换刀速度达1.5 s。切削速度方面,目前硬质合金刀具和超硬材料涂层刀具车削和铣削低碳钢的速度达500 m/min以上,而陶瓷刀具可达800~1000 m/min,比高速钢刀具30~40 m/min的速度提高数十倍。系统可靠性方面,采用了冗余、故障诊断,自动检错、纠错,系统自动恢复,软、硬件可靠性等技术予以保证,使得这种机床具有高性能,即高速、高效、高精度和高可靠性。它代表了机床高性能的发展方向。

2.智能化趋势

人工智能在机床中的研究日益得到重视,数控机床的智能化就是其重要应用。数控机床的智能化通过各类传感器对切削加工前后和加工过程中的各种参数进行监测,并通过计算机系统做出判断,自动对异常现象进行调整与补偿,以保证加工过程的顺利进行,并保证加工出合格产品。目前,国外数控加工中心大多具有以下智能化功能:对刀具长度、直径补偿和刀具破损的监测,对切削过程的监测,工件自动检测与补偿。随着制造业自动化程度的提高,信息量与柔性也同样提高,出现以智能制造系统控制器来模拟人类专家的智能制造活动,对制造中的问题进行分析、判断、推理、构思和决策,其目的在于取代或延伸制造过程中人的部分脑力劳动,并对人类专家的制造智能进行收集、存储、完善、共享、继承和发展。

(1)诊断过程的智能化。诊断功能的强弱是评价一个系统性能的重要智能指标之一。人工智能引入了智能的故障诊断系统,采用各种推理机制,能准确判断故障所在,并具有自动检错、纠错与系统恢复功能,从而大大提高了系统的可靠性。

(2)人机接口的智能化。智能化的人机接口,可以大大简化操作过程,这里包含多媒体技术在人机接口智能化中的有效应用。

(3)自动编程的智能化。操作者只需输入加工工件素材的形状和需加工形状的数据,加工程序就可全部自动生成。这里包含素材形状和加工形状的图形显示,自动工序的确定,使用刀具、切削条件的自动确定,刀具使用顺序的变更,任意路径的编辑,加工过程干涉校验等。

(4)加工过程的智能化。通过智能工艺数据库的建立,系统根据加工条件的变更,自动设定加工参数,同时,将机床制造时的各种误差预先存入系统中,利用反馈补偿技术对静态误差进行补偿,还能对加工过程中的各种动态数据进行采集,并通过专家系统分析进行实时补偿或在线控制。此外,现代CNC系统大都具有学习与示教功能。

3.向轻量化及微型化方向发展

随着微纳制造技术和表面组装技术的发展,一些产品正朝着小型化、轻量化、多功能、高可靠性方向发展,其中微纳制造是基础。

微纳制造技术就是结合机械微细加工技术和微电子加工技术,将机构及其驱动器、传感器、控制器及电源集成在一个很小的多晶硅上,因而获得了完备的微型机电一体化系统(Micro Electro Mechanical System,MEMS),整个尺寸缩小到几百微米至几纳米范围内,具

体表现在以下几个方面:

(1)微加工。由于 MEMS 的多样性促使其加工技术由单一的硅微加工技术向金属、玻璃、陶瓷、聚合物、化合物半导体等非硅加工技术发展。微加工的主要研究内容包括:基于多场原理的 MEMS 微加工理论,MEMS 集成技术,MEMS 硅微加工和非硅材料微加工等新方法。

(2)纳米加工。纳米加工是指加工出纳米尺度,具有特定功能的结构、装置和系统的制造过程。主要研究内容包括:特征尺寸为 1～100 nm 的加工技术,包括"自上而下"和"自下而上"的加工方法。"自上而下"是降低物质结构维度,即采用物理和化学方法对宏观物质进行超细化;"自下而上"是利用自组装将原子或分子组装成为系统。

(3)微/纳操作、装配与封装。微/纳操作、装配与封装是指通过施加外部能场实现对微/纳米尺度结构与器件的推/拉、拾取/释放、定位、定向等操纵、装配与封装作业。主要研究内容包括:微/纳结构作用机理,微/纳系统高密度集成与三维封装,高速、高精度、并行装配和基于尺度效应的装配,以及无机/有机多层界面互连机理与跨尺度封装等新原理与新方法。

(4)微/纳制造装备新原理。微/纳制造装备是制造微/纳结构与系统的重要手段,实现对微/纳结构与器件的加工、操作、装配与封装,以及测试等。主要研究内容包括:用于微/纳加工、微/纳操作、微/纳封装与装配、微/纳测试等微/纳制造过程的装备新原理。

综上可以看出:微/纳制造涉及领域广、多学科交叉融合,是 21 世纪战略必争的前沿高科技,对国民经济、社会发展与国家安全具有重要的意义。生物分子电动机、纳米电动机、纳米机器人、基于机电耦合的分子光电器件、纳米电路、纳米传感器等不断地出现,展示了诱人前景。这些技术和产品正在向工业、农业、航天、军事、生物医学及家庭服务等各个领域应用转化,它的发展将会引发工业、农业、医疗卫生和国家安全等领域的深刻变革。

4.实施绿色制造与可持续发展战略

绿色制造是综合考虑环境影响和资源效益的现代制造模式,是人类可持续发展战略在制造业中的体现,是落实科学发展观、建设中国制造"生态文明"的要求。实现绿色制造可从绿色制造过程设计、绿色生产与工艺、绿色切削加工、绿色供应链研究、产品噪声控制、绿色材料选择设计、绿色包装和使用、绿色回收和处理等方面着手,主要研究内容有废旧机械装备再制造综合评价与再设计技术、废旧机械零部件绿色修复处理与再制造技术、废旧机械装备再制造信息化提升技术、机械装备再制造与提升的成套技术及标准规范,以及废旧机械装备产业化实施模式等。以绿色科技为导向,以高效节能降耗减排为目标,实施绿色技术改造。绿色制造的研究及推广应用,将会进一步推动"中国绿色制造"的发展,降低资源消耗,减少环境污染,提升中国机械制造装备市场竞争力。

5.向自主创新和高新技术方向发展

近年来,我国企业自主创新能力不断提高,拥有自主知识产权的产品不断涌现,一批具有国际先进水平的产品不断被研制出来,与国际先进水平的差距逐步缩小。例如,北京第一机床厂研制的数控桥式龙门车铣复合加工机床,是同类型世界最大的机床之一,龙门宽度 10.5 m,可加工高 8 m 的工件,转台承重 300 t,实现五轴加工,可广泛用于能源、航空航天装备制造等重点行业,能对大型核电站核岛关键部件进行加工。该机床的主要性能指标达到国际先进水平,成为体现我国超重型数控机床制造技术水平的标志性产品。

武汉重型机床集团有限公司研制的 DL250 型 5 m 数控超重型卧式镗车床,是迄今为止世界上最大规格的超重型数控卧式车床。该机床两顶尖间最大工件质量可达 500 t,为世界之最;其直径 1000 mm 的超重型高精度静压主轴轴承的径向跳动已达 0.006 mm,居世界领先水平。在实现大承重的同时,该机床将车、铣、磨、大直径深孔镗、小直径深孔钻、镗、珩磨等多功能复合于一体,很好地解决了超临界核电半速转子、超重型轧辊、超大型水轮机主轴及巨型船舶新型舵轴等超大型复杂零件的加工问题,同时,在一台机床上就可完成超重型轴类、套类复杂零件的全部加工工序,实现了此类零件高效、高精度加工。

重庆机床(集团)有限责任公司生产的 YS3116CNC7 七轴四联动数控高速干切自动滚齿机和 YKS3132 六轴四联动数控滚齿机,以其先进的技术水平和柔性化加工特点,提升了齿轮制造行业技术创新能力,为加速我国汽车、摩托车行业设备升级换代做出了贡献。尤其是七轴四联动数控高速干切自动滚齿机,体现了以人为本的设计理念。该产品是针对汽车、摩托车行业大批量、高精度的齿轮加工要求而设计开发的,拥有完全自主知识产权,可实现七轴数字控制及四轴联动自动干式切削,不需要切削油,实现了绿色环保加工,加工效率是湿式切削的 2~3 倍。

内蒙古北方重工业集团有限公司研制了世界上最大的金属挤压机——3.6 万吨黑色金属垂直挤压机,使我国成为能够制造世界上最大的黑色金属挤压机设备和生产高端大口径厚壁无缝钢管的国家,打破了长期以来国外对我国超大吨位的黑色金属挤压机装备及大口径厚壁无缝钢管挤压工艺的技术封锁和市场垄断。

高新技术中的直接驱动技术正在日趋完善,与传统的"旋转伺服电动机＋滚珠丝杠"等机床驱动方式相比,其最高速度可提高数十倍,加速度可提高几倍。直接驱动技术的应用推动了当前数控机床向高速、高效、高精度、智能性、环保化的方向发展。高速切削加工进给系统要实现快速的伺服控制和误差补偿,必须具备很高的定位精度和重复定位精度,直接驱动技术适用于高速、超高速加工,以及生产批量大、要求定位运动多、速度和方向频繁变化的场合。除了直线电动机应用于高速加工中心外,在磨床、锯床、激光切割机、等离子切割机、线切割机等机床设备上,力矩电动机直接驱动的应用也相当普遍,如旋转和分度工作台、万能回转铣头、摆动和旋转轴、旋转刀架、动态刀库、主轴等,其最典型的应用当属五轴铣床。

综上所述,现代装备制造业今后的发展将是以调整、提升、优化、创新为主要模式,未来的中国制造业不能仅仅满足于"制造",而是要进一步发展成为"智造",即用知识、用头脑去创新,去创造,这样才能缩短差距,实现赶超,由制造大国变为制造强国和"智造大国"。

1.3 机械制造装备设计的类型和方法

1.3.1 设计类型

机械制造装备产品的设计工作可分为创新设计、变型设计和模块化设计三大类型。

1.创新设计

在当前市场竞争十分激烈的情况下,企业要求得生存,必须根据市场需求,快速地开发出创新产品去占领市场。开发出具有竞争力的创新产品,是通过改善产品的功能、技术性能和质量,降低生产成本和能源消耗,以及采用先进的生产工艺等方式来缩短与国内外同类先进产品之间的差距,来提高产品的竞争能力。

创新设计通常应从市场调研和预测开始,明确产品的创新设计任务,经过产品规划、方案设计、技术设计和施工设计四个阶段;还应通过产品试制和产品试验来验证新产品的技术可行性;通过小批量试生产来验证新产品的制造工艺和工艺装备的可行性。

2.变型设计

单一产品往往满足不了市场多样化和瞬息万变的需求。若每种产品都采用创新设计方法,则需要较长的开发周期和较大的开发工作量。为了快速满足市场需求的变化,常常采用适应型和变参数型设计方法。这两种设计方法都是在原有产品基础上,在保持其基本工作原理和总结构不变的情况下,通过改进或改变设计来满足市场需求。适应型设计是通过改变或更换部分部件或结构,变参数型设计是通过改变部分尺寸与性能参数,形成所谓的变型产品。适应型设计和变参数型设计统称为变型设计。

3.模块化设计

模块化设计是指按合同要求,选择适当的功能模块,直接拼装成所谓的组合产品。进行组合产品的设计,是在对一定范围内不同性能、不同规格的产品进行功能分析的基础上,划分并设计出一系列功能模块,通过这些模块的组合,构成不同类型或相同类型不同性能的产品,满足市场的多方面需求。

据不完全统计,机械制造装备中大多属于变型产品和组合产品,创新产品只占很少的部分。尽管如此,创新设计的重要意义仍不容低估。这是因为创新设计是企业在市场竞争中取胜的必要条件;变型设计和模块化设计是在基型和模块系统的基础上进行的,无论采用哪种类型设计,都应以创新思想为主导。

1.3.2　设计方法及设计内容与步骤

1.设计方法

理论分析、计算和试验研究相结合的设计方法是机械制造装备设计的传统方法,随着科学技术的进步,机械制造装备设计的理论和方法也在不断进步。计算机技术和分析技术的迅速发展,使得计算机辅助设计(CAD)和计算机辅助工程(CAE)等技术已经应用于机械制造装备设计的各个阶段,改变了传统的设计方法,由定性设计向定量设计、由静态和线性分析向动态和非线性分析、由可靠性设计向最佳设计过渡,提高了机械制造装备的设计质量和设计效率。

对于机床的设计,还应考虑机床的类型,如通用机床应采用系列化设计方法等。

2.设计内容与步骤

对于不同的设计类型,其设计步骤大致是相同的。下面以机床设计为例,介绍机械制造装备设计的内容与步骤。

(1)总体设计

①拟订总体设计方案

首先,分析研究设计要求,检索资料,拟订几个设计方案,然后对每个设计方案进行分析比较。每个设计方案包括的内容有:工艺分析,如工件的材料类型、质量、尺寸范围、批量及所要求的生产率等;性能指标,包括工件所要求的精度或机床的精度、刚度、热变形、噪声等;主要技术参数,确定机床的加工空间和主参数;机床的驱动方式、主要部件的结构草图及经济技术分析等,尽量使机床具有较高的生产率,使用户有较高的经济效益。

②机床的结构布局设计

机床的结构布局形式有立式、卧式、斜置式等。其中,基础支承件的形式有底座式、立柱式、龙门式等;基础支承件的结构有一体式和分离式等。不同形式的机床均有各自的特点和适用范围,因此,同一种运动分配形式的机床又可以有多种结构布局形式,这样,就需要对多种结构布局形式再次进行评价,去除不合理方案。该阶段评价的依据主要是定性分析机床的刚度、占地面积、与物流系统的可接近性等因素。

③机床总体联系尺寸的设计

机床总布局是通过机床的联系尺寸图体现的。机床的联系尺寸应包括:

A.机床的外形尺寸,如长、宽、高;各部件的轮廓尺寸。

B.各部件间的连接、配合和相关位置的尺寸,如底座、立柱和横梁的连接尺寸。

C.移动部件的行程和调整位置的尺寸。

D.机床操作台和装料的高度。

初步确定的联系尺寸是各部件设计的依据,通过部件设计可以对联系尺寸提出修改,最后确定机床的总体尺寸。

④总体方案综合评价、修改或优化

上述设计完成后,得到的设计结果是机床总体结构方案图。然后需要对所得到的各个总体结构方案进行综合评价比较。评价的主要因素有性能、制造成本、制造周期、生产率、与物流系统的可接近性、外观造型等。根据综合评价,选择其中较好的方案,进行进一步的设计修改、完善或优化,确定最终方案。上述设计步骤,在设计过程中是要交叉进行的。

(2)详细设计

详细设计包括技术设计和施工设计。

①技术设计

技术设计包括:设计机床的传动系统,确定各主要结构的原理方案;设计部件装配图,对主要零件进行分析计算或优化;设计液压原理图和相应的液压部件装配图;设计电气控制系统原理图和相应的电气安装接线图;设计和完善机床总装配图和总联系尺寸图。

②施工设计

施工设计包括:设计机床的全部自制零件图,编制标准件、通用件和自制件明细表,编写设计说明书、使用说明书,制定机床的检验方法和标准等。

(3)整机综合评价

对所设计的机床需进行整机性能分析和综合评价。可对所设计的机床进行计算机建模,得到所谓的数字化样机(又称虚拟样机),再采用虚拟样机技术对所设计的机床进行运动学仿真和性能仿真,在实际样机没有试制出来之前对其进行综合评价,这样可以大大减少新产品研制的风险,缩短研制周期,提高研制质量。

上述步骤可反复进行,直至得到令人满意的设计结果为止。在设计过程中,设计与评价反复进行,可以提高一次设计成功率。

（4）定型设计

在综合评价完成后,可进行实物样机的制造、试验及评价。根据实物样机的评价结果修改设计,最终完成产品的定型设计。

1.4　机械制造装备设计的评价

1.4.1　评价指标

机械制造装备的优劣,在很大程度上取决于设计。因此,机械制造装备设计中,必须充分注意机械制造装备的评价指标以及用户的具体要求。用户对机械制造装备的要求是造型美观、性能优良、价格便宜;而制造者的要求则是结构简单、工艺性能好、成本低。

机械制造装备的评价指标至今未做统一规定,而且不同机械制造装备的要求也不尽相同,下面以机床为例,介绍机床的主要评定指标。

1.工艺范围

工艺范围是指机床适应不同生产要求的能力,一般包括机床上完成的工序种类、工件的类型、材料、尺寸范围以及毛坯种类等。

机床工艺范围要根据市场需求及用户要求合理确定。不仅要考虑单个机床的工艺范围,还要考虑生产系统整体,合理配置不同装备以及确定各自工艺范围,以便追求系统优化效果。

数控机床是一种能进行自动化加工的通用机床,由于数字控制的优越性,常常使其工艺范围比普通机床的更宽,更适用于机械制造业多品种、小批量的要求。

2.精度和精度保持性

机床本身的误差和其他因素(如工件、刀具、加工方法、测量及操作等)引起的误差都影响工件的加工精度和表面粗糙度。机床精度能够反映机床本身误差的大小,它主要包括装备的几何精度、传动精度、运动精度、定位精度和工作精度等。

机床的精度等级可分为普通级、精密级和高精度级三种。三种精度等级的机床均有相应的精度标准,其允许误差若以普通精度级为1,则其公差大致比例为1∶0.4∶0.25。国家有关机床精度标准对不同类型和等级机床的检验项目及允许误差都有比较明确的规定,在机床设计与制造中必须贯彻执行,并注意留出一定的精度储备量。

机床精度保持性是指机床在工作中能长期保持其原始精度的能力,一般由机床某些关键零件(如主轴、导轨、丝杠等)的首次大修期所决定,对于中型机床,首次大修期应保证在8年以上。为了提高机床的精度保持性,要特别注意关键零件的选材和热处理,尽量提高其耐磨性,同时还要采用合理的润滑和防护措施。

3.生产率和自动化程度

机床生产率通常是指单位时间内机床所能加工的工件数量,即

$$Q = \frac{1}{t} = \frac{1}{t_1 + t_2 + \dfrac{t_3}{n}} \tag{1-1}$$

式中　Q——机床生产率；

t——单个工件的平均加工时间；

t_1——单个工件的切削加工时间；

t_2——单个工件加工过程中的辅助时间；

t_3——加工一批工件的准备与结束工作的平均时间；

n——一批工件的数量。

由式(1-1)可知,要提高机床的生产率可以采用先进刀具提高切削速度,采用大切深、大进给、多刀多刃切削、多工件及多工位加工等缩短切削时间。采用空行程机动快移,快速装卸刀具、工件,自动测量和数字显示等,缩短辅助时间。

机床自动化加工可以减少人员对加工的干预,减少失误,保证加工质量;减轻劳动强度,改善劳动环境;减少辅助时间,有利于提高劳动生产率。机床的自动化可分为大批量自动化生产和单件小批量自动化生产两种方式。大批量自动化生产,通常采用自动化单机(如自动机床、组合机床或经过改造的通用机床等)和由它们组成的自动生产线。对于单件小批量自动化生产,则必须采用数控机床等柔性自动化设备,在数控机床及加工中心的基础上,配上计算机控制的物料输送和装卸装备,可构成柔性制造单元和柔性制造系统。

4.可靠性

机床的可靠性是指机床在整个使用寿命期间完成规定功能的能力。它是一项重要的技术经济指标。可靠性包括两方面:一是机床在规定时间内发生失效的难易程度;二是可修复机床失效后在规定时间内修复的难易程度。从可靠性考虑,机床不仅要求在使用过程中不易发生故障,即无故障性,而且要求发生故障后容易维修,即维修性。按机床可靠性的形成机理,机床可靠性分为固有可靠性和使用可靠性。固有可靠性是通过设计、制造赋予机床的;使用可靠性既受设计、制造的影响,又受使用条件的影响。一般使用可靠性总低于固有可靠性。衡量机床可靠性的指标有平均无故障工作时间、有效度。

5.机床宜人性

机床宜人性是指为操作者提供舒适、安全、方便、省力等劳动条件的程度。机床设计要布局合理、操作方便、造型美观、色彩悦目,符合人机工程学原理和工程美学原理,使操作者有舒适感、轻松感,以便减少疲劳,避免事故,提高劳动生产率。机床的操作不仅要安全可靠、方便省力,还要有误动作防止、过载保护、极限位置保护、有关动作的联锁、切屑防护等安全措施,切实保护操作者和设备的安全。应该指出,在当前激烈的市场竞争中,机床的宜人性具有先声夺人的效果,在产品设计中应该给予高度重视。

1.4.2　设计评价

设计过程是通过分析、创造和综合而达到满足特定功能目标的一种活动。在这一过程中需不断地对设计方案进行评价,根据评价结果进行修改,逐渐实现特定的功能目标。掌握评价的原理和方法,有助于建立正确的设计思想,在设计过程中不断地发现问题和解决问题。设计评价的内容十分丰富,结合机械制造装备设计的特点主要包括如下内容:技术经济评价、可靠性评价、人机工程学评价、结构工艺性评价、产品造型评价、标准化评价、符合工业工程和绿色工程要求的评价,以及装备柔性化、自动化、精密化的评价等。下面主要介绍机械制造装备设计评价中的技术经济评价方法。

设计的产品在技术上应具有先进性,经济上应合理。技术的先进性和经济的合理性往往是相互排斥的。技术经济评价就是通过深入分析这两方面的问题,建立目标系统和确定评价标准,对各设计方案的技术先进性和经济合理性进行评分,给出综合的技术经济评价。技术经济评价的步骤大致如下:

1.建立目标系统和确定评价标准

根据表 1-1 所示的设计要求,将所列的必达目标按层次分级,形成树状目标系统,每个树叶代表一个评价标准。

表 1-1　设计要求表

设计要求			必须和希望达到的要求	重要程度次序
类　别		项目及指标		
功能	运动参数	运动形式、方向、速度、加速度等		
	力参数	作用力大小、方向、载荷性质等		
	能量	功率、效率、压力、温度等		
	物料	产品物料特性		
	信号	控制要求、测量方式及要求等		
	其他性能	自动化程度、可靠性、寿命等		
经济	尺寸(长、宽、高)、体积和质量的限制			
	生产率、每年生产件数和总件数			
	最高允许成本、运转费用			
制造	加工	公差、特殊加工条件等		
	检验	测量和检验的特殊要求等		
	装配	装配要求、地基及安装现场要求等		
使用	使用对象	市场和用户类型		
	人机学要求	操纵、控制、调整、修理、配换、照明、安全、舒适		
	环境要求	噪声、密封、特殊要求等		
	工业美学	外观、色彩、造型等		
期限	设计完成日期	研制开始和完成日期,试验、出厂和交货日期等		

例如图 1-1 所示的目标系统中,共有 8 个评价标准:Z1111、Z1112、Z112、Z121、Z1221、Z1222、Z123 和 Z13。

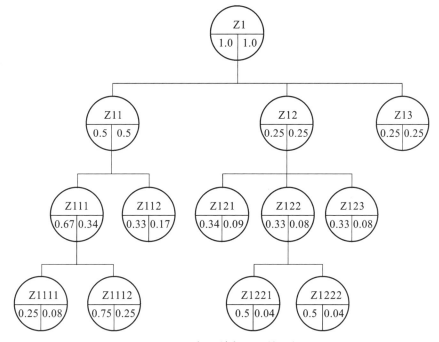

图 1-1　目标系统与重要性系数

2.确定重要性系数

每个评价标准对设计方案优劣的影响程度是不同的,其影响程度用重要性系数(权系数)来表示,取值范围是 0～1。以图 1-1 所示的树状四级目标系统为例,每个评价目标圆圈内有两个数字:左边的数字表示隶属于同一上级目标的各同级目标之间的相对重要性系数,其总和应等于 1,一般由设计人员或设计组共同商定;右边的数字表示每一个评价目标在目标系统中所居的重要程度,简称重要性系数,其值等于该目标圆圈左边数字与相关的各上级目标圆圈左边数字的乘积。以 Z1112 的重要性系数为例,其等于 $Z1 \times Z11 \times Z111 \times Z1112$ $= 1.0 \times 0.5 \times 0.67 \times 0.75 = 0.25$。

3.确定各设计方案的评价分数

将目标系统中的每个评价标准(树叶)的重要性系数算出后,按评价标准确定每一个设计方案的评价分数,评价分数可按 5 分制(0～4)或 10 分制(0～9)给出。评价分数的大小代表了技术方案的优劣程度。

设计方案评价分数的确定见表 1-2。将目标系统树中每个评价标准(树叶)及其重要性系数填写在表的前 3 列。第 4～5 列为每个评价标准的特征说明及其计算方法。例如,评价标准是结构轻巧,可用产品质量或单位功率的产品质量,即 kg/kW 作为其特征。在表的其余部分列入待比较的 m 个设计方案。每个"设计方案"栏内有 3 列,分别是特征值、评价数和加权值。"特征值"列中填入按特征计算方法算出的值。将各"评价标准"行中各设计方案算出的特征值$(T_{ij}, j = 1, 2, 3, \cdots, m)$按其大小排序,特征值最小的评价数取"0"分,最大的取"9"或"4"分,处于中间的特征值则按 10 分制(0~9,打分较细)或 5 分制(0~4,打分较粗)打分,分别填写在"评价数"列中。"加权值"的值等于评价数乘以评价标准的重要性系数,即 $q_{ij}=Q_i \times P_{ij}$。

表 1-2 设计方案评价分数的确定

评价标准		特征		设计方案 1			···	设计方案 j			···	设计方案 m		
No.	内容	重要性系数	说明	计算方法	特征值	评价数	加权值	···	特征值	评价数	加权值	···	特征值	评价数	加权值
1		Q_1			T_{11}	P_{11}	q_{11}	···	T_{1j}	P_{1j}	q_{1j}	···	T_{1m}	P_{1m}	q_{1m}
2		Q_2			T_{21}	P_{21}	q_{21}	···	T_{2j}	P_{2j}	q_{2j}	···	T_{2m}	P_{2m}	q_{2m}
3		Q_3			T_{31}	P_{31}	q_{31}	···	T_{3j}	P_{3j}	q_{3j}	···	T_{3m}	P_{3m}	q_{3m}
⋮		⋮			⋮	⋮	⋮	⋮	⋮	⋮	⋮	⋮	⋮	⋮	⋮
i		Q_i			T_{i1}	P_{i1}	q_{i1}	···	T_{ij}	P_{ij}	q_{ij}	···	T_{im}	P_{im}	q_{im}
⋮		⋮			⋮	⋮	⋮	⋮	⋮	⋮	⋮	⋮	⋮	⋮	⋮
n		Q_n			T_{n1}	P_{n1}	q_{n1}	···	T_{nj}	P_{nj}	q_{nj}	···	T_{nm}	P_{nm}	q_{nm}
总权重值					ZQ_1			···	ZQ_j			···	ZQ_m		
技术评价值					T_1			···	T_j			···	T_m		
经济评价					E_1			···	E_j			···	E_m		
技术经济评价					TE_1			···	TE_j			···	TE_m		

4.总权重值 ZQ_j

将每个初步设计方案 n 个"加权值"进行累加,可得出该方案的总权重值,第 j 个初步设计方案的总权重值 ZQ_j 可由下式算出。

$$ZQ_j = \sum_{i=1}^{n} q_{ij} \tag{1-2}$$

5.技术评价值 T_j

设 m 个设计方案的总权重值的最大值是 $Q_{\max}$,则技术评价值 T_j 的计算方法如下

$$T_j = ZQ_j / Q_{\max} \tag{1-3}$$

技术评价值越高,表示方案的技术性能越好。技术评价值为最大值,也就是等于"1"的方案是技术上最理想的方案;技术评价值小于 0.6 的方案在技术上不合格,必须加以改进,否则应摒弃。技术评价值处于 1~0.6 之间的方案为技术上可行方案。需要注意的是,如果技术上可行的设计方案,其个别评价标准的评价数特别低,说明该设计方案在这方面有明显弱点,应认真地对这些弱点进行分析,判断这些弱点将来有无可能祸及全局,使设计失败。如果有这种可能,必须对设计方案进行修改,排除弱点,重新参与评价,再考虑能否作为初步优选方案。

6.经济评价 E_j

产品成本主要是由产品的工作原理和结构方案确定的,随后的加工和装配过程中,降低成

本的余地比较有限。因此,早在设计阶段就必须重视成本因素,设计完成后必须进行经济评价。

经济评价是理想生产成本 C_L 与实际生产成本 C_S 之比,即

$$E_j = C_L/C_S \tag{1-4}$$

通常理想成本 C_L 应低于市场同类产品最低价的 70%。经济评价 E_j 越大,代表经济效果越好。$E_j = 1$ 的方案经济上最理想。如经济评价值小于 0.7,说明方案的实际生产成本大于市场同类产品的最低价,一般不予考虑。

在产品设计阶段,实际生产成本 C_S 是通过成本估算的方法获得的。

(1)产品成本的组成

现代产品的成本概念不但要考虑产品自身的生产成本,还必须考虑产品全生命周期内的其他消耗,包括安装、维护和使用中能源和人力的消耗等以及污染物的处理、产品拆卸、重复利用成本、特殊产品相应的环境成本等。在这里仅讨论与生产有关的成本。

产品在生产过程中的成本,按其结算方式可分为单件成本和公共成本。单件成本是指直接消耗于产品的费用,如材料费和加工费等。公共成本则属于企业的整体消耗和管理费用分摊到每个产品上的费用。产品成本的组成如图 1-2 所示。

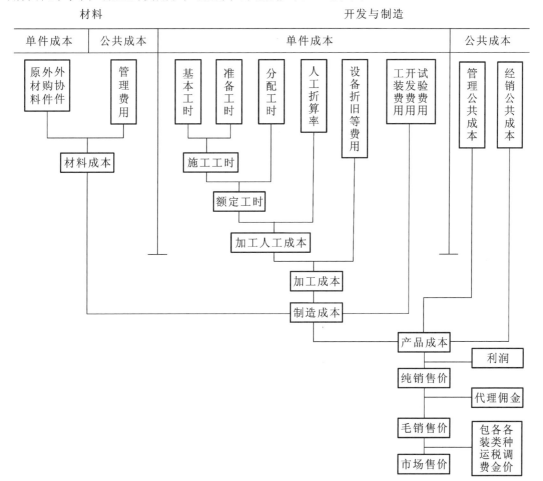

图 1-2 产品成本的组成

产品成本主要包括材料成本和制造成本两大部分。

①材料成本中的单件成本主要指直接用于产品制造的原材料、外协件和外购件费用等；公共成本则包括材料供应、运输、保管过程中所需的花费。

②制造成本是与产品制造有关的费用，根据定额工时可估算出加工工资成本；计入设备折旧、电、水等费用后可算出加工成本；包含了材料成本，并分摊了开发、工装等费用后可算出产品的制造成本；将公共成本分摊进来后就是产品的自身成本；加进利润后可得纯销售价；如需给代理人佣金，还有一个毛销售价；计及包装运输、各类税金和各种调价因素后，最终得到的是市场售价。调价因素包括的方面很多，主要与市场的政策法规、销售潜力、竞争产品和对手的情况等有关。调价可以是上浮或下调，有时为了开辟新市场，挤垮对手，市场售价有可能低于自身成本。

（2）成本估算的方法

产品设计完成后，理论上可以按图 1-2 所示的成本组成内容逐项计算出产品的精确成本。但实际上由于工作量非常浩大，更由于我国的企业缺乏精确完整的基础数据，加工时定额数据、各项公共成本等，进行产品成本的精确计算比较困难，通常采用较粗略的成本估算方法。

粗略成本可以按产品质量估算，按材料成本折算，应用回归分析或相似关系等方法进行估算。

①按质量估算法

其基本原理是认为产品成本是质量的函数，即

$$\left.\begin{array}{l} C = W f_w \\ f_w = k W^p \end{array}\right\} \tag{1-5}$$

式中　C——成本估算值，元；

　　　　W——产品质量，kg；

　　　　f_w——质量成本系数，元/kg；

　　　　k、p——系数，随不同产品而定。确定 k 和 p 的方法可采用回归分析法。首先统计计算出几种典型产品的质量成本系数 f_{w_1}、f_{w_2}、$\cdots$、f_{w_n}，画在图 1-3 所示的对数坐标系上，显然，有：

$$\left.\begin{array}{l} k = \dfrac{1}{n}\sum_{i=1}^{n} f_{w_i} W_i^{-p} \\ P = \tan\alpha \end{array}\right\} \tag{1-6}$$

②按材料成本折算

其基本原理是：产品的生产成本主要由材料成本和制造成本组成。根据产品的结构复杂程度和加工特点，材料成本在生产成本中占有不同的比例。对于同类结构复杂程度类似的产品，材料成本占生产成本的比例基本上是一个常数，即可按下式估算产品的成本

$$C = \frac{C_m}{m} \tag{1-7}$$

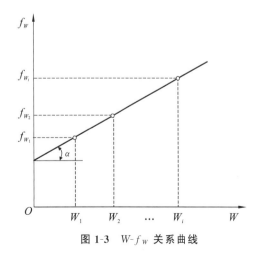

图 1-3　$W\text{-}f_w$ 关系曲线

式中 C——产品估算成本,元;

C_m——材料成本,元;

m——材料成本率。

产品的材料成本可按下式估算

$$C_m = (1 \sim 1.2)(Z + W) \tag{1-8}$$

式中 C_m——材料成本,元;

Z——外购件成本,元;

W——原材料成本,元,可按下式计算

$$W = \sum_{i=1}^{n} V_i r_i k_i \tag{1-9}$$

式中 n——材料种类数;

V_i——第 i 种材料体积,cm^3;

r_i——第 i 种材料密度,kg/cm^3;

k_i——第 i 种材料单位质量材料价格,元/kg。

③应用回归分析进行估算

通过统计分析,求出影响产品成本的几个特征参数,如功率、质量、主参数等,采用回归分析方法找出它们与成本之间的数学关系,其回归方程式通常采用如下指数函数,可在一定范围内估算出产品成本。

$$P = K T_1^{k_1} T_2^{k_2} \cdots T_i^{k_i} \cdots T_n^{k_n} \tag{1-10}$$

式中 P——产品成本估算值,元;

K——回归系数;

T_i——第 i 个特征参数;

k_i——第 i 个回归指数;

n——特征参数数目。

④应用相似关系进行估算

几何相似和结构相似的产品可按相似关系估算产品成本。

设基型产品的生产成本近似按下式计算:

$$C_0 = \frac{C_{R0}}{n_0} + C_{F0} + C_{M0} \tag{1-11}$$

式中 C_0——基型产品成本的估算值,元;

n_0——基型产品的批量;

C_{R0}——基型产品的生产准备成本,元;

C_{F0}——基型产品的加工成本,元;

C_{M0}——基型产品的材料成本,元。

相似产品的估算成本应为

$$C = \frac{C_{R0}}{n_0} \phi_{CR} + C_{F0} \phi_{CF} + C_{M0} \phi_{CM} \tag{1-12}$$

式中 ϕ_{CR}——生产准备成本比例系数;

ϕ_{CF}——加工成本比例系数；

ϕ_{CM}——材料成本比例系数。

设相似产品与基型产品的尺寸比例系数为 $\phi_L = L/L_0$，则可推算出上述三个比例系数。

根据统计，生产准备成本随产品尺寸的增大而增加，其关系可由下式表示：

$$\phi_{CR} = \phi_L^{0.5} \tag{1-13}$$

产品的加工成本与加工工时有关，而加工工时与加工表面积成正比，故加工成本比例系数应等于尺寸比例系数的平方，即 $\phi_{CF} = \phi_L^2$。

产品的材料成本与产品体积成正比，故材料成本比例系数应等于尺寸比例系数的立方，即 $\phi_{CM} = \phi_L^3$。

7. 技术经济评价 TE_j

设计方案的技术评价 T_j 和经济评价 E_j 通常不会同时都是最优，进行技术和经济的综合评价才能最终选出最理想的方案。技术经济评价 TE_j 有两种计算方法：

(1)当 T_j 和 E_j 的值相差不太悬殊时，可用均值法计算 TE_j 值，即

$$TE_j = (T_j + E_j)/2 \tag{1-14}$$

(2)当 T_j 和 E_j 的值相差很悬殊时，建议用双曲线法计算 TE_j 值，即

$$TE_j = \sqrt{T_j + E_j} \tag{1-15}$$

技术经济评价值 TE_j 越大，设计方案的技术经济综合性能越好，一般 TE_j 值不应小于0.65。

习题与思考

1-1　为什么说机械制造装备在国民经济发展中具有重要作用？

1-2　目前先进制造主要有哪些模式？各有什么特点？

1-3　现代化机械制造装备的发展呈哪些发展趋势？

1-4　机械制造装备如何分类？

1-5　机械制造装备设计有哪些类型？它们各有什么特点？

1-6　哪些产品宜采用模块化设计方法？为什么？有哪些优缺点？

1-7　一般产品开发设计有哪些步骤？

2 金属切削机床概论

2.1 金属切削机床的分类和型号编制

2.1.1 机床的分类

金属切削机床是用切削、特种加工等方法将金属毛坯加工成机器零件的机器,其品种和规格繁多,为了便于区别、使用和管理,需对机床加以分类并编制型号。

机床主要是按其加工性质和所用的刀具进行分类的。根据《金属切削机床型号编制方法》(GB/T 15375—2008),目前将机床分为 11 类:车床、钻床、镗床、磨床、齿轮加工机床、螺纹加工机床、铣床、刨插床、拉床、锯床和其他机床。

在每一类机床中,又按工艺特点、布局形式和结构特性等不同分为若干组。每一组又细分为若干系(系列)。

除了上述基本分类方法外,机床还可按其他特征进行分类。

按照工艺范围(通用性程度),机床可分为通用机床、专门化机床和专用机床。通用机床可用于加工多种零件的不同工序,其工艺范围较宽,通用性较好,但结构较复杂,如卧式车床、万能升降台铣床、摇臂钻床等,这类机床主要适用于单件小批量生产;专门化机床则用于加工某一类或几类零件的某一道或几道特定工序,其工艺范围较窄,如曲轴车床、凸轮轴车床等;专用机床的工艺范围最窄,通常只能完成某一特定零件的特定工序,如汽车、拖拉机制造企业中大量使用的各种组合机床,这类机床适用于大批量生产。

按照加工精度的不同,同类型机床可分为普通精度级机床、精密级机床和高精度级机床。

按照自动化程度的不同,机床可分为手动机床、机动机床、半自动机床和自动机床。

按照质量和尺寸的不同,机床可分为仪表机床、中型机床、大型机床(质量达到 10 t)、重型机床(质量在 30 t 以上)和超重型机床(质量在 100 t 以上)。

此外,机床还可以按其主要工作部件的多少,分为单轴机床、多轴机床(或单刀机床、多刀机床)等。

通常,机床先根据加工性质进行分类,再根据其某些特点做进一步描述,如多刀半自动车床、多轴自动车床等。

2.1.2 机床型号的编制方法

机床型号是机床产品的代号,用以简明地表示机床的类型、用途和结构特性及主要技术参数等。我国现行的机床型号是按 2008 年颁布的《金属切削机床型号编制方法》(GB/T 15375—2008)编制的。此标准规定,机床型号由汉语拼音字母和数字按一定的规律组合而成,它适用于新设计的各类通用及专用金属切削机床、自动线,不适用于组合机床、特种加工机床。

1.通用机床的型号

(1)型号表示方法

通用机床的型号由基本部分和辅助部分组成,中间用"/"隔开,读作"之"。基本部分需统一管理,辅助部分是否纳入型号由企业自定。型号构成如下:

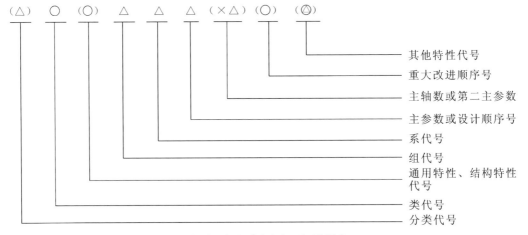

注:①有"( )"的代号或数字,当无内容时,则不表示;若有内容,则不带括号。

②有"○"符号者,为大写的汉语拼音字母。

③有"△"符号者,为阿拉伯数字。

④有"◎"符号者,为大写的汉语拼音字母或阿拉伯数字,或两者兼有之。

(2)机床类、组、系的划分及其代号

机床的类代号用大写的汉语拼音字母表示。必要时,每类可分为若干分类。分类代号在类代号之前,作为型号的首位,并用阿拉伯数字"5"表示。第一分类代号前的"1"省略,第"2""3"分类代号则应予以表示。例如,磨床类分为 M、2M、3M 三个分类。机床的类别和分类代号见表 2-1。

表 2-1　机床的类别和分类代号

类别	车床	钻床	镗床	磨床			齿轮加工机床	螺纹加工机床	铣床	刨插床	拉床	锯床	其他机床
代号	C	Z	T	M	2M	3M	Y	S	X	B	L	G	Q
读音	车	钻	镗	磨	二磨	三磨	牙	丝	铣	刨	拉	割	其

机床按其工作原理划分为 11 类。每类机床划分为 10 个组,每个组又划分为 10 个系(系列)。在同一类机床中,主要布局或使用范围基本相同的机床,即为同一组。在同一组机床中,其主要参数相同、主要结构及布局形式也相同的机床,即为同一系。机床的组用一位

阿拉伯数字表示,位于类代号或通用特性代号、结构特性代号之后。机床的系用一位阿拉伯数字表示,位于组代号之后。机床类、组划分及其代号见表2-2。

(3)机床的通用特性代号和结构特性代号

机床的通用特性代号和结构特性代号用大写的汉语拼音字母表示,位于类代号之后。

通用特性代号有统一的规定含义,它在各类机床型号中表示的意义相同。

当某类型机床既有普通型又有某种通用特性时,则在类代号之后加通用特性代号予以区分。如果某类型机床仅有某种通用特性,而无普通形式,则通用特性不予表示。如C1312型单轴转塔自动车床,由于这类自动车床没有"非自动"型,所以不必用"Z"表示通用特性。当在一个型号中需同时使用两至三个通用特性代号时,一般按重要程度排列顺序。机床的通用特性代号见表2-3。

表 2-2　机床类、组划分及其代号

类别		组别									
		0	1	2	3	4	5	6	7	8	9
车床 C		仪表小型车床	单轴自动车床	多轴自动、半自动车床	回转、转塔车床	曲轴及凸轮轴车床	立式车床	落地及卧式车床	仿形及多刀车床	轮、轴、辊、锭及铲齿车床	其他车床
钻床 Z			坐标镗钻床	深孔钻床	摇臂钻床	台式钻床	立式钻床	卧式钻床	铣钻床	中心孔钻床	其他钻床
镗床 T				深孔镗床		坐标镗床	立式镗床	卧式铣镗床	精镗床	汽车、拖拉机修理用镗床	其他镗床
磨床	M	仪表磨床	外圆磨床	内圆磨床	砂轮机	坐标磨床	导轨磨床	刀具刃磨床	平面及端面磨床	曲轴、凸轮轴、花键轴及轧辊磨床	工具磨床
	2M		超精机	内圆珩磨机	外圆及其他珩磨机	抛光机	砂带抛光及磨削机床	刀具刃磨床及研磨机床	可转位刀片磨削机床	研磨机	其他磨机
	3M		球轴承套圈沟磨床	滚子轴承套圈滚道磨床	轴承套圈超精机		叶片磨削机床	滚子加工机床	钢球加工机床	气门、活塞及活塞环磨削机床	汽车、拖拉机修磨机床

续表2-2

类别	组别									
	0	1	2	3	4	5	6	7	8	9
齿轮加工机床 Y	仪表齿轮加工机		锥齿轮加工机	滚齿及铣齿机	剃齿及珩齿机	插齿机	花键轴铣床	齿轮磨齿机	其他齿轮加工机	齿轮倒角及检查机
螺纹加工机床 S			套丝机	攻丝机			螺纹铣床	螺纹磨床	螺丝车床	
铣床 X	仪表铣床	悬臂及滑枕铣床	龙门铣床	平面铣床	仿形铣床	立式升降台铣床	卧式升降台铣床	床身铣床	工具铣床	其他铣床
刨插床 B		悬臂刨床	龙门刨床			插床	牛头刨床		边缘及模具刨床	其他刨床
拉床 L			侧拉床	卧式外拉床	连续拉床	立式内拉床	卧式内拉床	立式外拉床	键槽、轴瓦及螺纹拉床	其他拉床
锯床 G			砂轮片锯床		卧式带锯床	立式带锯床	圆锯床	弓锯床	锉锯床	
其他机床 Q	其他仪表机床	管子加工机床	木螺钉加工机		刻线机	切断机	多功能机床			

表 2-3　机床的通用特性代号

通用特性	高精度	精密	自动	半自动	数控	加工中心（自动换刀）	仿形	轻型	加重型	柔性加工单元	数显	高速
代号	G	M	Z	B	K	H	F	Q	C	R	X	S
读音	高	密	自	半	控	换	仿	轻	重	柔	显	速

对主参数值相同而结构、性能不同的机床,在型号中加结构特性代号予以区分。根据各类机床的具体情况,可以对某些结构特性代号赋予一定含义。但结构特性代号与通用特性代号不同,它在型号中没有统一的含义,只在同类机床中起到区分机床结构、性能的作用。

当型号中有通用特性代号时,结构特性代号应排在通用特性代号之后。结构特性代号用汉语拼音字母(通用特性代号已用的字母和 I、O 两个字母不能用)A、B、C、D、E、L、N、P、T、Y 表示,当单个字母不够用时,可将两个字母组合起来使用,如 AD、AE 等,或 DA、EA 等。

(4)机床主参数和设计顺序号

机床主参数代表机床规格的大小,用折算值(主参数乘以折算系数)表示,位于系代号之后。常用机床型号中的主参数有规定的表示方法。

对于某些通用机床,当无法用一个主参数表示时,则在型号中用设计顺序号表示。设计顺序号由 1 开始,当设计顺序号小于 10 时,由 01 开始编号。

(5)主轴数和第二主参数的表示方法

对于多轴车床、多轴钻床、排式钻床等机床,其主轴数应以实际数值列入型号,置于主参数之后,用"×"分开,读作"乘"。

第二主参数(多轴机床的主轴数除外)一般不予表示。如有特殊情况,则需在型号中表示。在型号中表示的第二主参数,一般以折算成两位数为宜,最多不超过三位数。以长度值、深度值等表示的,其折算系数为 1/100;以直径值、宽度值表示的,其折算系数为 1/10;以厚度值、最大模数值等表示的,其折算系数为 1。

(6)机床的重大改进顺序号

当对机床的结构、性能有更高的要求,并需按新产品重新设计、试制和鉴定时,才按改进的先后顺序选用汉语拼音字母 A、B、C 等(但 I、O 两个字母不得选用),加在型号基本部分的尾部,以区别原机床型号。

(7)其他特性代号及其表示方法

其他特性代号置于辅助部分之首。其中同一型号机床的变型代号一般应放在其他特性代号之首。

其他特性代号主要用以反映各类机床的特性,例如:对于数控机床,可用以反映不同的控制系统等;对于加工中心,可用以反映控制系统、联动轴数、自动交换主轴头、自动交换工作台等;对于柔性加工单元,可用以反映自动交换主轴箱;对于一机多能机床,可用以补充表示某些功能;对于一般机床,可用以反映同一型号机床的变型等。

其他特性代号,可用汉语拼音字母(I、O 两个字母除外)来表示。其中,L 表示联动轴数,F 表示复合。当单个字母不够用时,可将两个字母组合起来使用,如 AB、AC、AD 等或 BA、CA、DA 等。其他特性代号,也可用阿拉伯数字表示,还可用阿拉伯数字和汉语拼音字母组合表示。

根据上述通用机床型号的编制方法,举例如下:

【例 2-1】 某机床研究所生产的精密卧式加工中心,其型号为 THM6350。

【例 2-2】 某机床厂生产的经过第一次重大改进,其最大钻孔直径为 25 mm 的四轴立式排钻床,其型号为 Z5625×4A。

【例 2-3】 最大回转直径为 400 mm 的半自动曲轴磨床,其型号为 MB8240。根据加工需要,在此型号机床的基础上变换的第一种型式的半自动曲轴磨床,其型号为 MB8240/1,变换的第二种型式的磨床型号为 MB8240/2。依次类推。

【例 2-4】 某机床厂设计试制的第五种仪表磨床为立式双轮轴颈抛光机,这种磨床无法用一个主参数表示,故其型号为 M0405。后来,又设计了第六种轴颈抛光机,其型号为 M0406。

2.专用机床的型号

(1)型号表示方法

专用机床的型号一般由设计单位代号和设计顺序号组成。其型号构成如下:

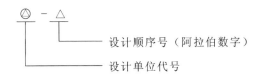

设计顺序号（阿拉伯数字）

设计单位代号

(2)设计单位代号

设计单位代号包括机床生产厂和机床研究单位代号(位于型号之首)。

(3)设计顺序号

专用机床的设计顺序号,按该单位的设计顺序号排列,由 001 起始,位于设计单位代号之后,并用"-"隔开。

【例 2-5】 上海机床厂设计制造的第 15 种专用机床为专用磨床,其型号为 H-015。

3.机床自动线的型号

(1)机床自动线代号

由通用机床或专用机床组成的机床自动线,其代号为"ZX"(读作"自线"),它位于设计单位代号之后,并用"-"分开。

机床自动线设计顺序号的排列与专用机床的设计顺序号相同,位于机床自动线代号之后。

(2)机床自动线型号的表示方法

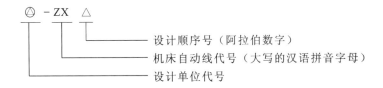

设计顺序号（阿拉伯数字）

机床自动线代号（大写的汉语拼音字母）

设计单位代号

【例 2-6】 北京机床研究所以通用机床或专用机床为某厂设计的第一条机床自动线,其型号为 JCS-ZX001。

2.2 金属切削机床的运动分析

2.2.1 工件的加工表面及其形成方法

机床在切削加工过程中,刀具和工件按一定的规律做相对运动,由刀具的切削刃切除毛坯上多余的金属,从而得到具有一定形状、尺寸精度和表面质量的工件。尽管机械零件的形状是多种多样的,但它的内、外表面轮廓的构成,却不外乎是几种基本的表面元素。这些表面元素是圆柱面、平面、圆锥面、螺旋面及各种成型表面,它们都属于"线性表面",如图 2-1 所示。任何一个表面都可以看作是一条线(曲线或直线)沿着另一条线(曲线或直线)运动的轨迹,这两条线称为该表面的发生线,前者称为母线,后者称为导线,例如:图 2-1(a)所示平面是由直线 1(母线)沿着直线 2(导线)运动形成的;图 2-1(b)、图 2-1(c)所示圆柱面和圆锥面是由直线 1(母线)沿着圆 2(导线)运动形成的;图 2-1(d)所示为圆柱螺纹的螺旋面,它是由"∧"形线 1(母线)沿着螺旋线 2(导线)运动形成的;图 2-1(e)所示为直齿圆柱齿轮的渐开线齿廓表面,它是由渐开线 1(母线)沿着直线 2(导线)运动形成的。

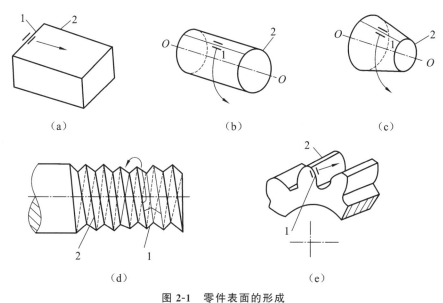

图 2-1 零件表面的形成

1—母线;2—导线

有些表面的两条发生线完全相同,但可以形成不同的表面。例如,母线为直线,导线为圆,所做的运动相同,但是由于母线相对于旋转轴的原始位置不同,所形成的表面也不同,可以是圆柱面、圆锥面或双曲面。

有些表面的母线和导线可以互换,如图 2-1(a)、图 2-1(b)所示;有些表面的母线和导线不可以互换,如图 2-1(c)、图 2-1(d)所示。

在机床上加工零件时,是借助一定形状的切削刃及切削刃与被加工表面之间按一定规律做相对运动,形成所需的母线和导线的。切削刃与所需形成的发生线之间的关系有三种:①切削刃的形状为一切削点;②切削刃的形状是一条切削线,它与所需形成的发生线的形状完全吻合;③切削刃的形状是一条切削线,它与所需形成的发生线的形状不吻合。因而加工时,刀具切削刃与被形成表面相切,可视为点接触,切削刃相对于工件做滚动(展成运动)。

由于加工方法和使用的刀具切削刃的形状不同,形成发生线的方法和需要的运动也不同,归纳起来有以下四种。

(1)轨迹法

如图 2-2(a)所示,切削刃为切削点①,它按一定的规律做轨迹运动③,而形成所需要的发生线②。所以,采用轨迹法来形成发生线需要一个独立的成型运动。

（2）成型法

如图 2-2(b)所示,切削刃为一条切削线①,它的形状和长度与需要形成的发生线②完全一致。因此,用成型法来形成发生线不需要专门的成型运动。

（3）相切法

如图 2-2(c)所示,切削刃为一切削点,由于所采用的加工方法的需要,该点是旋转刀具切削刃上的点①,切削时刀具的旋转中心按一定规律做轨迹运动③,切削点运动轨迹的包络线(相切线)就形成了发生线②。所以,用相切法形成发生线需要两个独立的成型运动(一个是刀具的旋转运动,另一个是刀具中心按一定规律所做的运动)。

（4）展成法

如图 2-2(d)所示,刀具切削刃的形状为一条切削线①,但它与需要形成的发生线②不相吻合,发生线②是切削线①的包络线。因此,要得到发生线②(图中为渐开线)就需要使刀具做直线运动 A_{11} 和使工件做旋转运动 B_{12},A_{11} 和 B_{12} 可看成是齿轮毛坯在齿条刀具上滚动分解得到的。因此,用展成法形成发生线时需要一个复合的成型运动,这个运动称为展成运动(即由图中 $A_{11}+B_{12}$ 组成的展成线)。

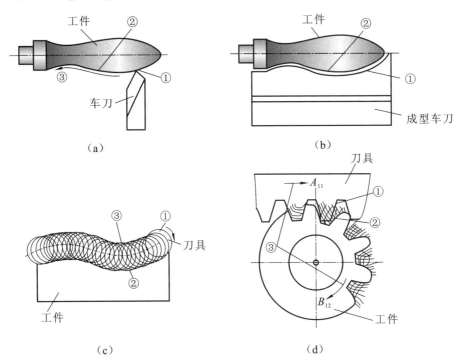

图 2-2　形成发生线的四种方法

2.2.2　机床的运动

在金属切削机床上切削工件时,工件与刀具间的相对运动就其运动性质而言,有旋转运动和直线运动两种。通常用符号 A 表示直线运动,用符号 B 表示旋转运动。但就机床上运动的功用来看,则可分为表面成型运动、切入运动、分度运动、辅助运动、操纵及控制运动和校正运动等。

1.表面成型运动

表面成型运动简称成型运动,是保证得到工件要求的表面形状的运动。表面成型运动是机床上最基本的运动,是机床上的刀具和工件为了形成表面发生线而做的相对运动。例如,图 2-3(a)所示是用尖头车刀车削外圆柱面时,工件的旋转运动 B_1 产生母线(圆),刀具的纵向直线运动 A_2 产生导线(直线)。形成母线和导线的方法都属于轨迹法。B_1 和 A_2 就是两个表面成型运动。成型运动按其组成情况不同,可能是简单运动、复合运动或两者的组合。如果一个独立的成型运动,是由单独的旋转运动或直线运动构成的,则称此成型运动为简单的成型运动,如图 2-3(a)所示,用尖头车刀车削外圆柱面时,工件的旋转运动 B_1 和刀具的直线运动 A_2 就是两个简单的成型运动。如图 2-3(b)所示,用砂轮磨削外圆柱面时,砂轮和工件的旋转运动 B_1、B_2 以及工件的直线运动 A_3,也都是简单的成型运动。如果一个独立的成型运动,是由两个或两个以上的单元运动(旋转或直线)按照某种确定的运动关系组合而成,并且相互依存的,这种成型运动称为复合成型运动。如图 2-3(c)所示,车削螺纹时,形成螺旋形发生线所需的工件与刀具之间的相对螺旋轨迹运动,为简化机床结构和保证精度,通常将其分解为工件的等速旋转运动 B_{11} 和刀具的等速直线运动 A_{12}。B_{11} 和 A_{12} 彼此不能独立,它们之间必须保持严格的运动关系,即工件每转一转,刀具直线运动的距离应等于工件螺纹的导程,B_{11} 和 A_{12} 这两个单元运动从而组成了一个复合成型运动。如图 2-3(d)所示,用尖头车刀车削回转体成型面时,车刀的曲线轨迹运动通常由方向相互垂直的、有严格速比关系的两个直线运动 A_{21} 和 A_{22} 来实现,A_{21} 和 A_{22} 也组成一个复合成型运动。

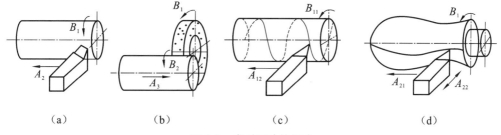

（a）　　　　　　　（b）　　　　　　　（c）　　　　　　　（d）

图 2-3　成型运动的组成

成型运动按其在切削加工中所起的作用,又可分为主运动和进给运动。主运动是切除工件上的被切削层,使之转变为切屑的主要运动;进给运动是依次或连续不断地把被切削层投入切削,以逐渐切出整个工件表面的运动。主运动的速度高,消耗的功率大;进给运动的速度较低,消耗的功率也较小。任何一种机床必定有主运动,且通常只有一个主运动,但进给运动可能有一个或几个,也可能没有(如拉床)。主运动和进给运动可能是简单成型运动,也可能是复合成型运动。

表面成型运动是机床上最基本的运动,其轨迹、数目、行程和方向等,在很大程度上决定着机床的传动和结构形式。显然,用不同工艺方法加工不同形状的表面,所需的表面成型运动是不同的,从而产生了各种不同类型的机床。然而,即使是用同一种工艺方法和刀具结构加工相同表面,由于具体加工条件不同,表面成型运动在刀具和工件之间的分配也往往不同。例如,车削外圆柱面时,多数情况下表面成型运动是工件旋转和刀具直线移动,但根据工件形状、尺寸和坯料形式等具体条件不同,表面成型运动也可以是工件旋转并直线移动,或者是刀具旋转和工件直线移动,或者是刀具旋转并直线移动,如图 2-4 所示。表面成型运动在刀具和工件之间的分配情况不同,机床结构也不同,这就决定了机床结构形式的多样化。

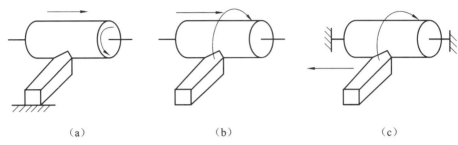

（a）　　　　　　　　　　　（b）　　　　　　　　　　　（c）

图 2-4　圆柱面的车削加工方式

2.非表面成型运动

机床上除成型运动外,一般还必须具备与形成发生线无关的其他非表面成型运动。

①各种空行程运动。指进给前后的快速运动和各种调位运动。例如,在装卸工件时,为避免碰伤操作者,刀具与工件应相对退离。在进给开始之前快速引进,使刀具与工件接近。进给结束后应快退。例如,车床的刀架或铣床的工作台,在进给前后都有快进或快退运动。调位运动是在调整机床的过程中,把机床的有关部件移到要求的位置。例如,摇臂钻床,为使钻头对准被加工孔的中心,可转动摇臂和使主轴箱在摇臂上移动。又如,龙门机床,为适应工件的不同高度,可使横梁升降。这些都是调位运动。

②切入运动。保证被加工表面获得所需尺寸的运动。

③分度运动。工件表面是由若干相同局部表面组成时,由一个局部表面过渡到另一个局部表面所做的运动称为分度运动。例如,车双头螺纹时,在车完一条螺纹后,工件相对于刀具要回转180°,再车第二条螺纹。这个工件相对于刀具的旋转,就是分度运动。

④操纵及控制运动。接通或断开某个传动链的运动、操纵变速机构或换向机构的运动,称为控制运动。

⑤校正运动。在精密机床上为了消除传动误差的运动,通常通过减少传动链中传动元件的数量、提高传动元件的精度、提高传动元件的安装精度以及装配时采用误差补偿办法等来校正运动。

2.2.3　机床的传动联系和传动原理图

1.机床传动的组成

为了实现加工过程中所需的各种运动,机床必须有执行件、运动源和传动装置三个基本部分。

（1）执行件

执行件是执行机床运动的部件,如主轴、刀架、工作台等,其任务是装夹刀具或工件,直接带动它们完成一定形式的运动(旋转或直线运动),并保证其运动轨迹的准确性。

（2）运动源

运动源是为执行件提供运动和动力的装置,如交流异步电动机、直流或交流调速电动机和伺服电动机等。可以几个运动共用一个运动源,也可以每个运动有单独的运动源。

（3）传动装置(传动件)

传动装置是传递运动和动力的装置,通过它把执行件和运动源或有关的执行件之间联系起来,使执行件获得具有一定速度和方向的运动,并使有关执行件之间保持某种确定的相对运动关系。机床的传动装置有机械、液压、电气、气压等多种形式。传动装置还有完成变换运动的性质、方向、速度的作用。

2.机床的传动联系和传动链

机床上为了得到所需要的运动,需要通过一系列的传动件把执行件和运动源(如主轴和电动机),或者把执行件和执行件(如主轴和刀架)之间联系起来,称为传动联系。构成一个传动联系的一系列顺序排列的传动件,称为传动链。传动链中通常包含两类传动机构:一类是传动比和传动方向固定不变的传动机构,如定比齿轮副、蜗杆副、丝杠螺母副等,称为定比传动机构;另一类是根据加工要求可以变换传动比和传动方向的传动机构,如交换齿轮变速机构、滑移齿轮变速机构、离合器换向机构等。传动链可以分为以下两类。

（1）外联系传动链

外联系传动链是联系运动源(如电动机)和执行件(如主轴、刀架、工作台等)之间的传动链,使执行件得到运动,而且能改变运动的速度和方向,但不要求运动源和执行件之间有严格的传动比关系。如图 2-5 所示,车圆柱螺纹时,从电动机传到车床主轴的传动链"1—2—u_v—3—4"就是外联系传动链,它只决定车螺纹速度的快慢,而不影响螺纹表面的成型。

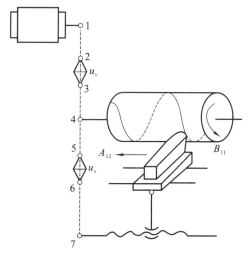

图 2-5 车削圆柱螺纹的传动原理图

（2）内联系传动链

当表面成型运动为复合的成型运动时,它由保持严格的相对运动关系的几个单元运动（旋转或直线运动）所组成,为完成复合的成型运动,必须有传动链把实现这些单元运动的执行件与执行件联系起来,并使其保持确定的运动关系,这种传动链称为内联系传动链。如图2-5所示,车削圆柱螺纹时,需要工件旋转运动 B_{11} 和车刀直线移动 A_{12} 组成的复合运动,这两个单元运动应保持严格的运动关系:工件每转一转,车刀准确地移动工件螺纹一个导程的距离。为保证这一运动关系,需要用传动链"4—5—u_x—6—7"将两个做单元运动的执行件（主轴和刀架）联系起来,并且这条传动链的总传动比必须准确地满足上述运动关系的要求。改变传动链中的换置机构 u_x,可以改变工件和车刀之间的相对运动关系,以满足车削不同导程螺纹的需要。上例这种联系复合成型运动内部两个单元运动的执行件的传动链,即是内联系传动链。由于内联系传动链本身不能提供运动和动力,为使执行件获得运动,还需要有一条外联系传动链将运动源的运动和动力传到内联系传动链上来,如图2-5所示的由电动机至主轴的主运动传动链。换置机构 u_v 用于改变整个复合运动的速度。

内联系传动链必须保证复合运动的两个单元运动之间有严格的运动关系,其传动比是否准确以及由其确定的两个单元运动的相对运动方向是否正确,将会直接影响被加工表面的形状精度。因此,内联系传动链中不能有传动比不确定或瞬时传动比变化的传动机构,如带传动、链传动和摩擦传动等。

3.传动原理图

为了便于研究机床的传动联系,常用一些简单的符号表示运动源与执行件及执行件与执行件之间的传动联系,这就是传动原理图。传动原理图仅表示形成某一表面所需的成型、分度和与表面成型直接相关的运动及其传动联系。图2-6所示为传动原理图常用的一些示意符号。

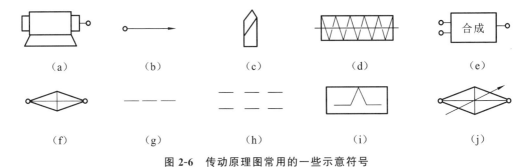

(a)	(b)	(c)	(d)	(e)
(f)	(g)	(h)	(i)	(j)

图 2-6　传动原理图常用的一些示意符号

(a)电动机;(b)主轴;(c)车刀;(d)滚刀;(e)合成机构;(f)传动比可变换的换置机构;
(g)传动比不变的机械联系;(h)电联系;(i)脉冲发生器;(j)快调换置机构——数控系统

图2-7所示为车削圆锥螺纹的传动原理图。车圆锥螺纹需要三个单元运动组成的复合运动:工件旋转运动 B_{11}、车刀纵向直线移动 A_{12} 和横向直线移动 A_{13}。这三个单元运动之间必须保持的严格运动关系是:工件每转一转,车刀纵向移动工件螺纹一个导程 Ph 的距离,横向移动 $Ph\tan\alpha$ 的距离（α 为圆锥螺纹的斜角）。为保证上述运动关系,需在主轴与刀架纵向溜板之间用传动链"4—5—u_x—6—7"进行联系,在刀架纵向溜板与横向溜板之间用

传动链"7—8—u_y—9"进行联系,这两条传动链都是内联系传动链。传动链中的 u_x 是为了适应加工不同导程螺纹的需要,u_y 是为了适应加工不同锥度螺纹的需要。外联系传动链"1—2—u_v—3—4"使主轴和刀架获得具有一定速度和方向的运动。为实现一个复合运动,必须有一条外联系传动链和一条或几条内联系传动链。

数控车床的传动原理图基本上与卧式车床相同,所不同的是许多地方用电联系代替机械联系,如图 2-8 所示。车削螺纹时,脉冲发生器 P 通过机械传动装置(通常是一对齿数相等的齿轮)与主轴相联系,主轴每转一转,发出 N 个脉冲,经 3—4 至纵向快调换置机构 u_{c1} 和伺服系统 5—6 控制伺服电动机 M_1,它或经机械传动装置 7—8,或直接与滚珠丝杠连接传动滚珠丝杠,使刀架做纵向直线运动 A_2,并保证主轴每转一转,刀架纵向移动工件螺纹一个导程的距离。改变 u_{c1},可使其输出脉冲发生变化,以满足车削不同导程的螺纹的要求。

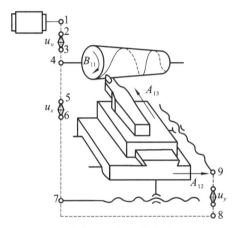

图 2-7 车削圆锥螺纹的传动原理图

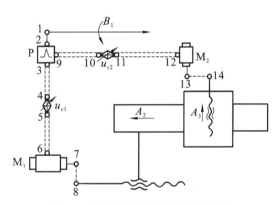

图 2-8 数控车床的螺纹链和进给链

此外,车削螺纹时,脉冲发生器 P 还发出另一组脉冲,即主轴每转发出一个脉冲,称为"同步脉冲"。由于在加工螺纹时,必须经过多次重复车削才能完成,为了保证螺纹不乱扣,数控系统必须控制刀具的切削相位,以保证在螺纹上的同一切削点切入。同步脉冲是保证在螺纹车削中不产生乱扣的唯一控制信号。

车削端面螺纹时,脉冲发生器 P 发出的脉冲经"9—10—u_{c2}—11—12—M_2—13—14—丝杠"使刀具做横向移动 A_3。

车削成型曲面时,主轴每转一转,脉冲发生器 P 发出的脉冲同时控制纵向移动 A_2 和横向移动 A_3。这时,联系纵、横向运动的传动链"A_2—纵向丝杠—8—7—M_1—6—5—u_{c1}—4—3—脉冲发生器 P—9—10—u_{c2}—11—12—M_2—13—14—横向丝杠—A_3"形成一条内联系传动链,u_{c1} 和 u_{c2} 同时不断地变化,以保证刀尖沿着要求的轨迹运动,从而得到所需的工件表面形状,并使 A_2、A_3 的合成线速度的大小基本保持恒定。

车削圆柱面或端面时,主轴的旋转运动 B_1 和刀具的移动 A_2 或 A_3 是三个独立的简单运动,u_{c1} 和 u_{c2} 用以调整转速的高低和进给量的大小。

2.3 车 床

2.3.1 概述

车床主要用于加工各种回转表面,如内外圆柱面、内外圆锥面、成型回转面和回转体的端面等。有的车床还能加工螺纹面。

车床的种类很多,按其结构和用途的不同,主要可以分为以下几类:落地及卧式车床、立式车床、回转及转塔车床、单轴和多轴自动和半自动车床、仿形及多刀车床、数控车床以及车削中心等。除此以外,还有各种专门化车床,如曲轴车床、凸轮轴车床、铲齿车床等。在大批量生产中还使用各种专用车床。在所有车床类型中,以卧式车床的应用最广。

卧式车床的工艺范围很广,能进行多种表面的加工,如内外圆柱面、内外圆锥面、环槽、成型回转面、端平面及各种螺纹等,还可以进行钻孔、扩孔、铰孔和滚花等工作。卧式车床所能加工的典型表面如图 2-9 所示。

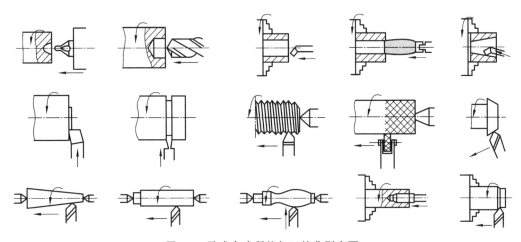

图 2-9 卧式车床所能加工的典型表面

卧式车床主要对各种轴类、套类和盘类零件进行加工,其外形如图 2-10 所示。它的主要部件由以下几部分组成。

1.主轴箱

主轴箱 1 固定在床身 4 的左端,主轴箱内装有主轴和变速传动机构。主轴前端装有卡盘,用以夹持工件,电动机经变速机构把动力传给主轴,使主轴带动工件按规定的转速旋转,以实现主运动。

2.刀架

刀架 2 位于床身 4 的刀架导轨上,并可沿此导轨纵向移动。刀架部件由几层刀架组成,它用于装夹车刀,并使车刀做纵向、横向或斜向运动。

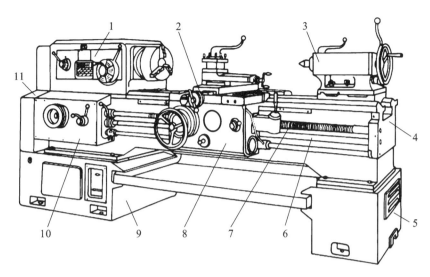

图 2-10　卧式车床的外形

1—主轴箱;2—刀架;3—尾座;4—床身;5—右床腿;6—光杠;7—丝杠;

8—溜板箱;9—左床腿;10—进给箱;11—交换齿轮变速机构

3.尾座

尾座 3 安装在床身 4 右端的尾座导轨上,可沿导轨纵向调整位置。尾座的功用是用后顶尖支承长工件。尾座上还可以安装钻头等孔加工刀具进行孔加工。

4.床身

床身 4 固定在左床腿 9 和右床腿 5 上。床身是车床的基本支承件。在床身上安装着车床的各个主要部件,使它们在工作时保持准确的相对位置或运动轨迹。

5.溜板箱

溜板箱 8 固定在刀架 2 的底部,可带动刀架一起做纵向运动。溜板箱的功用是把进给箱传来的运动传递给刀架,使刀架实现纵向进给、横向进给、快速移动或车螺纹。在溜板箱上装有各种操纵手柄或按钮。

6.进给箱

进给箱 10 固定在床身 4 的左前侧,进给箱内装有进给运动的变换机构,用于改变机动进给的进给量或改变被加工螺纹的导程。

卧式车床的主参数是床身上最大工件回转直径,第二主参数是最大工件长度。这两个参数表明了车床加工工件的上极限尺寸,同时也反映了机床的尺寸大小。因为主参数决定了主轴轴线距离床身导轨的高度,第二主参数决定了床身的长度。CA6140A 型卧式车床的主参数为 400 mm,但在加工较长的轴、套类工件时,由于受到中滑板的限制,刀架上最大工件回转直径为 $\phi210$ mm,如图 2-11 所示,这也是一个重要的参数。

卧式车床的最大工件长度有 750 mm、1000 mm、1500 mm、2000 mm 四种。机床除床身、丝杠和光杠的长度不同外,其他的部件均可通用。

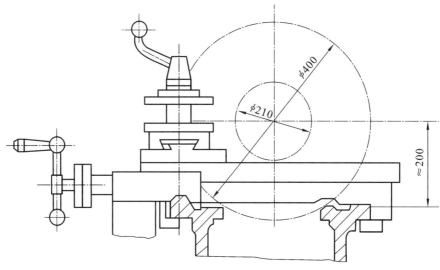

图 2-11　最大车削直径

2.3.2　CA6140A 型车床

CA6140A 型车床是普通精度的卧式车床。图 2-12 所示是其传动系统图。传动系统包括主运动传动链和进给运动传动链两部分。

1.主运动传动链

主运动传动链的两端件是电动机和主轴。它的功用是把动力源(电动机)的运动及能量传给主轴,使主轴带动工件旋转。卧式车床的主轴应能变速及换向。

(1)传动路线

运动由电动机经 V 带传至主轴箱中的轴 I。在轴 I 上装有双向多片离合器 M_1。M_1 的功用为控制主轴(轴 VI)正转、反转或停止。M_1 的左、右两部分分别与空套在轴 I 上的两个齿轮连在一起。当离合器 M_1 向左接合时,主轴正转,轴 I 的运动经 M_1 左部的摩擦片及齿轮副 58/36 或 53/41 传给轴 II。当离合器 M_1 向右接合时,主轴反转,轴 I 的运动经 M_1 右部的摩擦片及齿轮 z_{50} 传给轴 VII 上的空套齿轮 z_{34},然后再传给轴 II 上的齿轮 z_{30},使轴 II 转动。这时,由轴 I 传到轴 II 的运动多经过了一个中间齿轮 z_{34},因此,轴 II 的转动方向与经离合器 M_1 左部传动时相反。离合器 M_1 处于中间位置,左、右都不接合时,主轴停转。轴 II 的运动可分别通过三对齿轮副 22/58、30/50 或 39/41 传至轴 III。运动由轴 III 到主轴可以有两种不同的传动路线:

①当主轴需高速运转($n_{主}$＝450～1400 r/min)时,如图 2-12 所示,主轴上的滑动齿轮 z_{50} 处于左端位置,轴 III 的运动经齿轮副 63/50 直接传给主轴。

②当主轴需低速运转($n_{主}$＝10～500 r/min)时,主轴上的滑动齿轮 z_{50} 移到右端位置,使齿形离合器 M_2 啮合,于是轴 III 上的运动就经齿轮副 20/80 或 50/50 传给轴 IV,然后再由轴 IV 经齿轮副 20/80 或 51/50、26/58 及齿形离合器 M_2 传至主轴。

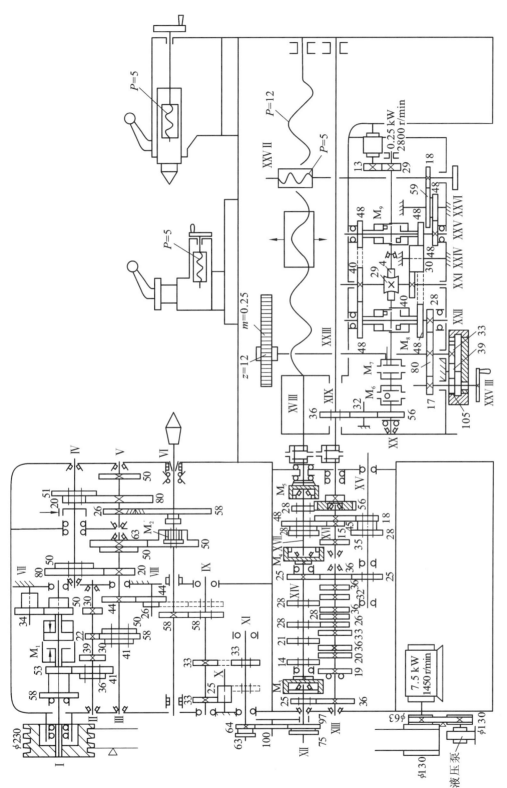

图2-12　CA6140A型卧式车床的传动系统图

下面是 CA6140A 型卧式车床主运动传动链的传动路线表达式

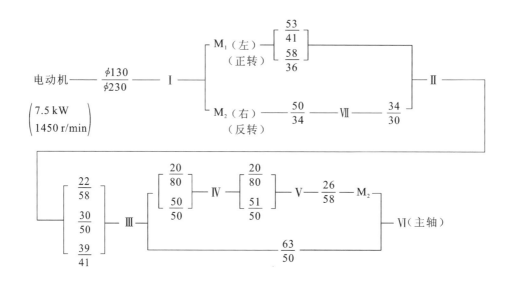

（2）主轴的转速级数与转速计算

根据传动系统图和传动路线表达式，主轴可以得到 30 级转速，但由于轴Ⅲ-Ⅴ间的 4 种传动比为

$$u_1 = \frac{50}{50} \times \frac{51}{50} \approx 1 \qquad u_3 = \frac{20}{80} \times \frac{51}{50} \approx \frac{1}{4}$$

$$u_2 = \frac{50}{50} \times \frac{20}{80} \approx \frac{1}{4} \qquad u_4 = \frac{20}{80} \times \frac{20}{80} \approx \frac{1}{16}$$

其中，u_2 和 u_3 基本相同，所以实际上只有 3 种不同的传动比，故主轴正转的实有级数为 $2 \times 3 \times (2 \times 2 - 1) = 18$，加上经齿轮副 63/50 直接传动的 6 级转速，主轴正转时实际上只能获得 24 级不同转速。

同理，主轴反转时也只能获得 $3 + 3 \times (2 \times 2 - 1) = 12$ 级不同转速。

主轴的转速可用运动平衡式计算，即

$$n_{主} = 1450 \ \text{r/min} \times \frac{130}{230}(1-\varepsilon)u_{\text{Ⅰ-Ⅱ}} u_{\text{Ⅱ-Ⅲ}} u_{\text{Ⅲ-Ⅳ}} \tag{2-1}$$

式中　$n_{主}$——主轴转速，r/min；

　　　ε——V 带传动的滑动系数，$\varepsilon = 0.02$；

　　　$u_{\text{Ⅰ-Ⅱ}}$、$u_{\text{Ⅱ-Ⅲ}}$、$u_{\text{Ⅲ-Ⅳ}}$——轴Ⅰ-Ⅱ、轴Ⅱ-Ⅲ、轴Ⅲ-Ⅵ间的可变传动比。

根据图 2-12 所示的齿轮啮合位置，主轴的转速为

$$n_{主} = 1450 \times \frac{130}{230} \times 0.98 \times \frac{53}{41} \times \frac{22}{58} \times \frac{63}{50} \ \text{r/min} = 496 \ \text{r/min}$$

主轴反转时，轴Ⅰ-Ⅱ间的传动比大于正转时的传动比，所以反转转速高于正转转速。主轴反转主要用于车螺纹时退回刀架，在不断开主轴和刀架间传动链的情况下退刀，使刀架退至起始位置，采用较高转速，可以节省辅助时间。

2.进给运动传动链

进给运动传动链是使刀架实现纵向或横向运动的传动链。传动链的两端件是主轴和刀架。卧式车床在车削螺纹时,进给传动链是内联系传动链,即主轴每转一转,刀架的移动量等于被加工工件螺纹的导程。在车削圆柱面和端面时,进给传动链是外联系传动链。

(1)车削螺纹

CA6140A 型卧式车床能车削常用的米制、英制、模数制及径节制四种标准螺纹;此外,还可以车削加大螺距、非标准螺距及较精密的螺纹。它既可以车削右旋螺纹,也可以车削左旋螺纹。

车削各种不同螺距的螺纹时,主轴与刀具之间必须保持严格的运动关系,即主轴每转一转,刀具应均匀地移动一个(被加工螺纹)导程 Ph 的距离,也就是

$$主轴转一转——刀架移动 Ph$$

上述关系称为车削螺纹时进给运动传动链的“计算位移”。

车削螺纹的运动平衡式为

$$1_{主轴} \times u_o u_x Ph_{丝} = Ph_{工} \tag{2-2}$$

式中　u_o——主轴至丝杠之间全部定比传动机构的固定传动比,是一个常数;

　　　u_x——主轴至丝杠之间换置机构的可变传动比;

　　　$Ph_{丝}$——机床丝杠的导程,CA6140A 型车床中 $Ph_{丝}=12$ mm;

　　　$Ph_{工}$——被加工螺纹的导程,mm。

不同标准的螺纹用不同的参数来表示其螺距。表 2-4 列出了米制、模数制、英制和径节四种螺纹的螺距参数及其与螺距、导程的换算关系。车削螺纹时都以毫米(mm)为单位。

表 2-4　螺距参数及其与螺距、导程的换算关系

螺纹种类	螺距参数	螺距/mm	导程/mm
米制螺纹	螺距 P/mm	P	$Ph = nP$
模数制螺纹	模数 m/mm	$P_m = \pi m$	$Ph_m = nP_m = n\pi m$
英制螺纹	每英寸牙数 a/(牙/in)	$P_a = \dfrac{25.4}{a}$	$Ph_a = nP_a = \dfrac{25.4n}{a}$
径节螺纹	径节 DP/(牙/in)	$P_{DP} = \dfrac{25.4}{DP}\pi$	$Ph_{DP} = nP_{DP} = \dfrac{25.4n}{DP}\pi$

注:n 为螺纹线数;1 in=0.0254 m。

①车削米制螺纹

米制螺纹是我国常用的螺纹,其标准螺距值在国家标准中有规定。表 2-5 所列为 CA6140A 型车床米制螺纹表。由此表可以看出,表中的螺距值是按分段等差数列的规律排列的,行与行之间成倍数关系。

表 2-5　CA6140A 型车床米制螺纹表　　　　　　　　　　　（单位:mm）

$u_倍$	$u_基$							
	$\dfrac{26}{28}$	$\dfrac{28}{28}$	$\dfrac{32}{28}$	$\dfrac{36}{28}$	$\dfrac{19}{14}$	$\dfrac{20}{14}$	$\dfrac{33}{21}$	$\dfrac{36}{21}$
$\dfrac{18}{45}\times\dfrac{15}{48}=\dfrac{1}{8}$	—	—	1	—	—	1.25	—	1.5
$\dfrac{28}{35}\times\dfrac{15}{48}=\dfrac{1}{4}$		1.75	2	2.25		2.5	—	3
$\dfrac{18}{45}\times\dfrac{35}{28}=\dfrac{1}{2}$	—	3.5	4	4.5	—	5	5.5	6
$\dfrac{28}{35}\times\dfrac{35}{28}=1$		7	8	9		10	11	12

　　车削米制螺纹时,进给箱中的齿形离合器 M_3 和 M_4 脱开,M_5 接合,这时的传动路线为:运动由主轴Ⅵ经齿轮副 58/58、三星轮换向机构 33/33（车削左螺纹时经 33/25×25/33）、交换齿轮 63/100×100/75 传至进给箱的轴ⅩⅡ,然后由移换机构的齿轮副 25/36 传至轴ⅩⅢ,由轴ⅩⅢ经两轴滑移变速机构（基本螺距机构）的齿轮副传至轴ⅩⅣ,再由移换机构的齿轮副 25/36×36/25 传至轴ⅩⅤ,再经过轴ⅩⅤ与轴ⅩⅦ间的两组滑移齿轮变速机构（增倍机构）传至轴ⅩⅦ,最后由齿形离合器 M_5 传至丝杠ⅩⅧ,当溜板箱中的开合螺母与丝杠相啮合时,就可带动刀架车削米制螺纹。

　　车削米制螺纹时,传动链的传动路线表达式为

$$
\text{主轴}\quad Ⅵ \xrightarrow{\frac{58}{58}} Ⅸ \begin{bmatrix} \dfrac{33}{33} \\[4pt] (\text{右旋螺纹}) \\[4pt] \dfrac{33}{25}\times\dfrac{25}{33} \\[4pt] (\text{左旋螺纹}) \end{bmatrix} \xrightarrow{} Ⅺ \begin{bmatrix} \dfrac{63}{100}\times\dfrac{100}{75} \\[4pt] (\text{米制螺纹}) \\[4pt] \dfrac{64}{100}\times\dfrac{100}{97} \\[4pt] (\text{模数螺纹}) \end{bmatrix} \xrightarrow{} Ⅻ
$$

$$
\xrightarrow{\frac{25}{36}} ⅩⅢ \xrightarrow{\ u_基\ } ⅩⅣ \xrightarrow{\frac{25}{36}\times\frac{36}{25}} ⅩⅤ \xrightarrow{\ u_倍\ } ⅩⅦ \xrightarrow{\ M_5\ } ⅩⅧ\ (\text{丝杠}) \longrightarrow \text{刀架}
$$

　　$u_基$ 为轴ⅩⅢ-ⅩⅣ间变速机构的可变传动比,共八种:

$$u_{基1}=\frac{26}{28}=\frac{6.5}{7} \qquad\qquad u_{基5}=\frac{19}{14}=\frac{9.5}{7}$$

$$u_{基2}=\frac{28}{28}=\frac{7}{7} \qquad\qquad u_{基6}=\frac{20}{14}=\frac{10}{7}$$

$$u_{基3}=\frac{32}{28}=\frac{8}{7} \qquad\qquad u_{基7}=\frac{33}{21}=\frac{11}{7}$$

$$u_{基4}=\frac{36}{28}=\frac{9}{7} \qquad\qquad u_{基8}=\frac{36}{21}=\frac{12}{7}$$

这些传动副的传动比成等差级数的规律排列,改变轴 X Ⅲ - X Ⅳ 间的传动副,就能够车削出导程值按等差数列排列的螺纹,这样的变速机构称为基本螺距机构,是进给箱的基本变速组,简称基本组。

$u_{倍}$ 为轴 X Ⅴ - X Ⅶ 间变速机构的可变传动比,共四种:

$$u_{倍1} = \frac{18}{45} \times \frac{15}{48} = \frac{1}{8} \qquad u_{倍3} = \frac{18}{45} \times \frac{35}{28} = \frac{1}{2}$$

$$u_{倍2} = \frac{28}{35} \times \frac{15}{48} = \frac{1}{4} \qquad u_{倍4} = \frac{28}{35} \times \frac{35}{28} = 1$$

上述四种传动比成倍数关系排列,因此,改变 $u_{倍}$ 就可使车削的螺纹导程值成倍数关系变化,扩大了机床能车削的导程种数。这种变速机构称为增倍机构,是增倍变速组,简称增倍组。

车削米制(右旋)螺纹的运动平衡式为

$$Ph = nP = 1_{主轴} \times \frac{58}{58} \times \frac{33}{33} \times \frac{63}{100} \times \frac{100}{75} \times \frac{25}{36} \times u_{基} \times \frac{25}{36} \times \frac{36}{25} \times u_{倍} \times 12 \qquad (2\text{-}3)$$

式中　Ph——螺纹导程(对于单线螺纹,螺纹导程 Ph 即为螺距 P),mm;

$\quad\quad u_{基}$——轴 X Ⅲ - X Ⅳ 间基本螺距机构的传动比;

$\quad\quad u_{倍}$——轴 X Ⅴ - X Ⅶ 间增倍机构的传动比。

将上式化简后可得

$$Ph = 7u_{基}u_{倍}$$

由表 2-5 可以看出,能车削的米制螺纹的最大导程是 12 mm。当机床需要加工导程大于 12 mm 的螺纹时,如车削多线螺纹和拉油槽时,就得使用扩大螺距机构。这时应将轴Ⅸ上的滑移齿轮 z_{58} 移至右端(图 2-12 中的虚线)位置,与轴Ⅷ上的齿轮 z_{26} 相啮合。于是主轴Ⅵ与丝杠通过下列传动路线实现传动联系

$$\text{主轴 Ⅵ} - \frac{58}{26} - \text{Ⅴ} - \frac{80}{20} - \text{Ⅳ} - \begin{bmatrix} \dfrac{50}{50} \\[4pt] \dfrac{80}{20} \end{bmatrix} - \text{Ⅲ} - \frac{44}{44} - \text{Ⅶ} - \frac{26}{58} - \begin{array}{l} \text{(常用螺纹传动路线)} \\ \text{Ⅸ} \cdots \text{ⅩⅦ(丝杠)} \end{array}$$

此时,主轴Ⅵ-Ⅸ间的传动比 $u_{扩}$ 为

$$u_{扩1} = \frac{58}{26} \times \frac{80}{20} \times \frac{50}{50} \times \frac{44}{44} \times \frac{26}{58} = 4$$

$$u_{扩2} = \frac{58}{26} \times \frac{80}{20} \times \frac{80}{20} \times \frac{44}{44} \times \frac{26}{58} = 16$$

而车削常用螺纹时,主轴Ⅵ-Ⅸ间的传动比 $u_{正常} = 58/58 = 1$。这表明,当螺纹进给传动链其他调整情况不变时,做上述调整可使主轴与丝杠间的传动比增大 4 倍或 16 倍,车出的螺纹导程也相应地扩大 4 倍或 16 倍。因此,一般把上述传动机构称为扩大螺距机构。

必须指出,扩大螺距机构的传动齿轮就是主运动的传动齿轮,所以,只有当主轴上 M_2 合上,即主轴处于低速状态时,才能用扩大螺距机构;主轴转速为 10~32 r/min 时,导程扩大 16 倍;主轴转速为 40~125 r/min 时,导程扩大 4 倍。大导程螺纹只能在主轴低转速时车削,这是符合工艺上的需要的。

②车削模数制螺纹

模数制螺纹主要用在米制蜗杆中。例如，Y3150E 型滚齿机的垂直进给丝杠就是模数制螺纹。

标准模数制螺纹的导程（或螺距）排列规律和米制螺纹相同，但导程（或螺距）的数值不一样，而且数值中含有特殊因子 π。所以，车削模数制螺纹时的传动路线与车削米制螺纹时基本相同，唯一的差别就是这时的交换齿轮换成 $64/100 \times 100/97$，移换机构的滑移齿轮传动比为 $25/36$，以消除特殊因子 π（其中 $64/97 \times 25/36 \approx 7\pi/48$）。

导出计算公式为

$$m = \frac{7}{4n} u_{基} u_{倍} \tag{2-4}$$

③车削英制螺纹

英制螺纹在采用英制的国家（如英国、美国、澳大利亚、加拿大等）中应用广泛。我国的部分管螺纹目前也采用英制螺纹。

英制螺纹以每英寸长度上的螺纹牙（扣）数 a（牙/英寸）表示。由于 CA6140A 型车床的丝杠是米制螺纹，因此，被加工的英制螺纹换算成以毫米为单位的相应导程值为

$$Ph_a = \frac{25.4n}{a}\text{mm} \tag{2-5}$$

a 的标准值也是按分段等差数列的规律排列的，所以英制螺纹的螺距（或导程）是分段调和数列（分母是分段等差数列）。此外，还有特殊因子 25.4。车削英制螺纹时，应对传动路线做如下两点变动：

A.将上述车削米制螺纹时的基本组的主动与从动传动关系颠倒过来，即轴 ⅩⅣ 为主动，轴 ⅩⅢ 为从动，这样基本组的传动比数列变成了调和数列，与英制螺纹螺距（或导程）数列的排列规律相一致。

B.在传动链中改变部分传动副的传动比，使其包含特殊因子 25.4。

为此，将进给箱中的离合器 M_3 和 M_5 接合，M_4 脱开，交换齿轮用 $\frac{63}{100} \times \frac{100}{75}$，同时将轴 ⅩⅤ 左端的滑移齿轮 z_{25} 左移，与固定在轴 ⅩⅢ 上的齿轮 z_{36} 啮合。于是运动便由轴 ⅩⅡ 经离合器 M_3 传至轴 ⅩⅣ，从而使基本组的传动方向恰好与车削米制螺纹时相反，其余部分传动路线与车削米制螺纹时相同。此时传动路线表达式为

$$\text{主轴 Ⅵ} - \frac{58}{58} - \text{Ⅸ} - \begin{bmatrix} \dfrac{33}{33} \\ （右旋螺纹） \\ \dfrac{33}{25} \times \dfrac{25}{33} \\ （左旋螺纹） \end{bmatrix} - \text{Ⅺ} - \begin{bmatrix} \dfrac{63}{100} \times \dfrac{100}{75} \\ （寸制螺纹） \\ \dfrac{64}{100} \times \dfrac{100}{97} \\ （径节螺纹） \end{bmatrix} - \text{Ⅻ} - M_3 -$$

$$- \text{ⅩⅣ} - \frac{1}{u_{基}} - \text{ⅩⅢ} - \frac{36}{25} - \text{ⅩⅤ} - u_{倍} - \text{ⅩⅦ} - M_5 - \text{ⅩⅧ（丝杠）} - 刀架$$

其运动平衡式为

$$Ph_a = \frac{25.4n}{a} = 1_{主轴} \times \frac{58}{58} \times \frac{33}{33} \times \frac{63}{100} \times \frac{100}{75} \times \frac{1}{u_{基}} \times \frac{36}{25} \times u_{倍} \times 12$$

上式中，$\dfrac{63}{100}\times\dfrac{100}{75}\times\dfrac{36}{25}\approx\dfrac{25.4}{21}$，代入上式化简得

$$Ph_a=\frac{25.4n}{a}=\frac{4}{7}\times25.4\frac{u_倍}{u_基}$$

$$a=\frac{7n}{4}\times\frac{u_基}{u_倍}$$

改变 $u_基$ 和 $u_倍$，就可以车削各种规格的英制螺纹，见表 2-6。

表 2-6 CA6140A 型车床英制螺纹表 （单位：牙/in）

$u_倍$	$u_基$							
	$\dfrac{26}{28}$	$\dfrac{28}{28}$	$\dfrac{32}{28}$	$\dfrac{36}{28}$	$\dfrac{19}{14}$	$\dfrac{20}{14}$	$\dfrac{33}{21}$	$\dfrac{36}{21}$
$\dfrac{18}{45}\times\dfrac{15}{48}=\dfrac{1}{8}$	—	14	16	18	19	20	—	24
$\dfrac{28}{35}\times\dfrac{15}{48}=\dfrac{1}{4}$	—	7	8	9		10	11	12
$\dfrac{18}{45}\times\dfrac{35}{28}=\dfrac{1}{2}$	3.25	3.5	4	4.5	—	5	—	6
$\dfrac{28}{35}\times\dfrac{35}{28}=1$	—		2			—	—	3

注：1 in＝0.0254 m，后同。

④车削径节螺纹

径节螺纹主要用于英制蜗杆。它是用径节 DP 来表示的。径节 $DP=z/d$（z 为齿轮齿数，d 为分度圆直径，单位为 in），即蜗轮或齿轮折算到每英寸(in)分度圆直径上的齿数。

英制蜗杆的轴向齿距即为螺距 P_{DP}，径节螺纹的导程为

$$Ph_{DP}=\frac{\pi n}{DP} \tag{2-6}$$

式中，Ph_{DP} 的单位为 in。

或

$$Ph_{DP}\approx\frac{25.4\pi n}{DP} \tag{2-7}$$

式中，Ph_{DP} 的单位为 mm。

车削径节螺纹的传动路线与车削英制螺纹相同，利用交换齿轮 64/100×100/97 及移换机构齿轮 36/25 以消除 25.4π。

因为

$$\frac{64}{97}\times\frac{36}{25}\approx\frac{25.4\pi}{84}$$

导出计算公式为

$$DP=7n\frac{u_基}{u_倍} \tag{2-8}$$

车削四种螺纹时，传动路线特征归纳为表 2-7。车削螺纹时，M_5 要接合。

表 2-7　车削四种螺纹时的传动路线特征

螺纹种类	螺距参数	$u_{交换}$		M_3	M_4	基本组 $u_{基}$	XV 轴上 z_{25}
米制螺纹	P/mm	63/100	100/75	开	开	$u_{基}$	在右端(图 2-12)
模数制螺纹	m/mm	64/100	100/97	开	开	$u_{基}$	在右端
英制螺纹	a/(牙/in)	63/100	100/75	合	开	$1/u_{基}$	在左端
径节螺纹	DP/(牙/in)	64/100	100/97	合	开	$1/u_{基}$	在左端

⑤车削非标准螺距和较精密螺纹

当需要车削非标准螺距螺纹时,利用上述传动路线是无法得到的。这时,需要将齿形离合器 M_3、M_4 和 M_5 全部啮合,进给箱中的传动路线是轴 XII 经轴 XIV 及轴 XVII 直接传动丝杠 XVIII,被加工螺纹的导程 Ph 依靠调整交换齿轮的传动比 $u_{交换}$ 来实现。运动平衡式为

$$Ph = 1_{主轴} \times \frac{58}{58} \times \frac{33}{33} u_{交换} \times 12$$

将上式化简后,得交换齿轮的换置公式为

$$u_{交换} = \frac{a}{b} \times \frac{c}{d} = \frac{Ph}{12} \tag{2-9}$$

应用此换置公式,适当地选择交换齿轮 a、b、c 及 d 的齿数,就可车削出所需导程 Ph 的螺纹。

这时,由于主轴至丝杠的传动路线大为缩短,减少了传动件制造误差和装配误差对工件螺纹螺距精度的影响,如选用较精确的交换齿轮,也可车削出较精密的螺纹。

(2)机动进给

车削外圆柱或内圆柱表面时,可使用机动的纵向进给。车削端面时,可使用机动的横向进给。

①传动路线

为了避免丝杠磨损过快以及便于工人操纵,机动进给运动是由光杠经溜板箱传动的。这时将进给箱中的离合器 M_5 脱开,齿轮 z_{28} 与轴 XVI 上的齿轮 z_{56} 啮合运动由进给箱传至光杠 XIX,再由光杠经溜板箱中的传动机构,分别传至齿轮齿条机构和横向进给丝杠 XXVII,使刀架做纵向或横向机动进给。其传动路线表达式为

为了避免两种运动同时产生而发生事故,纵向机动进给、横向机动进给及车削螺纹三种传动路线,只允许接通其中一种,这是由操纵机构及互锁机构来保证的。

溜板箱中的双向牙嵌离合器 M_8 及 M_9 用于变换进给运动的方向。

②纵向机动进给量

机床的 64 种纵向机动进给量是由四种类型的传动路线来实现的。当机床运动经正常螺距的米制螺纹的传动路线传动时,可得到进给范围 0.08~1.22 mm/r 的 32 种进给量,其运动平衡式为

$$f_{纵} = 1_{主轴} \times \frac{58}{58} \times \frac{33}{33} \times \frac{63}{100} \times \frac{100}{75} \times \frac{25}{36} \times u_{基} \times \frac{25}{36} \times \frac{36}{25} \times u_{倍} \times \frac{28}{56} \times \frac{36}{32} \times \frac{32}{56} \times$$

$$\frac{4}{29} \times \frac{40}{48} \times \frac{28}{80} \times \pi \times 2.5 \times 12$$

化简后可得

$$f_{纵} = 0.71 u_{基} u_{倍} \tag{2-10}$$

纵向进给运动的其余 32 种进给量可分别通过英制螺纹传动路线和扩大螺距机构获得。

③横向机动进给量

横向机动进给在其与纵向进给传动路线一致时,所得的横向进给量是纵向进给量的一半。横向进给量的种数有 64 种。

(3)刀架的快速移动

刀架的快速移动是为了减轻工人的劳动强度和缩短辅助时间。

当刀架需要快速移动时,按下快速移动按钮,使快速电动机(0.25 kW,2800 r/min)接通。这时,快速电动机的运动经齿轮副 13/29 传至轴 ⅩⅩ,使轴 ⅩⅩ 高速转动,于是运动便经蜗杆副 4/29 传至溜板箱内的传动机构,使刀架实现纵向或横向的快速移动。移动方向由溜板箱中的双向牙嵌离合器 M_8 和 M_9 控制。

为了节省辅助时间及简化操作,在刀架快速移动过程中,不必脱开进给运动传动链。这时,为了避免转动的光杠和快速电动机同时传动轴 ⅩⅩ,在齿轮 z_{56} 与轴 ⅩⅩ 之间装有超越离合器 M_6。图 2-13 所示是超越离合器的结构。

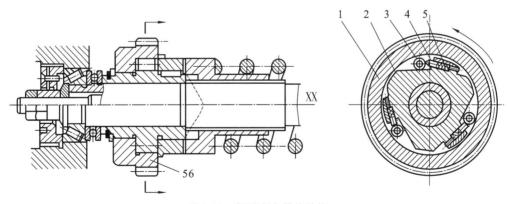

图 2-13   超越离合器的结构

1—外环;2—星形体;3—滚子;4—顶销;5—弹簧

　　超越离合器是由外环 1(即溜板箱中的空套齿轮 z_{56})、星形体 2、滚子 3、顶销 4 和弹簧 5 组成的。当刀架机动进给时,由光杠传来的运动通过超越离合器传给溜板箱。这时齿轮 z_{56} 按图 2-13 所示的逆时针方向转动,三个短圆柱滚子 3 分别在弹簧 5 的弹力和摩擦力的作用下,被楔紧在外环 1 和星形体 2 之间,外环 1 通过滚子 3 带动星形体 2 一起转动,于是运动便经过安全离合器 M_7 传至轴 XX,使轴 XX 旋转,实现机动进给。当快速电动机转动时,运动由齿轮副 13/29 传至轴 XX,轴 XX 及星形体 2 得到一个与齿轮 z_{56} 转向相同而转速却快得多的旋转运动。这时,由于摩擦力的作用,滚子 3 压缩弹簧 5 而离开楔缝狭端,外环 1 与星形体 2(轴 XX)脱开联系。光杠 XIX 和齿轮 z_{56} 虽然仍在旋转,但不再传动 XX,因此,刀架快速移动时无须停止光杠的运动。

　　3.机床的主要机构

　　(1)主轴箱

　　机床主轴箱的装配图包括展开图、各种向视图和断面图。图 2-14 所示为 CA6140A 型卧式车床主轴组件。

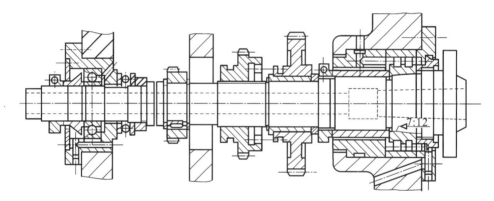

图 2-14　CA6140A 型卧式车床主轴组件

　　①主轴组

　　CA6140A 型卧式车床的主轴是一个空心的阶梯轴,其内孔可用来通过棒料或卸顶尖时穿入所用的铁棒,也可用于通过气动、电动或液压夹紧装置机构。主轴前端的锥孔为莫氏 6 号锥度,用来安装顶尖套及前顶尖,有时也可安装心轴,利用锥面配合的摩擦力直接带动心轴和工件转动。

　　主轴前端采用短锥法兰式结构。它的作用是安装卡盘和拨盘,如图 2-15 所示。它以短锥和轴肩端面做定位面。卡盘、拨盘等夹具通过卡盘座 4,用四个螺栓 5 固定在主轴 3 上,装在主轴轴肩端面上的圆柱形端面键用来传递转矩。安装卡盘时,只需将预先拧紧在卡盘座上的螺栓 5 连同螺母 6 一起,从主轴 3 轴肩和锁紧盘 2 上的孔中穿过,然后将锁紧盘转过一个角度,使螺栓进入锁紧盘上宽度较小的圆弧槽内,把螺母卡住(如图 2-15 中所示位置),然后再把螺母 6 拧紧,就可把卡盘等夹具紧固在主轴上。这种主轴轴端结构的定心精度高,连接刚度高,卡盘悬伸长度短,装卸卡盘也比较方便,因此,在新型车床上应用得很普遍。

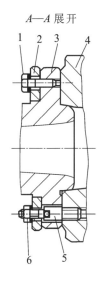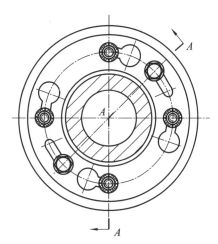

图 2-15　主轴前端结构形式

1—螺钉；2—锁紧盘；3—主轴；4—卡盘座；5—螺栓；6—螺母

主轴安装在两支承上，前支承为 P5 级精度的双列圆柱滚子轴承，用于承受径向力。轴承内环和主轴之间通过 1∶12 的锥度相配合。当内环与主轴在轴向相对移动时，内环可产生弹性膨胀或收缩，以调整轴承的径向间隙大小，调整后用圆形螺母锁紧。前支承处装有阻尼套筒，内套装在主轴上，外套装在前支承座孔内。内、外套在径向上有 0.2 mm 的间隙，其中充满了润滑油，能有效地抑制振动，提高主轴的动态性能。

后轴承由一个推力球轴承和一个角接触球轴承组成，分别用以承受轴向力（左、右）和径向力。同理，轴承的间隙和预紧可以用主轴尾端的螺母调整。

主轴前后支承的润滑都是由润滑油泵供油。润滑油通过进油孔对轴承进行充分的润滑，并带走轴承运转所产生的热量。为了避免漏油，前后支承采用油沟式密封。主轴旋转时，由于离心力的作用，油液就沿着斜面（朝箱内方向）被甩到轴承端盖的接油槽内，然后经回油孔流向主轴箱。

主轴上装有三个齿轮，右端的斜齿圆柱齿轮 $z_{58}(m=4\text{mm},\beta=10°,\text{左旋})$ 空套在主轴上。采用斜齿轮可以使主轴运转得比较平稳，传动时此齿轮作用在主轴上的轴向力与进给力 F_f 的方向相反，因此，可以减小主轴前支承所承受的轴向力。中间的齿轮 z_{50} 可以在主轴的花键上滑移。当齿轮 z_{50} 处于中间不啮合位置（"空档"位置）时，主轴与轴Ⅲ和轴Ⅴ的传动联系被断开，这时可用手转动主轴，以便进行测量主轴回转精度及装夹时找正等工作。左端的齿轮 z_{58} 固定在主轴上，用于传动进给箱。

②变速操纵机构

主轴箱共设置三套变速操纵机构。

图 2-16 所示为 CA6140A 型车床主轴箱中的一种变速操纵机构。它用一个手柄同时操纵轴Ⅱ、Ⅲ上的双联滑移齿轮和三联滑移齿轮，变换轴Ⅰ-Ⅲ间的六种传动比。转动手柄，通过链传动使轴 4 转动，轴 4 上固定着盘形凸轮 3 和曲柄 2。凸轮 3 上有一条封闭的曲线槽，它由两段不同半径的圆弧和直线组成。凸轮上有 1～6 个变速位置。如图 2-16 所示，在位

置 1、2、3 时，杠杆 5 上端的滚子处于凸轮槽曲线的大半径圆弧处。杠杆 5 经拨叉 6 将轴Ⅱ上的双联滑移齿轮移向左端位置，位置 4、5、6 则将双联滑移齿轮移向右端位置。

　　曲柄 2 随轴 4 转动，带动拨叉 1 拨动轴Ⅲ上的三联滑移齿轮，使它处于左、中、右三个位置，依次转动手柄至各个变速位置，就可使两个滑移齿轮的轴向位置实现六种不同的组合，使轴Ⅲ得到六种不同的转速。

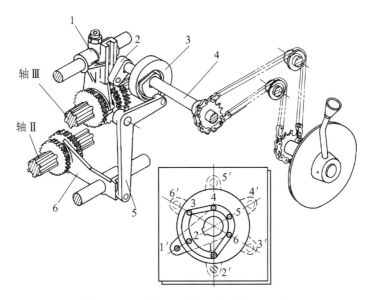

图 2-16　轴Ⅱ-Ⅲ滑移齿轮变速操纵机构

1、6—拨叉；2—曲柄；3—凸轮；4—轴；5—杠杆

　　滑移齿轮移至规定的位置后，都必须可靠地定位。本操纵机构中采用钢球定位装置。

（2）溜板箱

　　为了实现溜板箱的功能，并使其在机床过载时具有保护功能，溜板箱中应设置如下主要机构。

　　①纵、横向机动进给操纵机构

　　如图 2-17 所示，在溜板箱右侧，有一个集中操纵手柄 1。当向左或向右扳动手柄 1 时，可使刀架相应地做纵向向左或向右运动；若向前或向后扳动手柄 1，刀架也相应地向前或向后横向运动。手柄的顶端有快速移动按钮，当手柄 1 扳至左、右或前、后任一位置时，起动快速电动机，刀架即在相应方向上快速移动。

　　当向左或向右扳动手柄 1 时，手柄 1 的下端缺口拨动拉杆 3 向右或向左轴向移动，通过杠杆 4，拉杆 5 使圆柱凸轮 6 转动，凸轮上有螺旋槽，槽内嵌有固定在滑杆 7 上的滚子，由于螺旋槽的作用，使滑杆 7 轴向移动，与滑杆相连的拨叉 8 也移动，导致控制纵向进给运动的双向牙嵌离合器 M_8 接合（图 2-12），刀架实现向左或向右纵向机动进给运动。

　　当向前或向后扳动手柄 1 时，手柄 1 的下端方块嵌在转轴 2 的右端缺口内，于是转轴 2 向前或向后转动一个角度，圆柱凸轮 12 也摆动一个角度，由于凸轮螺旋槽的作用，杠杆 10 摆动，拨动滑杆 11，使拨叉 9 移动，双向牙嵌离合器 M_9 接合（图 2-12），从而实现了相应方向上的横向机动进给运动。

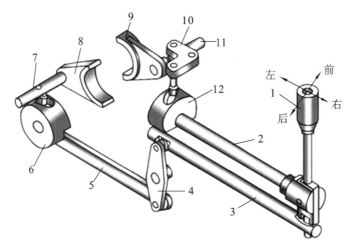

图 2-17　纵、横向机动进给操纵机构
1—手柄;2—转轴;3、5—拉杆;4、10—杠杆;
6、12—凸轮;7、11—滑杆;8、9—拨叉

当手柄 1 在中间位置时,离合器 M_8 和 M_9 均脱开,这时机动进给机构和快速移动机构被断开。

纵向、横向进给运动是互锁的,即离合器 M_8 和 M_9 不能同时接合,手柄 1 的结构可以保证互锁(手柄上开有十字形槽,所以手柄只能在一个位置)。

机床工作时,纵、横向机动进给运动和丝杠传动不能同时接通。丝杠传动是由溜板箱的开合螺母开或合来控制的。因此,溜板箱中设有互锁机构,以保证车螺纹时开合螺母合上时,机动进给运动不能接通;而当机动进给运动接通时,开合螺母不能合上。

②安全离合器

机动进给时,当进给力过大或刀架移动受阻时,为了避免损坏传动机构,在进给运动传动链中设置安全离合器 M_7(图 2-12)来自动停止进给。安全离合器的工作原理如图 2-18 所示。由光杠传来的运动经齿轮 z_{56}(图 2-12)及超越离合器 M_6 传至安全离合器 M_7 左半部 1,通过螺旋形端面齿传至离合器右半部 2,再经花键传至轴 XX。离合器右半部 2 后端弹簧 3 的弹力克服离合器在传递转矩时所产生的轴向分力,使离合器左、右部分保持啮合。

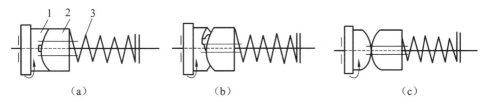

（a）　　　　　　　　　（b）　　　　　　　　　（c）

图 2-18　安全离合器的工作原理
1—离合器左半部;2—离合器右半部;3—弹簧

机床过载时,蜗杆轴 X X(图 2-12)的转矩增大,安全离合器传递的转矩也增大,因而作用在端面螺旋齿上的轴向力也将加大。当轴向力超过规定值后,弹簧 3 的弹力不再能保持离合器的左、右两半部相啮合而产生打滑,使传动链断开。当过载现象消失后,由于弹簧 3 的弹力作用,安全离合器恢复啮合,使传动链重新接通。

2.3.3 车床的主要类型和品种

1.回转、转塔车床

回转、转塔车床与卧式车床的主要不同之处是,前者没有尾座和丝杠。回转、转塔车床床身导轨右端有一个可纵向移动的多工位刀架,此刀架可装几组刀具。多工位刀架可以转位,将不同刀具依次转至加工位置,对工件轮流进行多刀加工。每组刀具的行程终点,是由可调整的挡块来控制的,加工时不必对每个工件进行测量和反复装卸刀具。因此,在成批加工形状复杂的工件时,它的生产率高于卧式车床。这类机床由于没有丝杠,所以加工螺纹时只能使用丝锥、板牙或螺纹梳刀等。

回转车床如图 2-19 所示,它没有前刀架,只有一个轴线与主轴轴线相平行的回转刀架 4。在回转刀架 4 的端面上有许多安装刀具的孔(通常有 12 个或 16 个)。当刀具孔转到最上端位置时,其轴线与主轴轴线正好在同一直线上。回转刀架 4 可沿床身 6 导轨做纵向进给运动。机床进行成型车削、切槽及切断加工时所需的横向进给,是靠回转刀架 4 做缓慢的转动来实现的。回转车床主要用来加工直径较小的工件,所用的毛坯通常是棒料。

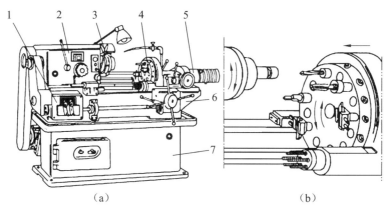

(a)   (b)

图 2-19 回转车床

1—进给箱;2—主轴箱;3—夹料夹头;4—回转刀架;5—挡块轴;6—床身;7—底座

转塔车床(图 2-20)除有前刀架 2 外,还有一个转塔刀架 3(立式)。前刀架 2 可做纵、横向进给,以便车削大直径圆柱面、内、外端面和沟槽。转塔刀架 3 只能做纵向进给,主要是车削外圆柱面及对内孔进行钻、扩、铰或镗削等加工。转塔车床由于没有丝杠,加工螺纹时只能使用丝锥和板牙,因此,所加工螺纹精度不高。

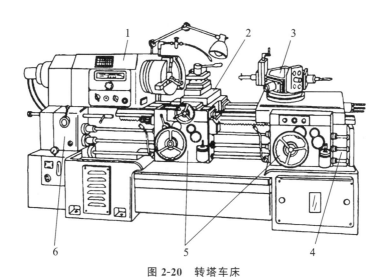

图 2-20 转塔车床

1—主轴箱；2—前刀架；3—转塔刀架；4—床身；5—溜板箱；6—进给箱

2.落地车床和立式车床

(1)落地车床

在车削直径大而短的工件时,不可能充分发挥卧式车床的床身和尾座的作用。而这类大直径的短零件上通常也没有螺纹,这时,可以在没有床身的落地车床上对其进行加工。

图2-21所示是落地车床的外形。主轴箱 1 和滑座 8 直接安装在地基或落地平板上。工件装夹在花盘 2 上,刀架(滑板)3 和小刀架 6 可做纵向移动,小刀架座 5 和刀架座 7 可做横向移动,当转盘 4 转到一定角度时,可利用小刀架座 5 或小刀架 6 车削圆锥面。主轴箱和刀架由单独的电动机驱动。

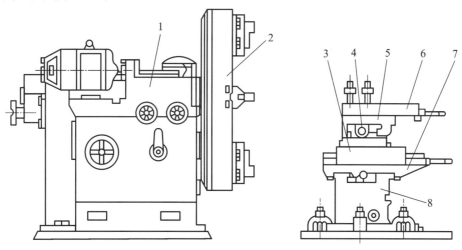

图 2-21 落地车床

1—主轴箱；2—花盘；3—刀架(滑板)；4—转盘；5—小刀架座
6—小刀架；7—刀架座；8—滑座

（2）立式车床

立式车床用于加工径向尺寸大，而轴向尺寸小且形状复杂的大型或重型零件。这种车床的主轴垂直布置，安装工件的圆形工作台直径大，台面呈水平布置，因此装夹和找正笨重的零件时比较方便。它分为单柱式和双柱式两种，如图 2-22 所示。图 2-22（a）所示的单柱式车床用于加工直径较小的零件，而图 2-22（b）所示的双柱式车床用于加工直径较大的零件。

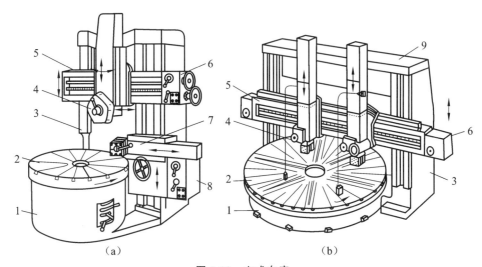

（a） （b）

图 2-22 立式车床

1—底座；2—工作台；3—立柱；4—垂直刀架；5—横梁；

6—垂直刀架进给箱；7—侧刀架；8—侧刀架进给箱；9—顶梁

图 2-22（a）所示为单柱式立式车床，它有一个箱形立柱与底座固定连接成为一个整体。工作台 2 安装在底座 1 的圆环形导轨上，工件由工作台 2 带动绕垂直主轴轴线旋转以完成主运动。垂直刀架 4 安装在横梁 5 的水平导轨上，刀架可沿其做横向进给及沿床鞍的导轨做垂直进给。垂直刀架 4 还可偏转一定角度，使刀架做斜向进给。侧刀架 7 安装在立柱 3 的垂直导轨上，可做垂直和水平进给运动。中小型立式车床的垂直刀架通常带有转塔刀架，可以安装几把刀具轮流使用。进给运动可由单独的电动机驱动，能做快速移动。

图 2-22（b）所示为双柱式立式车床，它有两个立柱与顶梁连成封闭式框架，横梁上有两个垂直刀架。

2.4 齿轮加工机床

2.4.1 概述

齿轮是最常用的传动件。齿轮的加工可采用铸造、锻造、冲压、切削加工等方法。齿轮加工机床是指利用专用切削刀具来加工齿轮轮齿的机床。

1.齿轮加工机床的加工原理

切削齿轮的方法很多,按形成轮齿的原理可分为成型法和展成法两大类。

(1)成型法

成型法加工齿轮所采用的刀具称为成型刀具。其切削刃为一条切削线,且切削刃形状与被切齿轮的齿槽及轮齿形状相吻合。属于成型法的有铣齿、拉齿、冲齿、压铸、成型磨齿等。例如,在铣床上用盘形齿轮铣刀或指形齿轮铣刀铣削齿轮。形成母线的方法是成型法,不需要表面成型运动;形成导线的方法是相切法,需要两个成型运动,一个是铣刀绕自身轴线的回转运动,另一个是铣刀回转中心沿齿坯轴向的直线移动。当铣完一个齿槽后,退回原处,进行分度,直到铣完所有齿槽为止。这种方法的优点是不需要专门的齿轮加工机床,可以在通用机床上进行加工。但由于轮齿齿廓渐开线的形状与齿轮的齿数和模数有关,即使模数相同,若齿数不同,其齿廓渐开线的形状也不同,这就要使用不同的成型刀具。而在实际生产中,为了减少成型刀具的数量,每一种模数通常只配有 8 把一套或 15 把一套的成型铣刀。每把刀具适应一定的齿数范围,这样加工出来的渐开线齿廓是近似的,加工精度低,且加工过程中需要周期分度,生产率低。因此,成型法常用于单件小批量生产和加工精度要求不高的修配行业中。

在大批量生产中,也有采用多齿廓成型刀具加工齿轮的,如用成型拉刀拉制内齿轮,在机床的一个工作循环中即可完成全部齿槽的加工,生产率高,但刀具制造工艺复杂且成本较高。

(2)展成法

展成法加工齿轮是应用齿轮的啮合原理进行的,即把齿轮啮合副中的一个作为刀具,另一个作为工件,并强制刀具和工件做严格的啮合运动,由刀具切削刃在运动中的若干位置包络出工件齿廓。属于展成法的有滚齿、插齿、梳齿、剃齿、研齿、珩齿、展成法磨齿等。用展成法加工齿轮的优点是,只要模数和压力角相同,一把刀具便可加工任意齿数的齿轮。这种方法的加工精度和生产率较高,因而在齿轮加工机床中应用最为广泛。

2.齿轮加工机床的类型及常用加工方法

(1)按被加工齿轮种类分类

①圆柱齿轮加工机床。常用的有滚齿机、插齿机等。

②锥齿轮加工机床。又分为直齿锥齿轮加工机床和曲线齿锥齿轮加工机床。直齿锥齿轮加工机床有刨齿机、铣齿机和拉齿机等,曲线齿锥齿轮加工机床有加工各种不同曲线齿锥齿轮的铣齿机和拉齿机等。

锥齿轮加工有成型法和展成法两种。成型法常以单片铣刀或指形齿轮铣刀作为刀具,用分度头在卧式铣床上进行加工。由于锥齿轮沿齿线方向不同位置的法向渐开线齿廓形状是变化的,而铣刀形状是不变的,因此难以达到要求的精度。成型法加工精度低,只限于粗加工。

在锥齿轮加工机床中普遍采用展成法。它是根据一对锥齿轮的啮合传动原理演变而来的,为了方便刀具制造和简化机床结构,将其中作为刀具的锥齿轮转化成平面齿轮。

图 2-23(a)所示为一对普通直齿锥齿轮的展成原理。当量圆柱齿轮分度圆半径分别为 $\overline{O_1a}$ 和 $\overline{O_2a}$,当锥齿轮的分锥角 δ'_2 变大并达到 90°时,当量圆柱齿轮的节圆半径变为无穷大,这时齿轮 2 的分锥变成环形截面,这样的锥齿轮称为冠轮或平面齿轮,如图 2-23(b)所

示,它的轮齿任意截面上的齿廓都是直线。

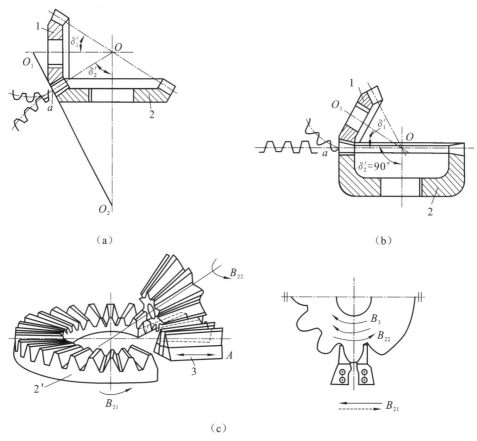

（a）

（b）

（c）

图 2-23　直齿锥齿轮的展成原理

　　两个锥齿轮若能分别与同一个平面齿轮相啮合,则这两个锥齿轮能够彼此啮合,锥齿轮加工机床的切削方法就是根据这一原理实现的。齿轮齿线形状取决于平面齿轮齿线形状,如果齿线形状是径向直线或斜线,则加工的是直齿或斜齿锥齿轮;如果齿线形状是弧线,则加工的是弧齿锥齿轮。平面齿轮在锥齿轮加工机床上实际并不存在,是假想的,是用刀具的轨迹代替平面齿轮的一个齿的两个侧面。

　　图 2-23(c)所示是在直齿锥齿轮刨齿机上加工锥齿轮时刀具与工件的运动情况。用两把直线形刨刀 3 代替假想的平面齿轮 2′ 的一个齿槽,刨刀的往复直线运动是主运动,摇盘摆动 B_{21} 和工件旋转运动 B_{22} 是形成渐开线齿廓的展成运动。由刨刀 3 的切削刃形成的两个齿侧面和工件 2 啮合代替平面齿轮一个齿槽的两个直线齿廓,并做直线切削运动,就可加工出一个齿,一个齿槽切削完成后,工件进行分度运动 B_3。

　　加工弧齿锥齿轮的工作原理基本上与此相同,弧齿锥齿轮的齿线是圆弧,故将刨刀换成切齿刀盘,并能在摇台上做旋转切削运动。

　　(2)按切削方法分类

　　常用的有滚齿机、插齿机、剃齿机、磨齿机、珩齿机等。其中,剃齿机、磨齿机、珩齿机是用来精加工齿轮齿面的机床。

①滚齿机。滚齿机是齿轮加工机床中应用最为广泛的一种,主要用于滚切圆柱齿轮及蜗轮。滚齿是一种高效的切齿方法,主要用于软齿面的加工。硬齿面滚齿机床采用硬质合金或金属陶瓷材料刀具,表面涂氮化钛,对已淬硬的高硬度表面齿轮进行半精加工或精加工,且能进行干式切削。

②插齿机。常用的圆柱齿轮加工机床除滚齿机外,还有插齿机。插齿机主要用于加工内、外啮合的圆柱齿轮,因插齿时空刀距离小,故用插齿机还可加工在滚齿机上无法加工的带台阶的齿轮、人字齿轮和齿条,尤其适合于加工内齿轮和多联齿轮,但不能加工蜗轮。

③剃齿机。用于对滚齿或插齿后的圆柱齿轮或蜗轮进行精加工。普通剃齿机适用于软齿面加工,其加工效率高,刀具寿命长,剃齿机结构简单。

④磨齿机。用于对淬硬的齿轮进行精加工。通过磨齿可以纠正齿形预加工的各项误差,磨齿是获得高精度齿轮最可靠的方法之一。按磨齿方法不同,又分为:A.蜗杆砂轮磨齿机,其工作原理与滚齿机相同,单头蜗杆砂轮每转一转,齿轮转过一个齿,其磨削效率较高,精度可达4~5级,适用于中小模数齿轮的大批量生产;B.锥形砂轮磨齿机,磨齿砂轮为锥面,加工精度一般为4~5级;C.碟形砂轮磨齿机,可磨出3级精度齿轮,但效率低,适用于单件小批量生产;D.大平面砂轮磨齿机,机床结构简单,加工精度高,可达1~2级,适合磨削大直径、宽齿面、高精度齿轮;E.成型砂轮磨齿机,适合磨削精度要求不太高的齿轮及内齿轮。

⑤珩齿机。用于对淬火齿轮的轮齿表面进行光整加工,以改善表面粗糙度,提高表面质量。外啮合珩齿会降低齿轮精度,内啮合珩齿则能提高齿轮精度。

近年来,精密化和数控化的齿轮加工机床发展迅速,各种CNC齿轮机床、加工中心、柔性生产系统等相继问世,使齿轮加工精度和效率显著提高。此外,齿轮刀具制造水平和刀具材料有了很大改进,使切削速度和刀具寿命得到普遍提高。

2.4.2 滚齿原理及滚齿机的运动合成机构

1.滚齿原理

滚齿加工是依照交错轴斜齿圆柱齿轮啮合原理进行的。用齿轮滚刀加工齿轮的过程,相当于一对交错轴斜齿圆柱齿轮啮合的过程,如图2-24所示。将其中一个齿轮的螺旋角增大,齿数减少到一个或几个,外形呈蜗杆状,并在垂直于螺旋槽方向开槽和铲背,形成若干切削刃,就成了齿轮滚刀。机床使滚刀和工件保持一对交错轴斜齿圆柱齿轮副啮合关系做相对旋转运动时,就可在工件上滚切出具有渐开线齿廓的齿槽。滚齿时,切出的齿廓是滚刀切削刃运动轨迹的包络线。所以,滚齿时齿廓的成型方法是展成法,成型运动是由滚刀旋转运动和工件旋转运动组成的复合运动,这个复合运动称为展成运动。再加上滚刀沿工件轴线垂直方向的进给运动,就可切出整个齿长。

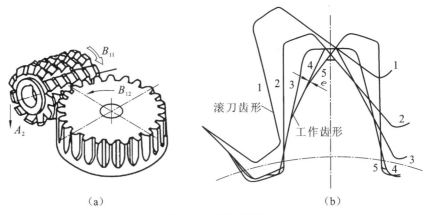

（a）　　　　　　　　　　　　　　　　　　　　（b）

图 2-24　滚齿原理

2.加工直齿圆柱齿轮的运动和传动原理

加工直齿圆柱齿轮时,滚刀轴线与齿轮端面倾斜一个角度,其值等于滚刀螺旋升角,使滚刀螺纹方向与被切齿轮齿向一致。图 2-25 所示为滚切直齿圆柱齿轮的传动原理图,为完成滚切直齿圆柱齿轮,它需要具有以下三条传动链。

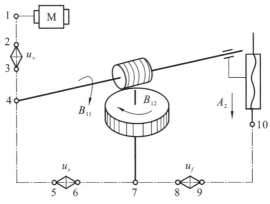

图 2-25　滚切直齿圆柱齿轮的传动原理图

（1）主运动传动链

电动机（M）—1—2—u_v—3—4—滚刀（B_{11}）是一条将运动源（电动机）与滚刀相联系的外联系传动链,实现滚刀旋转运动,即主运动。其中,u_v 为换置机构,用以变换滚刀的转速。

（2）展成运动传动链

滚刀（B_{11}）—4—5—u_x—6—7—工作台（B_{12}）是一条内联系传动链,实现渐开线齿廓的复合成型运动。对单头滚刀而言,滚刀转一转,工件应转过一个齿,所以要求滚刀与工作台之间必须保持严格的传动比关系。其中,换置机构为 u_x,用于适应工件齿数和滚刀头数的变化,其传动比的数值要求很精确。由于工作台（工件）的旋转方向与滚刀螺旋角的旋向有关,故在这条传动链中,还设有工作台变向机构。

（3）轴向进给运动传动链

工作台（B_{12}）—7—8—u_f—9—10—刀架（A_2）是一条外联系传动链,实现齿宽方向直线形齿线的运动。其中,换置机构为 u_f,用于调整轴向进给量的大小和进给方向,以适应不同加工表面粗糙度的要求。轴向进给运动是一个独立的简单运动,作为外联系传动链,它可以使用独立的运动源来驱动。这里用工作台作为间接运动源,是因为滚齿时的进给量通常以工件每转一转时刀架的位移量来计量,且刀架运动速度较低。采用这种传动方案,不仅可以满足工艺上的需要,还能简化机床的结构。

3.加工斜齿圆柱齿轮的运动和传动原理

斜齿圆柱齿轮在齿长方向为一条螺旋线,其端面齿廓仍然是渐开线,它是由展成运动（$B_{11}+B_{12}$）形成的,如图 2-26（a）所示。

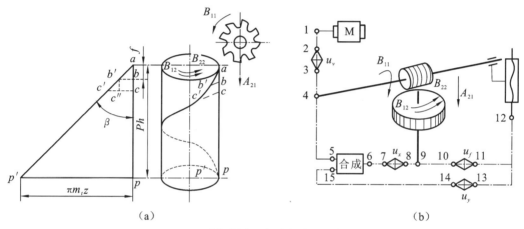

图 2-26   滚切斜齿圆柱齿轮的传动原理图

m_t—端面模数;z—工件齿数;β—工件螺旋角

斜齿圆柱齿轮的螺旋线导程很长,而齿宽只占其中一小段[见图 2-26（a）]。为了形成螺旋线,如同车床车削螺纹一样,在滚刀沿工件轴向做直线进给时,工件除了做展成运动 B_{12} 转动外,还应做附加旋转运动 B_{22}（简称为附加运动）,并且形成螺旋线的两个运动必须保持确定的运动关系:滚刀移动一个螺旋线导程 Ph 时,工件应准确地附加转一转,这是一个复合运动。当 B_{22} 和 B_{12} 同向时,调整计算时附加运动取 +1 转;反之,若 B_{22} 和 B_{12} 方向相反,则取 -1 转。B_{22} 的旋向取决于螺旋线方向和滚刀沿工件轴向进给 A_{21} 的方向。

实现滚切斜齿圆柱齿轮所需成型运动的传动原理图如图 2-26（b）所示,其中,主运动、展成运动以及轴向进给运动传动链与加工直齿圆柱齿轮时相同,只是在刀架与工作台之间增加了一条附加运动传动链:刀架（滚刀移动 A_{21}）—12—13—u_y—14—15—[合成]—6—7—u_x—8—9—工作台（工件附加运动 B_{22}）,以保证刀架沿工作台轴线方向移动一个螺旋线导程 Ph 时,工件附加转过 ±1 转,从而形成螺旋线齿线,显然,这是一条内联系传动链。传动链中的换置机构为 u_y,用于适应不同的工件螺旋线导程 Ph,传动链中也设置换向机构以适应不同的工件螺旋方向。由于滚切斜齿圆柱齿轮时,工作台的旋转运动既要与滚刀旋转运动配合,组成形成渐开线齿廓的展成运动,又要与滚刀刀架轴向进给运动配合,组成形成螺旋线齿长的附加运动,因此加工时工作台的实际旋转运动是上述两个运动的合成。为使工作台能同时接受来自两条传动链的运动而不发生矛盾,就需要在传动链中配置一个运动合成机构,将两个运动合成之后再传给工作台。

4.滚齿机的运动合成机构

滚齿机所用的运动合成机构通常是具有两个自由度的圆柱齿轮或锥齿轮行星机构。利用运动合成机构,在滚切斜齿圆柱齿轮时,将展成运动传动链中工作台的旋转运动 B_{12} 和附加运动传动链中工件的附加旋转运动 B_{22} 合成一个运动后传至工作台;而在滚切直齿圆柱齿轮时,则断开附加运动传动链,同时把运动合成机构调整成一个如同"联轴器"形式的结构。图 2-27 所示为 Y3150E 型滚齿机所用的运动合成机构,它由模数 $m=3$ mm、齿数 $z=30$、螺旋角 $\beta=0°$ 的四个弧齿锥齿轮组成。

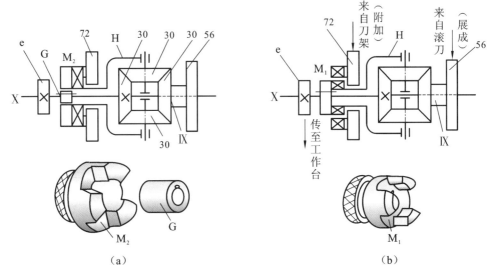

图 2-27　Y3150E 型滚齿机所用的运动合成机构

机床上配有两个离合器 M_1 和 M_2,滚切直齿圆柱齿轮时用 M_1,滚切斜齿圆柱齿轮、大质数直齿圆柱齿轮和采用切向进给法加工蜗轮时用 M_2。当需要附加运动时,如图 2-27(a)所示,先在轴 X 上装上套筒 G(与轴 X 用键联结),再将离合器 M_2 空套在套筒 G 上,离合器 M_2 端面齿与空套齿轮 z_{72} 的端面齿以及转臂 H 的端面齿同时啮合,连为一体,从而使来自刀架的运动通过齿轮 z_{72} 传递给转臂 H,与来自滚刀的运动(由 z_{56} 传入)经运动合成机构合成后,由 X 轴经齿轮 e 传往工作台。

设 n_X、n_{IX}、n_H 分别为轴 X、IX 及转臂 H 的转速。根据行星齿轮机构传动原理,可以列出运动合成机构的传动比计算式为

$$\frac{n_X - n_H}{n_{IX} - n_H} = (-1)\frac{z_{30}}{z_{30}}\frac{z_{30}}{z_{30}} \tag{2-11}$$

式中的(-1)由锥齿轮传动的旋转方向确定。由此可得到运动合成机构中从动件转速 n_X 与两个主动件转速 n_H 及 n_{IX} 的关系式

$$n_X = 2n_H - n_{IX} \tag{2-12}$$

在展成运动传动链中,来自滚刀的运动由齿轮 z_{56} 经运动合成机构传至轴X,可设 $n_H =$ 0,则轴IX与轴X之间的传动比为

$$u_{合1} = \frac{n_X}{n_{IX}} = -1 \tag{2-13}$$

此时,为保证展成运动传动链末端件(工件)的旋转方向正确,在交换齿轮机构中应加惰轮。

在附加运动传动链中,如图 2-27(a)所示,来自刀架的附加运动由齿轮 z_{72} 传至转臂 H,再经运动合成机构传至轴X。可设 $n_{IX} = 0$,则转臂 H 与轴X之间的传动比为

$$u_{合2} = \frac{n_X}{n_H} = 2 \tag{2-14}$$

综上所述,加工斜齿圆柱齿轮、大质数直齿圆柱齿轮和采用切向进给法加工蜗轮时,如图 2-27(a)所示,展成运动和附加运动同时通过运动合成机构传动,并分别按传动比 $u_{合1} =$ -1 及 $u_{合2} = 2$ 经轴X和齿轮 e 传往工作台。

加工直齿圆柱齿轮时,将离合器 M_1 直接装在轴X上(通过键联结),如图 2-27(b)所示,M_1 的端面齿只和转臂 H 的端面齿连接,来自刀架的附加运动不能传入合成机构,所以

$$\left. \begin{array}{l} n_H = n_H \\ n_H = 2n_X - n_{IX} \\ n_X = n_{IX} \end{array} \right\} \tag{2-15}$$

故加工直齿圆柱齿轮时,展成运动传动链中轴X与轴IX之间的传动比为

$$u'_{合1} = \frac{n_X}{n_{IX}} = 1 \tag{2-16}$$

可见,利用运动合成机构,在滚切斜齿圆柱齿轮时,将展成运动传动链中工作台的旋转运动 B_{12} 和附加运动传动链中工件的附加旋转运动 B_{22} 合成一个运动后传送到工作台;而在滚切直齿圆柱齿轮时,则断开附加运动传动链,同时把运动合成机构调整成一个如同"联轴器"形式的结构。

2.4.3   Y3150E 型滚齿机

1.Y3150E 型滚齿机的布局

中型通用滚齿机常见的布局形式有立柱移动式和工作台移动式。Y3150E 型滚齿机的布局属于工作台移动式,图 2-28 所示为该机床的外形图。床身 1 上固定有立柱 2,刀架溜板 3 带动刀架体 5 沿立柱导轨做垂直进给运动和快速移动,安装滚刀的刀杆 4 装在刀架体 5 的主轴上,刀架体连同滚刀一起沿刀架溜板的圆形导轨在 240°范围内调整安装角度。工件安装在工作台 9 的心轴 7 上或直接安装在工作台上,随工作台 9 一起转动。后立柱 8 和工作台 9 装在床鞍 10 上,可沿床身的水平导轨移动,以调整工件的径向位置或做手动径向进给运动。后立柱 8 的支架 6 可通过轴套或顶尖支承工件心轴的上端,以提高心轴的刚度,使滚切过程平稳。

Y3150E 型滚齿机可加工最大工件直径为 500 mm,最大加工宽度为 250 mm,最大加工

模数为 8 mm,工件最小齿数为 $5n$(n 为滚刀头数)。

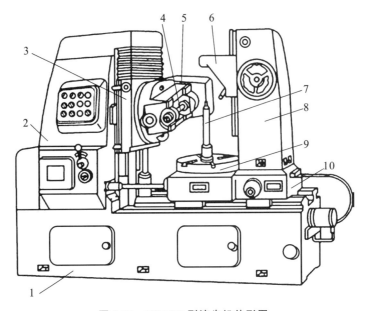

图 2-28　Y3150E 型滚齿机外形图

1—床身;2—立柱;3—刀架溜板;4—刀杆;5—刀架体;
6—支架;7—心轴;8—后立柱;9—工作台;10—床鞍

2.Y3150E 型滚齿机传动系统图

图 2-29 所示为 Y3150E 型滚齿机传动系统图。该机床主要用于加工直齿和斜齿圆柱齿轮,也可用于手动径向进给切蜗轮。因此,传动系统中有主运动、展成运动、轴向进给运动和附加运动四条传动链。另外,还有一条刀架快速移动(空行程)传动链。

滚齿机的传动系统比较复杂。在进行机床的运动分析时,应根据机床的传动原理图,从传动系统图中找出各条传动链的两端件及其对应的传动路线和相应的换置机构;根据传动链两端件间的传动情况计算位移,列出运动平衡式,再由运动平衡式导出换置公式。

3.加工直齿圆柱齿轮的调整计算

(1)主运动传动链

由传动原理图(图 2-25)得主运动传动链为

$$电动机(M)—1—2—u_v—3—4—滚刀(B_{11})$$

传动原理图中的定比传动 1—2,在传动系统图中是通过带传动副 $\phi115/\phi165$ 和轴 I、轴 II 间的齿轮副 21/42 来实现的;换置机构 u_v 是通过轴 II、轴 III 间的三联滑移齿轮副和轴 III、轴 IV 间的交换齿轮 A/B 来实现的;定比传动 3—4 是通过轴 IV、轴 V、轴 VI、轴 VII 间的三对锥齿轮副28/28 和轴 VII、轴 VIII 间的齿轮副 20/80 来实现的。

①找两端件:电动机—滚刀。

②确定计算位移:$n_{电}$(1430 r/min)—$n_刀$(单位为 r/min)。

③列运动平衡式

$$1430 \times \frac{115}{165} \times \frac{21}{42} \times u_{\text{II-III}} \times \frac{A}{B} \times \frac{28}{28} \times \frac{28}{28} \times \frac{28}{28} \times \frac{20}{80} = n_刀$$

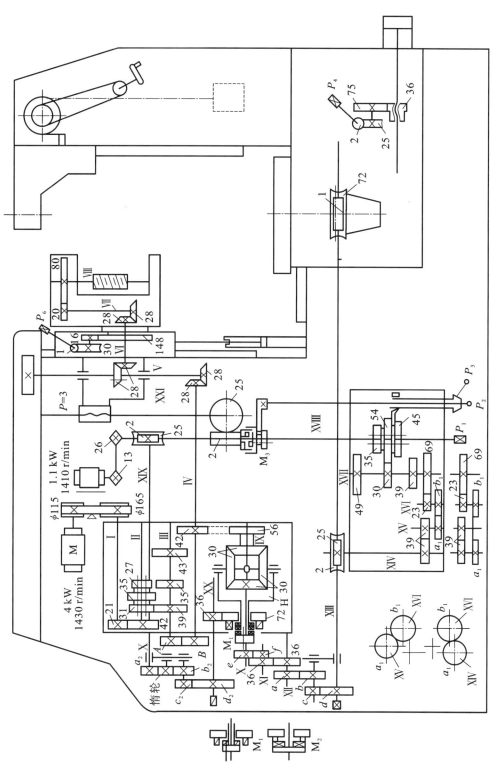

图 2-29 Y3150E型滚齿机传动系统图

④导出换置公式

由上式可推导出换置机构传动比 u_v 的计算公式

$$u_v = u_{II\text{-}III} \times \frac{A}{B} = \frac{n_刀}{124.583} \tag{2-17}$$

式中　$u_{II\text{-}III}$——轴 II-III 间的可变传动比；

$\dfrac{A}{B}$——主运动变速交换齿轮的齿数比。

$u_{II\text{-}III}$ 共三种，分别为 $\dfrac{27}{43}$、$\dfrac{31}{39}$、$\dfrac{35}{35}$，$\dfrac{A}{B}$ 共三种，分别为 $\dfrac{22}{44}$、$\dfrac{33}{33}$、$\dfrac{44}{22}$。

由此可知：滚刀转速为 40～250 r/min 时共有九级转速供选用。

（2）展成运动传动链

由传动原理图（图 2-26）得展成运动传动链为

滚刀（B_{11}）—4—5—[合成]—6—7—u_x—8—9—工作台（B_{12}）

定比传动 4—5 是通过滚刀轴 VIII、轴 VII 间的齿轮副 80/20，轴 VII、轴 VI、轴 V、轴 IV 间的三对锥齿轮副 28/28 和轴 IV、轴 IX 间的齿轮副 42/56 来实现的；合成机构在加工直齿轮或斜齿轮时分别为 $u_{合1}=1$ 或 $u_{合1}=-1$；换置机构 u_x 由交换齿轮 e/f 和轴 XI 至轴 XIII 间的变向机构齿轮副 36/36 以及交换齿轮 $\dfrac{a}{b} \times \dfrac{c}{d}$ 来实现（变向机构齿轮副使 u_x 为正）；定比传动 8—9 由蜗杆副 1/72 来实现。

①找两端件：滚刀—工件。

②确定计算位移：1 转—n/z 转。当滚刀头数为 n，工件齿数为 z 时，滚刀转过 1 转，工件（即工作台）相应地转 n/z 转。

③列运动平衡式

$$1 \times \frac{80}{20} \times \frac{28}{28} \times \frac{28}{28} \times \frac{28}{28} \times \frac{42}{56} \times u_{合1} \times \frac{e}{f} \times \frac{36}{36} \times \frac{a}{b} \times \frac{c}{d} \times \frac{1}{72} = \frac{n}{z} \tag{2-18}$$

式中，$u_{合1}$ 为合成机构传动比，加工直齿圆柱齿轮时，运动合成机构中用离合器 M_1。此时，合成机构相当于一个联轴器，即 $u_{合1}=1$。

④导出换置公式

整理式（2-18）可得出分度交换齿轮架（换置机构）传动比 u_x 的计算公式

$$u_x = \frac{a}{b} \times \frac{c}{d} = \frac{f}{e} \times \frac{24n}{z} \tag{2-19}$$

式中的 e/f 交换齿轮称为"结构性交换齿轮"，用于当工件齿数 z 在较大范围内变化时调整 u_x 的数值，保证其分子、分母相差倍数不致过大，从而使交换齿轮架结构紧凑。根据 z/n 的值，e/f 可以有如下三种选择：

$5 \ll \dfrac{z}{n} \leqslant 20$ 时，取 $e=48$，$f=24$；

$21 \ll \dfrac{z}{n} \leqslant 142$ 时，取 $e=36$，$f=36$；

$\dfrac{z}{n} \geqslant 143$ 时，取 $e=24$，$f=48$。

（3）轴向进给运动传动链

由传动原理图(图 2-26)得轴向进给传动链为

$$工作台(B_{12})—9—10—u_f—11—12—刀架$$

其中,定比传动 9—10 由工作台、轴 XIII 间的蜗杆副 72/1 和轴 XIII、轴 XIV 间的蜗杆副 2/25 来实现;换置机构 u_f 由轴 XIV、轴 XVI 间的换向机构齿轮副 39/39、交换齿轮 a_1/b_1 以及轴 XVII、轴 XVIII 间的三联滑移齿轮来实现;定比传动 11—12 由轴 XVI、轴 XVII 间的齿轮副 23/69 和轴 XVIII、轴 XXI 间的蜗杆副 2/25 来实现。另外,离合器 M_3 用于脱开或接通轴 XVIII 与轴 XXI 之间的联系。

①找两端件:工作台—刀架。

②确定计算位移:1 转—f(单位为 mm)。即工作台每转 1 转,刀架轴向进给 f(单位为 mm)。

③列运动平衡式

$$1 \times \frac{72}{1} \times \frac{2}{25} \times \frac{39}{39} \times \frac{a_1}{b_1} \times \frac{23}{69} \times u_{XVII\text{-}XVIII} \times \frac{2}{25} \times 3\pi = f$$

④导出换置公式

由上式可推导出换置机构(进给箱)传动比 u_f 的计算公式

$$u_f = \frac{a_1}{b_1} \times u_{XVII\text{-}XVIII} = 0.6908f \tag{2-20}$$

式中　f——轴向进给量,mm/r,根据工件材料、加工精度及表面粗糙度等条件选定;

$\dfrac{a_1}{b_1}$——轴向进给交换齿轮(有四种)的齿数比;

$u_{XVII\text{-}XVIII}$——进给箱轴 XVII-XVIII 之间的可变传动比(有三种:$\dfrac{39}{45}, \dfrac{30}{54}, \dfrac{49}{35}$)。

u_f 值为 0.4～4 mm/r 时共有 12 级转速供选用。

由于工作台的转动方向取决于滚刀螺旋角的方向,故在 XIV 轴与 XVI 轴之间设有正反向机构,运动可由 XIV 轴直接传至 XVI 轴,也可经由 XV 轴传至 XVI 轴,其传动比相同,但 XVI 轴转向相反。

4.加工斜齿圆柱齿轮的调整计算

（1）主运动传动链

主运动传动链的调整计算和加工直齿圆柱齿轮时相同。

（2）展成运动传动链

展成运动传动链的传动路线以及两端件之间的计算位移都和加工直齿圆柱齿轮时相同。但此时,运动合成机构的作用不同,在 X 轴上安装套筒 G 和离合器 M_2,其在展成运动传动链中的传动比 $u_{合1} = -1$,代入运动平衡式中得出的换置公式为

$$u_x = \frac{a}{b} \times \frac{c}{d} = -\frac{f}{e} \times \frac{24n}{z} \tag{2-21}$$

上式中的负号说明展成运动传动链中轴 X 与轴 IX 的转向相反,而在实际加工中,要求两轴的转向相同(换置公式中符号应为正)。因此,必须按照机床说明书的规定在调整展成运动交换齿轮 u_x 时配加一个惰轮,以消除"-"的影响。为叙述方便,以下有关斜齿圆柱齿轮

展成运动传动链的计算,均已考虑配加惰轮,故都取消"-"号。

(3)轴向进给运动传动链

轴向进给运动传动链的调整计算和加工直齿圆柱齿轮时相同。

(4)附加运动传动链

附加运动传动链是联系刀架直线移动(即轴向进给)A_{21}和工作台附加旋转运动B_{22}之间的传动链。由图 2-26(b)所示的传动原理图得附加运动传动链为:

刀架(滚刀移动A_{21})—12—13—u_y—14—15—[合成]—6—7—u_x—8—9—工作台(工件附加转动B_{22})

其中,定比传动 12—13 由刀架ⅩⅪ、轴ⅩⅧ间的蜗杆副 25/2 和轴ⅩⅧ、轴ⅩⅨ间的蜗杆副 2/25 来实现;换置机构u_y由轴ⅩⅨ、轴ⅩⅩ间的交换齿轮$a_2/b_2 \times c_2/d_2$以及a_2/b_2中的惰轮变向机构来实现;定比传动 14—15 由轴ⅩⅩ与合成机构间的齿轮副 36/72 来实现,并传至运动合成机构进行运动合成,此时,传动比$u_{合2}=2$。在附加运动传动链中,运动合成机构之后至工作台的传动链与展成运动传动链中的相同。

①找两端件:刀架—工作台(工件)。

②确定计算位移:Ph(单位为 mm)—±1 转。即刀架轴向移动一个螺旋线导程 Ph 时,工件应附加转过±1 转。

③列运动平衡式

$$\frac{Ph}{3\pi} \times \frac{25}{2} \times \frac{2}{25} \times \frac{a_2}{b_2} \times \frac{c_2}{d_2} \times \frac{36}{72} \times u_{合2} \times \frac{e}{f} \times \frac{a}{b} \times \frac{c}{d} \times \frac{1}{72} = \pm 1 \qquad (2\text{-}22)$$

式中 3π——轴向进给丝杠的导程,mm;

$u_{合2}$——运动合成机构在附加运动传动链中的传动比,$u_{合2}=2$;

$\dfrac{a}{b} \times \dfrac{c}{d}$——展成运动传动链交换齿轮的传动比,$\dfrac{a}{b} \times \dfrac{c}{d} = \dfrac{f}{e} \times \dfrac{24n}{z}$;

Ph——被加工齿轮螺旋线的导程,mm,$Ph = \dfrac{\pi m_n z}{\sin\beta}$

m_n——被加工齿轮的法向模数,mm;

β——被加工齿轮的螺旋角,°。

④导出换置公式

整理式(2-22)后得

$$u_y = \frac{a_2}{b_2} \times \frac{c_2}{d_2} = \pm 9 \frac{\sin\beta}{m_n n} \qquad (2\text{-}23)$$

对于附加运动传动链的运动平衡式和换置公式,做如下分析:

附加运动传动链是形成螺旋线的内联系传动链,其传动比数值的精确度直接影响工件轮齿的齿向精度,所以交换齿轮传动比应配算准确。但是,换置公式中包含无理数 $\sin\beta$,这就给精确配算交换齿轮$\dfrac{a_2}{b_2} \times \dfrac{c_2}{d_2}$带来了困难,因为交换齿轮的个数有限,且与展成运动共用一套交换齿轮。为保证展成运动交换齿轮传动比绝对准确,一般先选定展成运动交换齿轮,剩下的交换齿轮供附加运动传动链中交换齿轮选择,故无法配算得非常准确,其配算结果和计算结果之间的误差,对于 8 级精度的斜齿轮,要精确到小数点后第四位数字(即小数点后第五位才允许有误差),对于 7 级精度的斜齿轮,要精确到小数点后第五位数字,这样才能保证不超过精度标准中规定的齿向公差。

运动平衡式中,不仅包含 u_y,还包含 u_x,这样的设置方案可使附加运动传动链换置公式中不包含工件齿数这个参数,即附加运动交换齿轮配算与工件的齿数 z 无关。它的好处在于:一对互相啮合的斜齿轮(平行轴传动),由于其模数相同,螺旋角绝对值也相同,当用一把滚刀加工这对斜齿轮时,即使这对齿轮的齿数不同,仍可用相同的附加运动交换齿轮,而且只需计算和调整交换齿轮一次。附加运动的方向,则通过惰轮的取舍来保证,所产生的螺旋角误差,对于一对斜齿轮而言是相同的,因此仍可使其获得良好的啮合。

由 Y3150E 型滚齿机展成运动的换置公式

$$\frac{a}{b} \times \frac{c}{d} = 24\,\frac{n}{z} \quad (21 \leqslant z \leqslant 142) \tag{2-24}$$

$$\frac{a}{b} \times \frac{c}{d} = 48\,\frac{n}{z} \quad (z \geqslant 143) \tag{2-25}$$

可以看出,当被加工齿轮的齿数 z 为质数时,由于质数不能分解因子,展成运动交换齿轮的 b、d 两个齿轮必须有一个齿轮的齿数选用这个质数或它的整数倍,才能加工出这个质数齿轮。由于滚齿机一般都备有齿数为 100 以下的质数交换齿轮,所以对于齿数为 100 以下的质数齿轮,加工时,都可以选到合适的交换齿轮。但对于齿数为 100 以上的质数齿轮,如齿数为 101、103、107、109、113、…,就选不到所需要的交换齿轮了。这时,仍可采用两条传动链并通过运动合成机构来实现所需的展成运动,完成齿数大于 100 的质数的直齿圆柱齿轮的加工。

5.刀架快速移动传动路线

利用快速电动机可使刀架做快速升降运动,以便调整刀架位置及在进给前后实现快进和快退。由图 2-29 可知,刀架快速移动的传动路线为

$$快速电动机 — \frac{13}{26}(链传动) — M_3 — \frac{2}{25} — \text{ⅩⅪ}(刀架轴向进给丝杠 \text{ⅩⅪ})$$

此外,在加工斜齿圆柱齿轮时,起动快速电动机,可经附加运动传动链带动工作台旋转,还可检查工作台附加运动的方向是否符合要求。

刀架快速移动的方向可通过控制快速电动机的旋转方向来变换。在 Y3150E 型滚齿机上,起动快速电动机之前,必须先将操纵手柄 P_3 放于"快速移动"位置上,此时轴 ⅩⅧ 上的三联滑移齿轮处于空挡位置,脱开轴 ⅩⅦ 和轴 ⅩⅧ 之间的传动联系,同时接通离合器 M_3,此时方能起动快速电动机。

在加工一个斜齿圆柱齿轮的过程中,附加运动传动链不允许断开,让滚刀在快速进退刀时按原来的螺旋线轨迹运动,避免工件产生"乱牙"损坏刀具及机床。

6.滚刀安装及调整

滚齿时,应使滚刀在切削点处的螺旋线方向与被加工齿轮齿槽方向一致,为此,安装时需使滚刀轴线与工件顶面呈一定的角度,称为安装角,用 δ 表示。

加工直齿圆柱齿轮时,滚刀的安装角 $\delta = \pm\omega$(ω 为滚刀的螺旋升角),如图 2-30 所示。滚刀扳动方向则取决于滚刀的螺旋线方向。

　　加工螺旋角为 β 的斜齿圆柱齿轮时,滚刀的安装角 $\delta=\beta\pm\omega$。当 β 与 ω 同向时,取"－"号,β 与 ω 异向时,取"＋"号,如图 2-30 所示。左旋或右旋滚刀的扳动方向取决于工件的螺旋方向。图 2-30 中工件的位置在滚刀的前面。

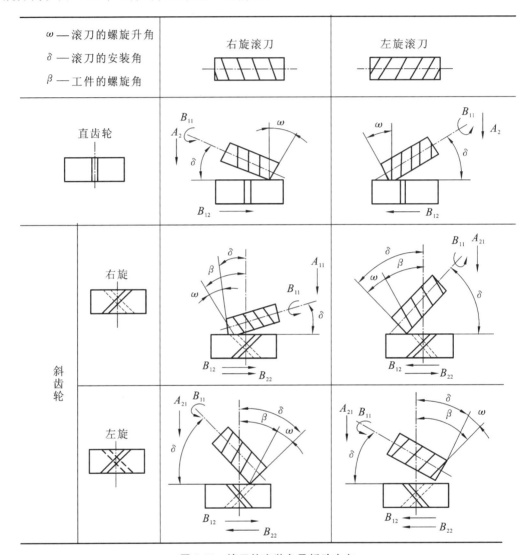

图 2-30　滚刀的安装角及扳动方向

7.径向进给滚切蜗轮

　　用径向进给法滚切蜗轮时,主运动传动链和展成运动传动链与滚切直齿圆柱齿轮时相同。其不同点在于所用的刀具为蜗轮滚刀,滚刀心轴水平安装,滚刀刀架不做垂直进给,而用刀具或工件的径向移动来实现径向进给运动。

　　在 Y3150E 型滚齿机上,径向进给运动为床身溜板连同工作台和后立柱在床身导轨上的水平移动。它是用摇动手柄 P_4(图 2-29)来实现的。

2.4.4　插齿机

常用的圆柱齿轮加工机床除滚齿机外,还有插齿机。插齿机主要用于加工内、外啮合的圆柱齿轮,因插齿时空刀距离小,故用插齿机可加工在滚齿机上无法加工的带台阶的齿轮、人字齿轮和齿条,尤其适合加工内齿轮和多联齿轮,但插齿机不能加工蜗轮。

1.插齿原理及所需的运动

插齿机的加工原理类似于一对圆柱齿轮相啮合,其中一个是工件,另一个是具有齿轮形状的插齿刀。可见插齿机也是按展成法原理来加工圆柱齿轮的。如图 2-31 所示,插齿刀实质上是一个端面磨有前角,齿顶及齿侧均磨有后角的齿轮,它的模数和压力角与被加工齿轮相同。

插齿时,插齿刀沿工件轴向做直线往复运动以完成切削运动,在刀具与工件轮坯做“无间隙啮合运动”的过程中,在轮坯上逐渐切出全部齿廓。在加工过程中,刀具每往复一次,仅切出工件齿槽的一小部分,齿廓曲线渐开线是在插齿刀切削刃多次相继切削中,由切削刃各瞬时位置的包络线所形成的,如图 2-31 所示。

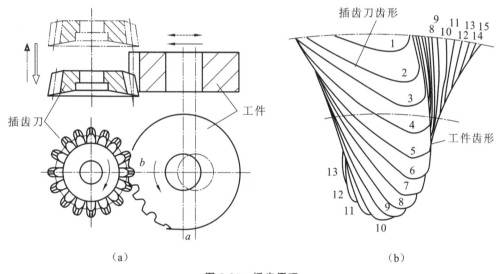

图 2-31　插齿原理

由图 2-31 可知,在插削直齿圆柱齿轮时,插齿刀的旋转和工件的旋转组成复合成型运动——展成运动,用以形成渐开线齿廓。插齿刀的上下往复运动(主运动)是一个简单成型运动,用以形成轮齿齿面的导线——直线。当需要插削斜齿齿轮时,插齿刀主轴是在一个专用的螺旋导轨上移动的,这样在上下往复运动时,由于导轨的导向作用,插齿刀有了一个附加转动。

插齿开始时,插齿刀和工件以展成运动(一对圆柱齿轮的啮合)关系做对滚运动,同时,插齿刀相对于工件做径向切入运动,直到达到全齿深为止。这时插齿刀和工件继续以展成运动关系对滚,当工件转过一圈后,全部轮齿就切削出来了。然后插齿刀与工件分开,机床停机。因此,插齿机除了两个成型运动外,还需要一个径向切入运动。此外,插齿刀在往复运动的回程时不切削。为了减少切削刃的磨损,机床上还需要有让刀运动,以使刀具在回程时径向退离工件,切削时再复原。

2.插齿机的传动原理

用齿轮形插齿刀插削直齿圆柱齿轮时机床的传动原理如图 2-32 所示。

(1)主运动传动链

电动机 M—1—2—u_v—3—4—5—曲柄偏心盘 A—插齿刀主轴,从而使插齿刀沿其主轴轴线做直线往复运动,即主运动,这是一条将运动源(电动机与插齿刀)相联系的外联系传动链。在一般立式插齿机上,刀具垂直向下时为工作行程,向上时为空行程。u_v 为调整插齿刀每分钟往复行程数的换置机构。

(2)展成运动传动链

插齿刀主轴(插齿刀转动)—蜗杆副 B—9—8—10—u_x—11—12—蜗杆副 C—工作台是一条内联系传动链。加工过程中,插齿刀每转过一个齿,工件也应相应地转过一个齿,从而实现渐开线齿廓的复合成型运动。

(3)圆周进给运动传动链

曲柄偏心盘 A—5—4—6—u_f—7—8—9—蜗杆副 B—插齿刀主轴转动,实现插齿刀的转动——圆周进给运动,插齿刀转动的快慢决定了工件轮坯转动的快慢,同时也决定了插齿刀每一次切削的切削负荷、加工精度和生产率。圆周进给量的大小用插齿刀每次往复行程中刀具在分度圆上所转过的弧长表示。故这条传动链虽是外联系传动链,但却以传动插齿刀往复的偏心盘作为间接动力源。

(4)让刀运动及径向切入运动

让刀运动及径向切入运动不直接参与工件表面的形成过程,因此没有在图 2-32 中予以表示。

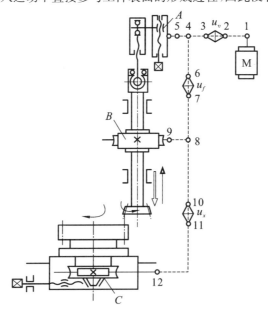

图 2-32　插齿机的传动原理

2.5 数控机床

2.5.1 数控机床的组成及特点

数控机床也称为数字程序控制机床,它是一种以数字量作为指令信息形式,通过电子计算机或专用电子计算装置,对这种信息进行处理而实现自动控制的机床。它综合应用了微电子技术、计算机技术、自动控制、精密测量、伺服驱动和先进机械结构等多方面的新技术成果,是一种集高效率、高柔性和高精度于一体的自动化机床,是一种典型的机电一体化产品。

1.数控机床的组成

数控机床一般由信息载体、数控装置、伺服系统和机床本体四部分组成。

(1)信息载体

信息载体又称为控制介质,用于记录各种加工指令,以控制机床的运动,实现零件的自动加工。信息载体上记录的代码信息,要通过读入装置将其变成相应的电脉冲信号输送并存入数控装置。对于用计算机控制的数控机床,也可以由操作者通过操作面板上的键盘直接输入加工指令。

(2)数控装置

数控装置是数控机床的核心,其功能是接收读入装置输入的加工信息,经过译码处理与运算,发出相应的指令脉冲送给伺服系统,控制机床各执行件按指令要求协调动作,完成零件的加工。数控装置通常由输入装置、运算器、输出装置和控制器四部分组成。输入装置接收来自信息载体的指令信息,并将这种用标准数控代码编写的信息翻译成计算机内部能识别的语言,这个过程称为译码。译码后将控制指令送入控制器,将数据送入运算器。控制装置接收各种控制指令,并根据这些指令控制运算器和输出装置,以控制机床的各种操作和控制整机的工作循环。运算器接收控制器的指令,对输入的数据进行各种计算,并将计算结果不断地输送到输出装置,使伺服系统执行所需的运动。

(3)伺服系统

伺服系统是数控装置与机床的连接环节,它由伺服驱动元件和传动装置(减速齿轮箱、滚珠丝杠等)组成,其功能是接收数控装置由插补运算生成的指令脉冲信号,驱动机床执行件做相应的运动,并对其位置精度和速度进行控制。在开环系统中伺服驱动元件常采用步进电动机;在闭环系统中则常采用直流伺服电动机或交流伺服电动机。

(4)机床本体及机械部件

数控机床本体及机械部件包括主运动部件、进给运动执行件及机械传动部件和支承部件等,对于加工中心机床,还设有刀库和换刀机械手等部件。数控机床本体一般均较通用机床简单,但在精度、刚度、抗热变形、抗振性和低速运动平稳性等方面的要求则较高,特别是对主轴部件和导轨的要求更高。

2.数控机床的特点

数控机床与其他机床相比较,主要有以下几方面的特点:

(1)具有良好的柔性

当被加工零件改变时,只需重新编制相应的程序,输入数控装置就可以自动地加工出新的零件,使生产准备时间大为缩短,降低了成本。随着数控技术的发展,数控机床的柔性也在不断扩展,逐步向多工序集中加工方向发展。

(2)能获得高的加工精度和稳定的加工质量

数控机床的进给运动是由数控装置输送给伺服机构一定数目的脉冲进行控制的,目前数控机床的脉冲当量已普遍达到了 0.001 mm。对于闭环控制的数控机床,其加工精度还可以利用位移检测装置和反馈系统进行校正及补偿,所以可获得比机床本身精度还要高的加工精度。工件的加工尺寸是按照预先编好的程序由数控机床自动保证的,完全消除了操作者的人为误差,使得同批零件加工尺寸的一致性好,加工质量稳定。

(3)能加工形状复杂的零件

数控机床能自动控制多个坐标联动,可以加工母线为曲线的旋转体、凸轮和各种复杂空间曲面的零件,能完成其他机床很难完成甚至不能完成的加工。

(4)具有较高的生产率

数控机床刚性好、功率大,主运动和进给运动均采用无级变速,所以能选择较大的、合理的切削用量,并自动连续地完成整个切削加工过程,可大大缩短机动时间。又因为数控机床定位精度高,无须在加工过程中对零件进行检测,并且数控机床可以自动换刀、自动变换切削用量和快速进退等,因而大大缩短了辅助时间,生产率较高。

(5)能减轻工人的劳动强度

数控机床具有很高的自动化程度,在数控机床上进行加工时,除了装卸工件、操作键盘和观察机床运行外,其他动作都是按照预定的加工程序自动连续地进行,所以能减轻工人的劳动强度,改善劳动条件。

(6)有利于实现现代化的生产管理

用计算机管理生产是实现管理现代化的重要手段。数控机床的切削条件、切削时间等都是由预先编制好的程序所决定的,都能实现数据化,有利于与计算机联网,构成由计算机控制和管理的生产系统。

2.5.2　数控机床的分类

数控机床可按以下一些原则进行分类。

1.按工艺用途分类

(1)普通数控机床

这类数控机床与一般的通用机床一样,有数控车、铣、钻、镗、磨和齿轮加工机床等。其加工方法、工艺范围也与一般的同类型通用机床相似,所不同的是,这类机床除装卸工件外,其加工过程是完全自动进行的。

(2)加工中心

这类机床也常称为自动换刀数控机床,它带有刀库和自动换刀装置,集数控铣床、数控镗床及数控钻床的功能于一身,能使工件在一次装夹中完成大部分甚至全部的机械加工工序。因而这类机床的应用大大节约了机床数量,缩短了装卸工件和换刀等辅助时间,消除了多次安装造成的定位误差,它比普通数控机床更能实现高精度、高效率、高度自动化及低成本加工。

2.按控制运动的方式分类

(1)点位控制数控机床

这类机床只对加工点的位置进行准确控制。由于某些机床只是在刀具或工件到达指定位置(点)后才开始加工,而在运动过程中并不进行切削,所以数控装置只控制机床执行件从一个位置(点)准确地移动到另一个位置(点)。至于两点之间的运动轨迹和运动速度可根据简单、可靠的原则自行确定,没有严格要求(图 2-33)。这类控制系统主要用于数控坐标镗床、数控钻床、数控压力机和测量机等。

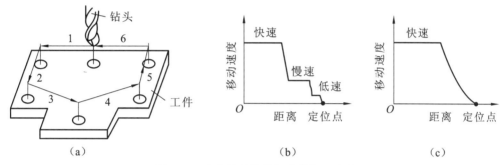

图 2-33 点位控制数控机床的加工方法

(2)直线控制数控机床

这类机床不仅要控制点的准确位置,而且要保证两点之间的运动轨迹为一条直线,并按指定的进给速度进行切削。一般来说,其数控装置在同一时间只控制一个执行件沿一个坐标轴方向运动,也可以控制一个执行件沿两个坐标轴方向运动以形成 45° 斜线(图 2-34)。

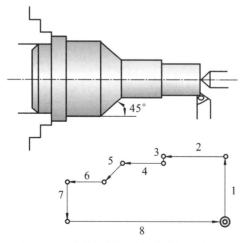

图 2-34 直线控制数控机床的加工方法

　　将点位控制和直线控制结合在一起,就成为点位直线控制系统,数控车床、数控镗铣床及某些加工中心等大都采用这种控制系统。

　　(3)轮廓控制数控机床

　　这类机床能对两个或两个以上坐标轴同时运动的瞬时位置和速度进行严格控制,从而加工出形状复杂的平面曲线或空间曲面(图2-35)。这种机床应具有主轴速度选择功能、传动系统误差补偿功能、刀具半径或长度补偿功能、自动换刀功能等,如数控铣床、数控车床、数控齿轮加工机床、数控磨床和加工中心等。

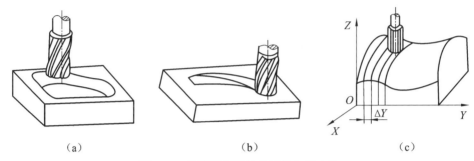

　　　　　(a)　　　　　　　　　　(b)　　　　　　　　　　(c)

图 2-35　轮廓控制数控机床的加工方法

(a)两坐标联动加工;(b)三坐标联动加工;(c)$2\frac{1}{2}$坐标加工(三坐标两联动加工)

　　3.按伺服系统的类型分类

　　由伺服系统控制的机床执行件,在接收数控装置的指令运动时,其实际位移量与指令要求值之间必定存在一定的误差,这一误差是伺服电动机的转角误差、减速齿轮的传动误差、滚珠丝杠的螺距误差以及导轨副抵抗爬行的能力这四项因素的综合反映。

　　(1)开环控制数控机床

　　这类机床对其执行件的实际位移量不做检测,不带反馈装置,也不进行误差校正,如图2-36所示。机床的加工精度通过严格控制上述四项因素所产生的误差,使其综合误差不大于机床加工误差的允许值来保证。开环控制数控机床结构简单、调试和维修方便、工作可靠、性能稳定、价格低廉。因此,开环控制数控系统被广泛应用于精度要求不太高的中小型数控机床上。

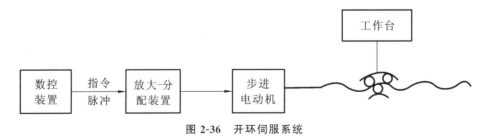

图 2-36　开环伺服系统

　　(2)闭环控制数控机床

　　这类机床的工作台上有线位移检测装置(长光栅或磁尺)(图2-37),将执行件的实际位移量转换成电脉冲信号,经反馈系统输入数控装置的比较器,与指令信息进行比较,用其差值(即误差)对执行件发出补偿指令,直至差值等于零为止,从而使工作台实现高的位置精度。因此,从理论上讲,闭环伺服系统的位置精度仅取决于检测装置的测量精度,但这并不意味着可以降低对其他四项因素的精度要求,因为这四个环节的各种非线性因素(摩擦特性、刚性、间隙等)的不稳定,都会影响执行件的位置精度。闭环控制系统的加工精度高,但调试和维修比较复杂,成本也较高,主要应用于精度要求较高的大型和精密数控机床上。

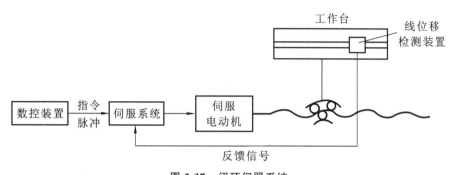

图 2-37 闭环伺服系统

(3)半闭环控制数控机床

这类机床的伺服系统也属于闭环控制的范畴,它是在开环控制系统的伺服机构中装上角位移检测装置(常用圆光栅或旋转变压器等)。这种控制系统不对工作台的实际位置进行检测,如图 2-38 所示,且由于丝杠螺母或工作台不在闭环控制范围内,故不能对执行件的实际移动量进行校正,因而这种机床的精度不及闭环控制数控机床,但比较容易获得稳定的控制特性,只要测量装置分辨率高、精度高,并保证丝杠螺母副的精度,就可以获得比开环控制数控机床更高的精度。半闭环伺服系统介于开环和闭环伺服系统之间,其精度比开环系统高,调试比闭环系统容易,且成本也比闭环系统低,因此应用也较普遍。

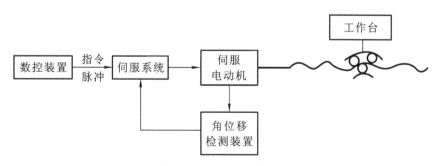

图 2-38 半闭环伺服系统

4.按数控装置的功能分类

(1)标准型数控机床

这类机床的数控装置的功能比较齐全,能对机床的大部分动作进行控制,并且有各种便于编程、操作和监视的功能(如能够进行自动编程、自动测量和自动故障诊断等)。

（2）简易型数控机床

这类机床的数控装置的功能比较单一，仅具备自动化加工所必需的基本功能，并采用插销或按键等直观的方式进行程序输入。这类机床具有结构简单、性能可靠、操作简便、价格便宜等优点。

（3）经济型数控机床

这类机床的功能虽不及标准型数控机床齐全，但也不完全是单一功能，它具有直线和点位插补、刀具和间隙补偿等功能，有的机床还有位置显示、零件程序存储和编辑、程序段检索等功能。此外，这类机床还具有与简易型数控机床一样的优点（如价格低廉、性能可靠和操作简便等），它的出现和发展，为通用机床的改造开辟了一条新的途径。

2.5.3　数控车床和车削中心

数控车床是 20 世纪 50 年代出现的，它集中了卧式车床、转塔车床、多刀车床、仿形车床和半自动车床的主要功能，主要用于回转体零件的加工。它是数控机床中数量最多、用途最广的一个品种。与其他车床相比较，数控车床具有精度高、效率高、柔性大、可靠性好、工艺能力强及能按模块化原则设计等特点。

1.TND360 型数控车床

（1）机床的组成及用途

TND360 型数控车床的外形如图 2-39 所示，它属于半闭环、轮廓控制型数控机床，适用于加工精度高、形状复杂、工序多及品种多变的单件或小批零件。其毛坯为棒料或件料。

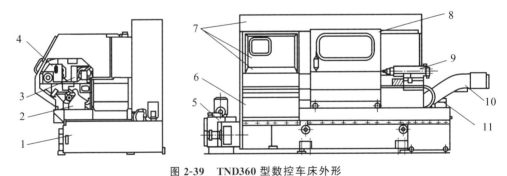

图 2-39　TND360 型数控车床外形
1—底座；2—床身；3—主轴箱；4—转塔刀架；5—液压系统；6—润滑系统；
7—电气控制系统；8—防护罩；9—尾座；10—排屑装置；11—冷却装置

由图 2-40 可知，底座 1 是机床的基础，为钢板焊接的箱形结构，它连接电气控制系统 7 和防护罩 8，其内部装有排屑装置 10。床身 2 固定在底座 1 上，床身导轨向后倾斜，以便于排屑，同时又可以采用封闭的箱形结构，其刚度比卧式车床床身高。转塔刀架 4 安装在床身中部的十字溜板上，可实现纵向（Z 轴）和横向（X 轴）的运动。它有八个工位，可安装八组刀具，在加工时可根据指令要求自动转位和定位，以便准确地选择刀具。防护罩 8 安装在底座上，机床在防护罩关上时才能工作，操作者只能通过防护罩上的玻璃窗来观察机床的工作情况,这样就不用担心切屑飞溅伤人,故切削速度可以很高,以充分发挥刀具的切削性能。

机床的电气控制系统 7 主要由机床前左侧的 CNC 操作面板、机床操作面板、CRT 显示器和机床最后面的电气柜组成,能完成该机床复杂的电气控制自动管理。液压系统 5 为机床的一些辅助动作(如卡盘夹紧、尾座套筒移动、主轴变速齿轮移动等)提供液压驱动。此外,机床的润滑系统 6 为主轴箱内的齿轮提供循环润滑,为导轨等运动部件提供定时定量润滑。主轴轴承、支承轴承以及滚珠丝杠螺母副均采用油脂润滑。

(2)机床的传动系统

图 2-40 所示为 TND360 型数控车床传动系统图。

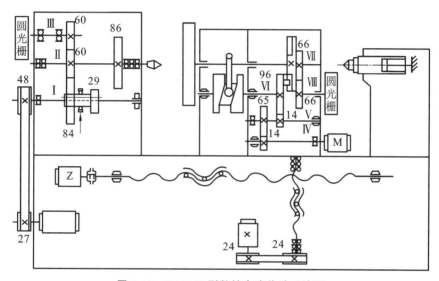

图 2-40　TND360 型数控车床传动系统图

①主运动传动链

主电动机采用直流伺服电动机,其功率为 27 kW,额定转速为 2000 r/min,最高转速为 4000 r/min,最低转速为 35 r/min。主电动机一端经同步带轮 27/48 传动主轴箱中的轴 I,其另一端带动测速发电机实现速度反馈(图 2-40 中未表示)。主轴箱内有两对传动齿轮,可使主轴获得高低两挡速度,将轴 I 上的双联齿轮移至左端位置时,轴 I 经齿轮副 84/60 使主轴高速运转,其转速范围为 800～3150 r/min;将轴 I 上的双联齿轮移至右端位置时,轴 I 经齿轮副 29/86 使主轴低速运转,其转速范围为 7～760 r/min。此外,主轴经齿轮副 60/60 传动圆光栅(上面刻有 1024 条条纹),主轴每转一转,圆光栅就发出 1024 个脉冲。

②进给运动传动链

进给运动传动链使刀架实现纵向(Z 轴)和横向(X 轴)的进给运动,其动力源是各轴的伺服电动机。由图 2-40 可知,在该机床上,纵向进给运动由 Z 轴电动机的一端经安全离合器直接带动纵向滚珠丝杠旋转来实现,横向进给运动则由 X 轴电动机的一端经同步带轮 24/24 传动横向滚珠丝杠旋转来实现;在 Z 轴和 X 轴电动机的另一端均连接有旋转变压器和测速发电机,用于实现角位移和速度反馈。

③换刀传动链

刀架由刀盘和刀盘传动机构组成。刀盘上可同时安装八组刀具,可在加工中实现自动换刀。换刀运动由换刀电动机 M(交流、60 W、带有制动装置)提供动力,其传动路线表达式为

$$换刀电动机\ M—Ⅳ—\frac{14}{65}—Ⅴ—\frac{14}{96}—Ⅵ—$$

$$—\begin{bmatrix} 凸轮—拨叉—轴Ⅶ移动(使刀盘抬起、松开、落下、定位、夹紧) \\ 马氏机构—Ⅷ(刀架转位)—\frac{66}{66}—圆光栅(检查转位、定位结果,实现反馈) \end{bmatrix}$$

2.车削中心

随着机械零件的日益多样化和复杂化,许多回传体零件除了要有一般车削工序外,还常要有钻孔和铣扁等工序。例如,钻油孔、横向钻孔、分度钻孔、铣平面、铣键槽、铣扁方等,并要求最好能在一次装夹中完成。车削中心就是在此要求的基础上发展起来的一种工艺更广泛的数控机床。图 2-41 所示是车削中心能够完成的除车削外的其他部分工序(该图为俯视图)。

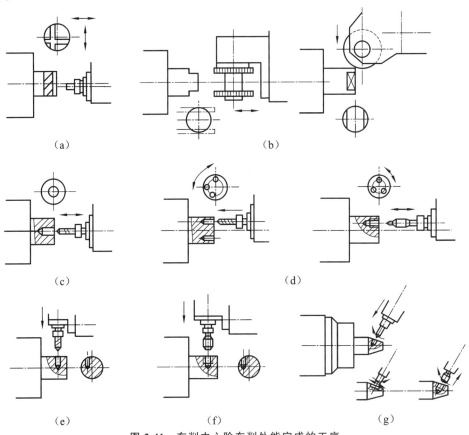

图 2-41　车削中心除车削外能完成的工序

(a)铣端面槽;(b)铣扁方;(c)端面钻孔、攻螺纹;(d)端面分度钻孔、攻螺纹;
(e)横向钻孔;(f)横向攻螺纹;(g)斜面上钻孔、铣槽、攻螺纹

车削中心与数控车床的主要区别是：

①车削中心具有自驱动刀具(即具有自己独立动力源的刀具)，如图 2-42 所示，刀具主轴电动机装在刀架上，通过传动机构驱动刀具主轴，并可自动无级变速。

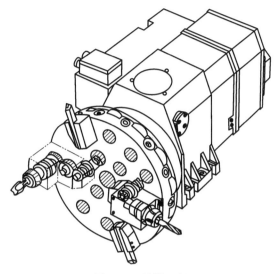

图 2-42　转塔刀架

②车削中心的工件主轴除了能实现旋转主运动外，还能做分度运动，以便加工零件圆周上按某种角度分布的径向孔或零件端面上分布的轴向孔。因此，车削中心的工件主轴还单独设有一条由伺服电动机直接驱动的传动链，以便对主轴的旋转运动进行伺服控制。按数控机床坐标系的规定，这样的主轴称为 C 轴。当对 C 轴进行单独控制时，可实现 C 轴的分度运动；当对 C 轴和 Z 轴进行联合控制时，便可以铣削零件上的螺旋槽。在对 C 轴实现控制时，应脱开它与原来的主电动机的联系，接通伺服电动机；正常车削时，则脱开伺服电动机，接通主电动机。

2.5.4　加工中心

加工中心是一种带有刀库并能自动更换刀具的数控镗铣机床。通过自动换刀，它能使工件在一次装夹后自动连续地完成铣削、钻孔、镗孔、扩孔、铰孔、攻螺纹、切槽等加工；如果加工中心带有自动分度回转工作台或其主轴箱可自动旋转一定的角度，则还可使工件在一次装夹后自动完成多个平面或多个角度位置的加工；如果加工中心再带有交换工作台，则当工件在工作位置的工作台上进行加工时，另外的工件可在装卸位置的工作台上同时进行装卸，使切削时间和辅助时间重合。因此，加工中心主要适合加工各种箱体类和板类等形状复杂的零件。与传统的机床相比较，采用加工中心可大大缩短工件装夹、测量和机床调整的时间，使机床的切削时间利用率高于普通机床3～4倍，因而采用加工中心在提高加工质量和生产率、降低加工成本等方面，其效果都是很明显的。

1.加工中心的组成及类型

(1)加工中心的组成

从第一台加工中心问世至今，世界各国相继出现了各种类型的加工中心，这些加工中心

虽然外形结构不尽相同,但从总体来看,其基本组成是相同的,它主要由以下几部分组成:

①基础部件。加工中心的基础部件包括床身、立柱、横梁、工作台等大件,它们是加工中心中质量和体积最大的部件,主要承受加工中心的大部分静载荷和切削载荷,因此它们必须有足够的刚度和强度、一定的精度和较小的热变形。这些基础部件可以是铸铁件,也可以是焊接的钢结构件。

②主轴部件。主轴部件是加工中心的关键部件,它由主轴箱、主轴电动机和主轴轴承等组成。在数控系统的控制下,装在主轴中的刀具通过主轴部件得到一定的输出功率,参与并完成各种切削加工。

③数控系统。加工中心的数控系统由 CNC 装置、可编程序控制器、伺服驱动装置以及操作面板等部分组成,其主要功用是对加工中心的顺序动作进行有效的控制,完成切削加工过程中的各种功能。

④自动换刀装置。该装置包括刀库、机械手、运刀装置等部件。需要换刀时,由数控系统控制换刀装置各部件协调工作,完成换刀动作。也有的加工中心不用机械手,而是直接利用主轴箱或刀库的移动来实现换刀。

⑤辅助装置。润滑、冷却、排屑、防护、液压和检测(对刀具或工件)等装置均属于辅助装置。它们虽然不直接参与切削运动,但为加工中心能够高精度、高效率地进行切削加工提供了保证。

⑥自动托盘交换装置。为提高加工效率和增加柔性,有的加工中心机床还配置有能自动交换工件的托盘,它的使用可大大缩短辅助时间。

(2)加工中心的类型

加工中心可根据切削加工时,其主轴在空间所处的位置不同而分为卧式加工中心和立式加工中心。

①卧式加工中心。指主轴轴线与工作台台面平行的加工中心(图 2-43)。卧式加工中心通常有 3～5 个可控坐标,其中以三个直线运动坐标加一个回转运动坐标的形式居多,它的立柱有固定和可移动两种形式。在工件一次装夹后,能完成除安装定位面和顶面外的其他四个面的加工,特别适合箱体类零件的加工。

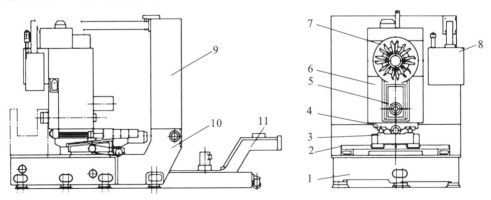

图 2-43　TH6340A 型卧式加工中心外形

1—床身;2—基座;3—横向滑座;4—横向滑板;5—主轴箱;6—立柱;
7—刀库;8—操作面板;9—电气柜;10—支架;11—排屑装置

②立式加工中心。指主轴轴线垂直于工作台台面的加工中心(图 2-44)。立式加工中心大多为固定立柱式,工作台为十字滑台形式,以三个直线运动坐标为主。当在工作台上安装了数控转台后,它的第四轴是一个回转坐标,适合于箱体类零件端面的加工和其他盘、套类零件的加工。立式加工中心结构简单、占地面积小、价格便宜。

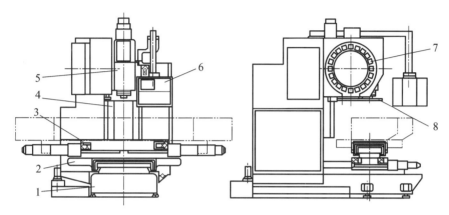

图 2-44 XH715A 型立式加工中心外形

1—床身;2—滑座;3—工作台;4—立柱;5—主轴箱;6—操作面板;7—刀库;8—换刀机械手

除了上述两种基本类型外,加工中心还有其他的类型,如按换刀形式不同,加工中心可以分为带刀库和机械手的加工中心、无机械手的加工中心以及转塔刀库式加工中心等。

2.XH715A 型立式加工中心

天津第一机床总厂生产的 XH715A 型立式加工中心是一种带有水平刀库和换刀机械手的、以铣削为主的单柱式铣镗类数控机床,属于轮廓控制(三坐标)型。该机床具有足够的切削刚性和可靠的精度稳定性,其刀库容量为 20 把刀,可在工件一次装夹后,按程序自动完成铣、镗、钻、铰、攻螺纹及加工三维曲面等多种工序的加工,主要适用于机械制造、汽车、拖拉机、电子等行业中加工批量生产的板类、盘类及中小型箱体、模具等零件。

(1)机床的布局及其组成

XH715A 型立式加工中心的外形如图 2-44 所示,它采用了机、电、气、液一体化布局,工作台移动的结构。其数控柜、液压系统、可调主轴恒温冷却装置及润滑装置等都安装在立柱和床身上,减小了占地面积,简化了机床的搬运和安装调试。由图 2-44 可知,滑座 2 安装在床身 1 顶面的导轨上,可做横向(前后)运动(Y 轴);工作台 3 安装在滑座 2 顶面的导轨上,可做纵向(左右)运动(X 轴);在床身 1 的后部固定有立柱 4,主轴箱 5 可在立柱导轨上做垂直(上下)运动(Z 轴)。在立柱左侧前部是圆盘式刀库 7 和换刀机械手 8,刀具的交换和选用依靠的是 PC 系统记忆,故采用随机换刀方式。在机床后部及其两侧分别是驱动电柜、数控柜、液压系统、主轴箱恒温系统、润滑系统、压缩空气系统和冷却排屑系统。操作面板 6 悬伸在机床的右前方,操作者可通过面板上的按键和各种开关按钮实现对机床的控制。同时,表示机床各种工作状态的信号也可以在操作面板上显示出来,以便于监控。

这种单柱、水平刀库布局的立式加工中心具有外形整齐、加工空间宽广、刀库容量易于扩展等优点。

(2)机床的运动及其传动系统

图 2-45 所示为 XH715A 型立式加工中心传动系统图,其主运动是由主轴带动刀具的旋转运动,其他运动有 X、Y、Z 三个方向的伺服进给运动和换刀时刀库圆盘的旋转运动。各个运动的驱动电动机均可无级调速,所以,加工中心的传动系统是很简单的。

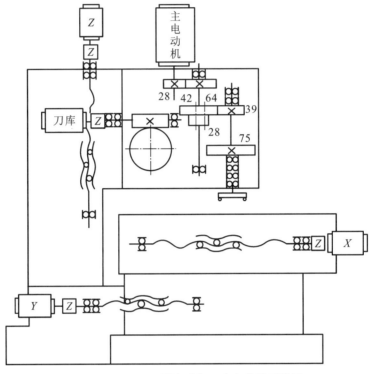

图 2-45　XH715A 型立式加工中心传动系统图

①主运动传动链。主运动电动机采用西门子交流伺服电动机,连续额定功率为 7.5 kW,30 min 过载功率可达 11 kW。电动机可无级调速,其转速范围为 8~8000 r/min。主轴箱采用高精度齿轮传动,运动从交流电动机分别经过两对齿轮带动主轴旋转。一组双联滑移齿轮的变速可使主轴获得高、低两种速度范围,当齿轮传动比为 1.09(28/42×64/39)时,主轴在 1635~5000 r/min 范围内高速运转;当齿轮传动比为 0.25(28/42×28/75)时,主轴在 20~1135 r/min 范围内低速运转。双联滑移齿轮的移动由 PC 系统通过液压拨叉控制。该机床在后侧有一恒温系统,其作用是将恒温的润滑油输入主轴箱内,对主轴箱进行润滑,以保证主轴箱在恒温状态下工作,消除热变形对加工精度的影响。

②伺服进给传动链。该加工中心有三条除滚珠丝杠长度不同外,其余结构基本相同的工作台伺服进给传动链,实现工作台在纵向(X 轴)、横向(Y 轴)和垂直(Z 轴)方向的伺服进给运动。三个伺服电动机均为无级调速,使 X、Y、Z 三个坐标轴的进给速度均可在 1~4000 mm/min 范围内自由选用,还可使 X、Y 轴获得 15 m/min,Z 轴获得 10 m/min 的快速运动速度。X、Y、Z 三个坐标方向的行程分别为 1200 mm、510 mm 和 550 mm。机床还具有电气和机械双重超程保护装置。

2.6　其他各种机床

2.6.1　钻床

钻床一般用于加工直径不大、精度要求不高的孔。其主要加工方法是用钻头在实心材料上钻孔,此外还可在原有孔的基础上进行扩孔、铰孔、锪平面、攻螺纹等加工。在钻床上加工时,通常是工件固定不动,主运动是刀具(主轴)的旋转,刀具(主轴)沿轴向的移动即为进给运动。钻床的加工方法如图 2-46 所示。

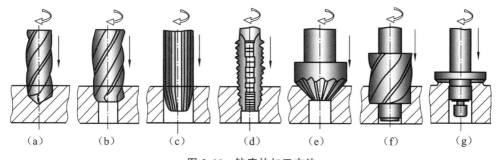

图 2-46　钻床的加工方法

(a)钻孔;(b)扩孔;(c)铰孔;(d)攻螺纹;(e)、(f)锪埋头孔;(g)锪端面

钻床可分为立式钻床、台式钻床、摇臂钻床等。

(1)立式钻床

立式钻床主轴箱固定不动,用移动工件的方法使刀具旋转中心线与被加工孔的中心线重合,进给运动由主轴随主轴套筒在主轴箱中做直线移动来实现。立式钻床仅适用于单件、小批生产中加工中、小型零件。

(2)台式钻床

台式钻床的钻孔直径一般小于 16 mm,主要用于小型零件上各种小孔的加工。台式钻床的自动化程度较低,但其结构简单,小巧灵活,使用方便。

(3)摇臂钻床

对于大而重的工件,因移动不便、找正困难,不便于在立式钻床上加工。这时希望工件不动而移动主轴,使主轴中心对准被加工孔的中心(即钻床主轴能在空间任意调整其位置),于是就产生了摇臂钻床(图 2-47)。主轴箱 4 装在摇臂 3 上,可沿摇臂 3 的导轨移动,而摇臂 3 可绕立柱 2 的轴线转动,因而可以方便地调整主轴 5 的位置,使主轴轴线与被加工孔的中心线重合。此外,摇臂 3 还可以沿立柱升降,以适应不同的加工需要。摇臂钻床的主轴箱、摇臂和立柱在主轴调整好位置后,必须用各自的夹紧机构可靠地夹紧,使机床形成一个刚性系统,以保证在切削力作用下,机床有足够的刚度和位置精度。

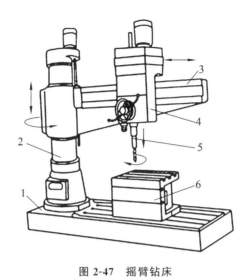

图 2-47　摇臂钻床
1—底座；2—立柱；3—摇臂；4—主轴箱；5—主轴；6—工作台

2.6.2　铣床

铣床是机械制造行业中应用十分广泛的一种机床。铣床采用多刃刀具连续切削，生产率较高，可以获得较好的表面质量。在铣床上可以加工平面（水平面、垂直面等）、沟槽（键槽、T 形槽、燕尾槽等）、分齿零件（齿轮、外花键、链轮等）、螺旋表面（螺纹和螺旋槽）及各种曲面等。图 2-48 所示为铣床加工的典型表面。

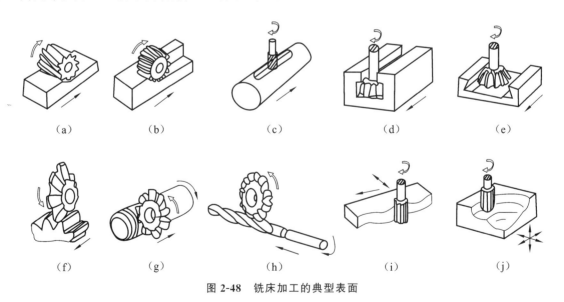

（a）　　　　　（b）　　　　　（c）　　　　　（d）　　　　　（e）

（f）　　　　　（g）　　　　　（h）　　　　　（i）　　　　　（j）

图 2-48　铣床加工的典型表面

铣床的主要类型有升降台式铣床、龙门铣床、工具铣床、圆台铣床、仿形铣床和各种专门化铣床等。

图 2-49 所示为卧式升降台铣床,其主轴水平布置。床身 1 固定在底座 8 上。床身顶部的燕尾形导轨上装有悬梁 2,可沿主轴轴线方向调整其前后位置。刀杆支架 4 用于支承刀杆的悬伸端。升降台 7 装在床身 1 的垂直导轨上,可以上下(垂直)移动。升降台内装有进给电动机。升降台的水平导轨上装有床鞍 6,可沿平行于主轴轴线的方向移动。工作台 5 装在床鞍 6 的导轨上,可沿垂直于主轴轴线的方向移动。

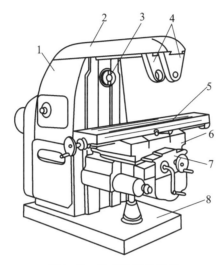

图 2-49　卧式升降台铣床

1—床身;2—悬梁;3—主轴;4—刀杆支架;5—工作台;6—床鞍;7—升降台;8—底座

万能卧式升降台铣床的结构与卧式升降台铣床基本相同,但在工作台 5 和床鞍 6 之间增加了一层转盘。转盘相对于床鞍在水平面内可绕垂直轴线在 ±45° 范围内转动,用于铣削螺旋槽。

卧式升降台铣床配置立铣头后,可作为立式铣床使用。

立式升降台铣床的主轴为垂直布置,可用面铣刀或立铣刀加工平面、斜面、沟槽、台阶、齿轮及凸轮等表面。

2.6.3　镗床

镗床的主要工作是用镗刀进行镗孔,此外大部分镗床还可以进行铣削、钻孔、扩孔、铰孔等工作。图 2-50 所示为卧式铣镗床的外形。由工作台 3、上滑座 12 和下滑座 11 组成的工作台部件安装在床身导轨上。工作台通过上、下滑座可实现横向、纵向移动。工作台还可绕上滑座 12 的环形导轨做转位运动。主轴箱 8 可沿前立柱 7 的导轨做上下移动,以实现垂直进给运动或调整主轴在垂直方向的位置。此外,机床上还有坐标测量装置,以实现主轴箱和工作台之间的准确定位。加工时,根据加工情况不同,刀具可以装在镗轴 4 的锥孔中,或装在平旋盘 5 的径向刀具溜板 6 上。镗轴 4 除完成旋转主运动外,还可沿其轴线移动做轴向进给运动(由后尾筒 9 内的轴向进给机构完成)。平旋盘 5 只能做旋转运动。装在平旋盘径向导轨上的径向刀具溜板 6 除了随平旋盘一起旋转外,还可做径向进给运动,实现铣平面加工。

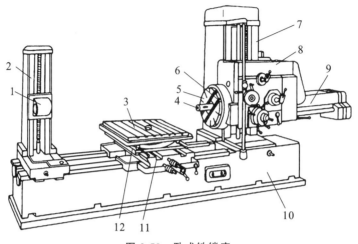

图 2-50   卧式铣镗床

1—后支架;2—后立柱;3—工作台;4—镗轴;5—平旋盘;6—径向刀具溜板;

7—前立柱;8—主轴箱;9—后尾筒;10—床身;11—下滑座;12—上滑座

图 2-51 所示为卧式铣镗床的典型加工方法。图 2-51(a)表示用装在镗轴上的悬伸刀杆镗孔,图 2-51(b)表示用长刀杆镗削同一轴线上的两孔,图 2-51(c)表示用装在平旋盘上的悬伸刀杆镗削大直径的孔,图 2-51(d)表示用装在镗轴上的面铣刀铣平面,图 2-51(e)、图 2-51(f)表示用装在平旋盘刀具溜板上的车刀车削内沟槽和端面。

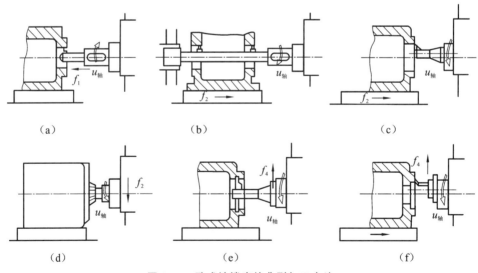

图 2-51   卧式铣镗床的典型加工方法

此外,还有坐标镗床,主要用于精密孔及位置精度要求很高的孔系加工。

坐标镗床按其布局形式可分为立式(单、双柱)坐标镗床和卧式坐标镗床。

2.6.4　磨床

1.磨床的功用和类型

用磨料磨具(砂轮、砂带和研磨剂等)作为工具进行切削加工的机床,统称磨床。

磨床可以磨削各种表面,如内外圆柱面、内外圆锥面、平面、渐开线齿廓面、螺旋面以及各种成型面,还可刃磨刀具和进行切断等工作,应用范围十分广泛。

磨床主要应用于零件精加工,尤其是淬硬钢和高硬度特殊材料零件的精加工。目前也有不少用于粗加工的高效磨床。现代机械产品对机械零件的精度和表面质量的要求越来越高,各种高硬度材料的应用日益增多,以及精密毛坯制造工艺的发展,使得很多零件有可能由毛坯直接磨成成品。因此,磨床的应用范围日益扩大,在金属切削机床总量中所占的百分比也不断上升。

磨床的种类繁多,主要类型有各类内、外圆磨床,各类平面磨床,工具磨床,刀具刃磨床以及各种专业化磨床。

2.外圆磨床和万能磨床

图 2-52 所示为万能外圆磨床外形,它由下列主要部件组成:

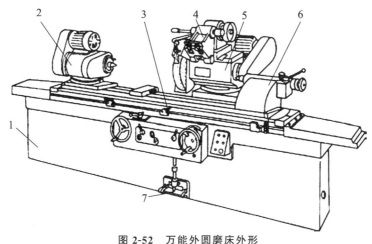

图 2-52　万能外圆磨床外形

1—床身;2—头架;3—工作台;4—内磨装置;5—砂轮架;6—尾架;7—脚踏操纵板

①床身。床身是磨床的基础支承件,上面装有砂轮架、工作台、头架、尾架等,使它们在工作时能够保持准确的相对位置,其内部用作盛装液压油的油池。

②头架。用于安装及夹持工件,并带动工件旋转。在水平面内可绕垂直轴线转动一定角度,以便磨削锥度较大的内圆锥面。

③工作台。由上、下两层组成。上工作台可相对于下工作台在水平面内偏转一定角度,以便磨削锥度不大的外圆锥面。上工作台的台面上装有头架和尾架,它们随工作台一起,沿床身导轨做纵向往复运动。

④内磨装置。用于支承磨削内孔用的砂轮主轴。该主轴由单独的电动机驱动。

⑤砂轮架。用于支承并传动高速旋转的砂轮主轴。砂轮架装在床鞍上,利用横向进给机构

可实现横向进给运动。当需磨削短圆锥面时,砂轮架可在水平面内绕垂直轴线转动一定角度。

⑥尾架。和头架的前顶尖一起支承工件。

图 2-53 所示为万能外圆磨床加工示意图。由图 2-53 可以看出,机床必须具备以下运动:砂轮的旋转主运动 n_t,工件的圆周进给运动 n_w,工件的往复纵向进给运动 f_a,砂轮的周期或连续横向进给运动 f_r。此外,机床还有砂轮架快速进退和尾架套筒缩回两个辅助运动。

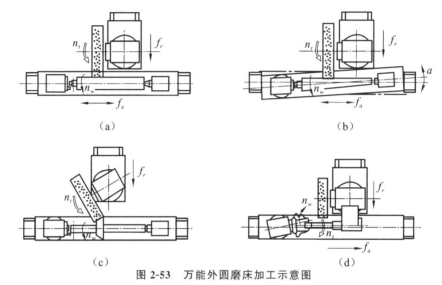

(a)　　　　　　　　　　　　　　(b)

(c)　　　　　　　　　　　　　　(d)

图 2-53　万能外圆磨床加工示意图

(a)磨外圆柱面;(b)扳转工作台磨长圆锥面;(c)扳转砂轮架磨短圆锥面;(d)扳转头架磨内圆锥面

图 2-54 所示为 M1432B 型万能外圆磨床的传动系统图。工作台的纵向往复运动、砂轮架的快速进退和自动周期进给、尾架套筒的缩回均采用液压传动,其余都由机械传动。

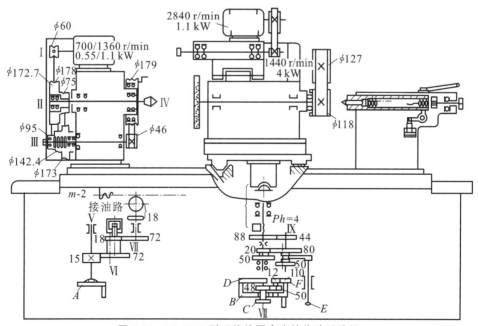

图 2-54　M1432B 型万能外圆磨床的传动系统图

3.平面磨床

平面磨床主要用于磨削各种工件上的平面,其磨削方法如图 2-55 所示。根据砂轮工作表面和工作台形状的不同,它主要分为四种类型:卧轴矩台型、卧轴圆台型、立轴矩台型和立轴圆台型。

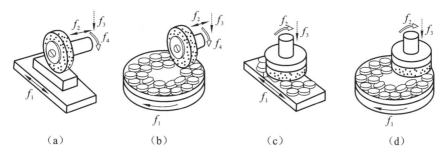

图 2-55 平面磨床的磨削方法

(a)卧轴矩台型;(b)卧轴圆台型;(c)立轴矩台型;(d)立轴圆台型

圆台型只适用于磨削小零件和大直径的环形零件端面,不能磨削长零件。矩台型可方便地磨削各种零件,工艺范围较宽。卧轴矩台型磨床除了用砂轮的周边磨削水平面外,还可用砂轮磨削沟槽、台阶等侧平面。

4.内圆磨床

普通内圆磨床是生产中应用最广的一种内圆磨床。图 2-56 所示为普通内圆磨床的磨削方法。图 2-56(a)、图 2-56(b)所示为采用纵磨法或切入法磨削内孔。图 2-56(c)、图 2-56(d)所示为采用专门的端磨装置在工件一次装夹中磨削内孔和端面。

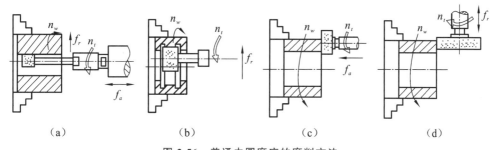

图 2-56 普通内圆磨床的磨削方法

5.无心外圆磨床

无心外圆磨床磨削时,工件放置在砂轮和导轮之间,由托板和导轮支承,以工件被磨削的外圆表面本身作为定位基准面,因此无定位误差,用于成批、大量生产,如图 2-57 所示。为了加快成圆过程和提高工件圆度,磨削时,工件的中心必须高于砂轮和导轮的中心连线,使工件与砂轮及工件与导轮间的接触点不在同一直径线上,工件上的某些凸起表面在多次转动中被逐渐磨圆。

无心外圆磨床有两种磨削方式:①贯穿磨削法[图 2-57(b)],该方法适用于不带台阶的圆柱形工件;②切入磨削法[图 2-57(c)],该方法适用于阶梯轴和有成型回转表面的工件。

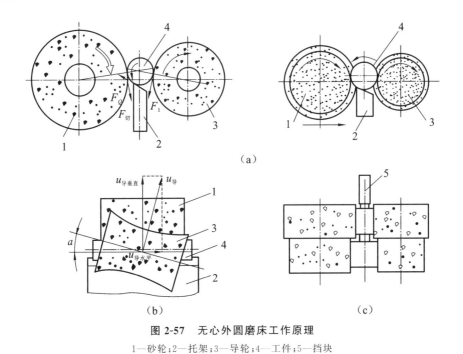

图 2-57 无心外圆磨床工作原理

1—砂轮；2—托架；3—导轮；4—工件；5—挡块

2.6.5 直线运动机床

1.刨床

刨床主要用于加工各种平面和沟槽。其主运动是刀具或工件所做的直线往复运动，进给运动是刀具或工件沿垂直于主运动方向所做的间歇运动。由于其生产率较低，这类机床适用于复杂形状零件的单件小批量加工。

刨床可分为以下三类：牛头刨床、龙门刨床和插床。

（1）牛头刨床

牛头刨床主要用于加工小型零件上的各种平面和沟槽。

（2）龙门刨床

龙门刨床如图 2-58 所示，主要用于加工大型或重型零件上的各种平面、沟槽和各种导轨面，也可在工作台上一次装夹数个中小型零件进行多件加工。

龙门刨床的主运动是工作台 9 沿床身 10 的水平导轨所做的直线往复运动。床身 10 的两侧固定有左、右立柱 3 和 7，两立柱的顶部用顶梁 4 连接，形成结构刚性较好的龙门框架。横梁 2 上装有两个垂直刀架 5 和 6，可在横梁导轨上沿水平方向做进给运动。横梁可沿左、右立柱的导轨上下移动，以调整垂直刀架的位置，加工时由夹紧机构夹紧在两个立柱上。左、右立柱上分别装有左、右侧刀架 1 和 8，可分别沿立柱导轨做垂直进给运动。加工中，为避免刀具返程碰伤工件表面，龙门刨床刀架夹持刀具的部分都设有返程自动让刀装置。

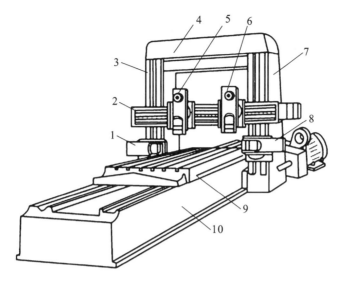

图 2-58 龙门刨床

1、8—左、右侧刀架;2—横梁;3、7—左、右立柱;4—顶梁;5、6—垂直刀架;9—工作台;10—床身

（3）插床

插床实质上是立式刨床,其主运动是滑枕带动插刀所做的直线往复运动,图 2-59 所示为插床的外形。插床主要用于加工工件的内表面,如内孔中的键槽及多边形孔等,也可用于加工成型内外表面。

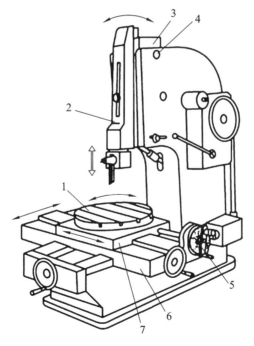

图 2-59 插床外形

1—圆工作台;2—滑枕;3—滑枕导轨座;4—销轴;5—分度装置;6—床鞍;7—溜板

2.拉床

拉床是用拉刀进行加工的机床,可加工各种形状的通孔、平面及成型表面等。图 2-60 所示是适用于拉削的一些典型表面形状。拉床的运动比较简单,只有主运动,被加工表面在一次拉削中成型。因拉削力较大,拉床的主运动通常采用液压驱动。

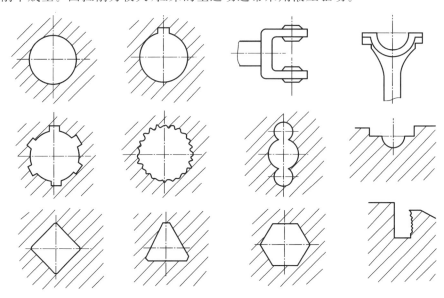

图 2-60　适用于拉削的典型表面形状

图 2-61 所示为卧式内拉床的外形。液压缸 2 通过活塞杆带动拉刀沿水平方向移动,实现拉削的主运动。工件支承座 3 是工件的安装基准。拉削时,工件以基准面紧靠在支承座 3 上。护送夹头 5 及滚柱 4 用以支承拉刀。开始拉削前,护送夹头 5 及滚柱 4 向左移动,使拉刀穿过工件预制孔,并将拉刀左端柄部插入拉刀夹头。加工时滚柱 4 下降,不起作用。

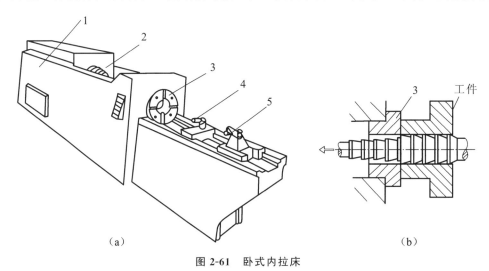

（a）　　　　　　　　　　　　　　　　　（b）

图 2-61　卧式内拉床

1—床身;2—液压缸;3—支承座;4—滚柱;5—护送夹头

习题与思考

2-1　举例说明何谓外联系传动链,何谓内联系传动链。其本质区别是什么？对这两种传动链有何不同要求？

2-2　举例说明何谓简单成型运动,何谓复合成形运动。其本质区别是什么？

2-3　试分析下列几种车削螺纹的传动原理图各有何优缺点(图 2-62)。

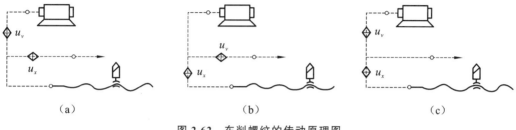

（a）　　　　　　　　　　（b）　　　　　　　　　　（c）

图 2-62　车削螺纹的传动原理图

2-4　试用简图分析以下列方法加工所需表面时的成型方法,并标明所需的机床运动。

①用成型车刀车削外圆柱面。

②用普通外圆车刀车削外圆锥面。

③用圆柱铣刀铣削平面。

④用插齿刀插削直齿圆柱齿轮。

⑤用钻头钻孔。

⑥用丝锥攻螺纹。

⑦用(窄)砂轮磨削(长)圆柱体。

⑧用单片薄砂轮磨削螺纹。

2-5　传动原理图与传动系统图有何区别？

2-6　母线和导线的形成方法各有哪几种？为什么导线形成方法中没有成型法？

2-7　发生线的形成与切削刃的形状有何关系？发生线有哪几种形成方法？

2-8　在 CA6140A 型车床上车削下列螺纹：

①米制螺纹　$P=3$ mm；$P=8$ mm，$n=2$。

②英制螺纹　$a=4\dfrac{1}{2}$ 牙/in。

③径节螺纹　$DP=14$ 牙/in。[提示：$(64/100)\times(100/97)\times(36/25)\approx25.4\pi/84$]

④模数制螺纹　$m=4$ mm，$n=2$。

试写出其传动路线表达式和运动平衡式。

2-9　欲在 CA6140A 型车床上车削 $Ph=10$ mm 的米制螺纹,试指出能够加工这一螺纹的传动路线有哪几条。

2-10　当 CA6140A 型车床的主轴转速为 450～1400 r/min(其中 500 r/min 除外)时,为什么能获得细进给量? 在进给箱中变速机构调整情况不变的条件下,细进给量与常用进给量的比值是多少?

2-11　CA6140A 型车床主传动链中,能否用双向牙嵌离合器或双向齿形离合器代替双向多片离合器,实现主轴的开停及换向? 在进给传动链中,能否用单向摩擦离合器代替齿形离合器 M_3、M_4、M_5? 为什么?

2-12　卧式车床进给传动系统中,为何既有光杠又有丝杠来实现刀架的直线运动? 可否单独设置丝杠或光杠? 为什么?

2-13　CA6140A 型车床主轴前后轴承的间隙怎样调整(图 2-14)? 作用在主轴上的轴向力是怎样传递到箱体上的?

2-14　为什么卧式车床溜板箱中要设置互锁机构? 丝杠传动与纵向、横向机动进给能否同时接通? 纵向和横向机动进给之间是否需要互锁? 为什么?

2-15　如果卧式车床刀架横向进给方向相对于主轴轴线存在垂直度误差,将会影响哪些加工工序的加工精度? 产生什么样的加工误差?

2-16　回转、转塔车床与卧式车床在布局和用途上有哪些区别? 回转、转塔车床的生产率是否一定比卧式车床的高? 为什么? 立式车床的主要加工用途有哪些?

2-17　分析并比较应用展成法与成型法加工圆柱齿轮各有何特点。

2-18　齿轮加工机床常用的切齿方法有哪些? 各有什么特点?

2-19　在滚齿机上加工直齿和斜齿圆柱齿轮分别需要调整哪几条传动链? 试画出传动原理图,并说明各传动链的两端件是什么及计算位移是多少。

2-20　在滚齿机上加工斜齿圆柱齿轮时,工件的展成运动(B_{12})和附加运动(B_{22})的方向如何确定? 以 Y3150E 型滚齿机为例,说明在使用中如何检查这两种运动方向是否正确。

2-21　在滚齿机上加工直齿和斜齿圆柱齿轮时,如何确定滚刀刀架扳转角度与方向? 若扳转角度有误差或方向有误,将会产生什么后果?

2-22　在滚齿机上加工一对斜齿轮时,当一个齿轮加工完成后,再加工另一个齿轮前应进行哪些交换齿轮计算和机床调整工作?

2-23　在 Y3150E 型滚齿机上,采用单头右旋滚刀,滚刀螺旋升角 $\omega=2°19'$,滚刀直径为 55 mm,切削速度 $v=22$ m/min,轴向进给量取 $f=1$ mm/r,加工斜齿圆柱齿轮,螺旋方向为右旋,螺旋角 $\beta=12°17'9''$,模数 $m_n=2$ mm,齿数 $z=58$,8 级精度。要求:

①画图表示滚刀安装角 δ、刀架扳动方向、滚刀和工件的运动方向。

②列出加工时各传动链的运动平衡式,确定其交换齿轮齿数。

2-24　在其他条件不变,而只改变下列某一条件的情况下,滚齿机上哪些传动链的换向机构应变向?

①由滚切右旋齿改为滚切左旋齿。

②由逆铣滚齿改为顺铣滚齿(改变轴向进给方向)。

③由使用右旋滚刀改为使用左旋滚刀。

④由加工直齿齿轮改为加工斜齿齿轮。

2-25 在 Y3150E 型滚齿机上加工齿数大于 100 的质数直齿圆柱齿轮时,需要调整哪几条传动链?

2-26 对比滚齿机和插齿机的加工方法,说明它们各自的特点及主要应用范围。

2-27 叙述用数控机床加工零件的过程。

2-28 数控机床由哪些部分组成? 它们各有什么功用?

2-29 什么是开环、闭环和半闭环控制系统? 比较其优缺点。它们各适用于什么场合?试举例说明。

2-30 各类机床中,可用来加工外圆表面、内孔、平面和沟槽的各有哪些机床? 它们的适用范围有何区别?

2-31 摇臂钻床可实现哪几个方向运动?

2-32 卧式铣镗床可实现哪些运动?

2-33 在万能外圆磨床上磨削圆锥面有哪几种方法? 各适用于什么场合?

2-34 如磨床头架和尾架的锥孔中心线在垂直平面内不等高,磨削的工件将产生什么误差? 如何解决? 如两者在水平面内不同轴,磨削的工件又将产生什么误差? 如何解决?

2-35 无心外圆磨床工件托板的顶面为什么做成倾斜的? 工件中心为什么必须高于砂轮与导轮的中心连线?

2-36 内圆磨削的方法有哪几种? 各适用于什么场合?

2-37 刨削加工有何特点? 拉削加工又有何特点?

3　金属切削机床设计

3.1　金属切削机床设计基本理论

3.1.1　精度

各类机床按精度可分为普通精度级、精密级和超精密级。在设计阶段主要从机床的精度分配、元件及材料选择等方面来提高机床精度。

1.几何精度

几何精度是指机床在空载条件下，在不运动（机床主轴不转或工作台不移动、不转动等情况下）或运动速度较低时机床主要独立部件的形状（直线度、平面度）、相互位置（平行度、垂直度、重合度、等距度、角度）、旋转（径向圆跳动、周期性轴向窜动、轴向圆跳动）和相对运动位移的精确程度。

几何精度直接影响被加工工件的精度，是评价机床质量的基本指标。它主要取决于结构设计、制造和装配质量。

2.运动精度

运动精度是指机床空载并以工作速度运动时，执行部件的几何位置精度（又称为几何运动精度）。如高速回转主轴的回转精度，工作台运动的位置及方向（单向、双向）精度（定位精度和重复定位精度）。

对于高速精密机床，运动精度是评价机床质量的一个重要指标。

3.传动精度

传动精度是指机床传动系统各末端执行件之间运动的协调性和均匀性。影响机械传动精度的主要因素是传动系统的设计、传动元件的制造和装配精度。对数控机床及零传动而言，主要因素是电动机、驱动器及控制。

4.定位精度和重复定位精度

定位精度是指机床的定位部件运动到达规定位置的精度，对数控机床而言，是指实际运动到达的位置与指令位置一致的程度。定位精度直接影响被加工工件的尺寸精度和几何精度。机床构件和进给控制系统的精度、刚度以及其动态特性等都将影响机床定位精度。

重复定位精度是指机床运动部件在相同条件下，用相同的方法重复定位时位置的一致程度。除了影响定位精度的因素之外，还受传动机构的反向间隙的影响。

5.工作精度

加工规定的试件，用试件的加工精度表示机床的工作精度。工作精度是各种因素综合影响的结果，包括机床自身的精度、刚度、热变形和刀具、夹具及工件的刚度及热变形等。

6.精度保持性

在规定的工作期间内,保持机床所要求的精度,称为精度保持性。影响精度保持性的主要因素是磨损。磨损的影响因素十分复杂,如结构设计、工艺、材料、热处理、润滑、防护、使用条件等。

3.1.2　刚度

机床刚度是指机床系统抵抗变形的能力,通常用下式表示:

$$K = \frac{F}{y} \tag{3-1}$$

式中　K——机床刚度,$N/\mu m$;

　　　F——作用在机床上的载荷,N;

　　　y——在载荷方向的变形,μm。

作用在机床上的载荷有重力、夹紧力、切削力、传动力、摩擦力、冲击振动干扰力等。按照载荷的性质不同,可分为静载荷和动载荷。不随时间变化或变化极为缓慢的载荷称为静载荷,如重力、切削力的静力部分等。凡随时间变化的载荷(如冲击振动力及切削力的交变部分等)称为动态载荷。故机床刚度相应地分为静刚度及动刚度,后者是抗振性的一部分。习惯上所说的刚度一般指静刚度。

机床是工作母机,其刚度要求比一般机械装备高得多。机床是由众多的构件(零部件)组成,构件的变形包括三部分:自身变形、局部变形和接触变形。因此,构件的刚度分为自身刚度、局部刚度和接触刚度。构件所受的载荷有拉伸、压缩、弯曲和扭转四种。构件自身刚度主要是弯曲和扭转刚度,主要取决于构件的构造、形状、尺寸、肋和隔板的布置。局部刚度主要取决于受载部位的构造和尺寸。接触刚度是压强与变形之比,不是一个固定值,它不仅取决于接触面的加工情况,也取决于构件的构造。构件的刚度常采用有限元法计算。

机床接合部的物理参数对机床的整机性能影响非常大,整机刚度的 50% 取决于接合部刚度,整机阻尼的 $50\% \sim 80\%$ 来自接合部阻尼。在载荷作用下,各构件及接合部都要产生变形,这些变形直接或间接地引起刀具和工件之间的相对位移。这个位移的大小代表了机床的整机刚度。因此,机床整机刚度不能用某个零部件的刚度评价,而是指整台机床在静载荷作用下,各构件及接合面抵抗变形的综合能力。显然,刀具和工件间的相对位移影响加工精度,同时,静刚度对机床抗振性、生产率等均有影响。国内外学者对结构刚度和接触刚度做了大量的研究工作。在设计中既要考虑提高各部件刚度,同时也要考虑接合部刚度及各部件间的刚度匹配。各个部件和接合部对机床整机刚度的贡献大小是不同的,设计中应进行刚度的合理分配或优化。

3.1.3　振动

机床抗振能力是指机床在交变载荷作用下,抵抗振动的能力。它包括两个方面:抵抗受迫振动的能力和抵抗自激振动的能力。习惯上称前者为抗振性,称后者为切削稳定性。

1.受迫振动

受迫振动的振源可能来自机床内部,如高速回转零件的不平衡等,也可能来自机床之外。机床受迫振动的频率与振源激振力的频率相同,振幅和激振力大小与机床的刚度和阻尼比有关。当激振频率与机床的固有频率接近时,机床将呈现"共振"现象,使振幅激增,加工表面的表面粗糙度值也将大大增加。机床是由许多零部件及接合部组成的复杂振动系统,它属于多自由度系统,具有多个固有频率。在其中某一个固有频率下自由振动时,各点振幅的相对大小称为主振型。对应于最低固有频率的主振型称为一阶主振型,依次有二阶、三阶等各阶主振型。机床的振动乃是各阶主振型的合成。一般只需要考虑对机床性能影响最大的几个低阶振型,如整机摇摆、一阶弯曲、扭转等振型,即可较准确地表示机床实际的振动。

2.自激振动

机床的自激振动是发生在刀具和工件之间的一种相对振动,它在切削过程中出现,由切削过程和机床结构动态特性之间的相互作用而产生,其频率与机床系统的固有频率相接近。自激振动一旦出现,它的振幅由小到大增加很快。在一般情况下,切削用量增加,切削力越大,自激振动就越剧烈。但切削过程停止,振动立即消失。

机床振动会降低加工精度、工件表面质量和刀具寿命,影响生产率并加速机床的损坏,而且会产生噪声,使操作者疲劳等。故提高机床抗振性是机床设计中一个重要课题。影响机床振动的主要因素有:

①机床的刚度。如构件的材料选择、截面形状、尺寸、肋板分布,接触表面的预紧力、表面粗糙度、加工方法、几何尺寸等。

②机床的阻尼特性。提高阻尼是减少振动的有效方法。机床结构的阻尼包括构件材料的内阻尼和部件接合部的阻尼。接合部阻尼往往占总阻尼的 $70\%\sim90\%$,应从设计和工艺上提高接合部的刚度和阻尼。

③机床系统固有频率。若激振频率远离固有频率,将不出现共振。在设计阶段通过分析计算预测所设计机床的各阶固有频率是很有必要的。

3.1.4　热变形

机床在工作时受到内部热源(如电动机、液压系统、机械摩擦副、切削热等)和外部热源(如环境温度、周围热源辐射等)的影响,使机床的温度高于环境温度,称之为温升。由于机床各部位的温升不同,不同材料的热膨胀系数不同,机床各部分材料产生的热膨胀量也就不同,导致机床床身、主轴和刀架等构件产生变形,称之为机床热变形。它不仅会破坏机床的原始几何精度,加快运动件的磨损,还会影响机床的正常运转。据统计,由于机床热变形而产生的加工误差最大可占全部误差的 70%。特别对精密机床、大型机床、自动化机床、数控机床等,热变形的影响不能忽视。

机床工作时一方面产生热量,另一方面又向周围散热,如果机床热源单位时间产生的热量一定,由于开始时机床的温度与周围环境温度的差别较小,散热量少,机床温度升高较快。随着机床温度的升高,与环境的温差加大,散热量随之增加,使机床温度的升高逐渐减慢。

当达到某一温度时,单位时间内发热量等于散热量,即达到了热平衡。这个过程所需的时间称为热平衡时间。在热平衡状态下,机床各部位的温度是不同的,热源处最高,远离热源处或散热较好的部位温度较低,这就形成了温度场。通常,温度场是用等温曲线来表示的。通过温度场可分析机床热源并了解其对热变形的影响。

在设计机床时应采取措施减少机床的热变形对加工精度的影响。可采用的措施如下:减少热源的发热量;将热源置于易散热的位置,或增加散热面积和采用强制冷却,使产生的热量尽量发散出去;采用热管等措施将温升较高部位的热量转移至温升较低部位,以减少机床各部位之间的温差,减少机床热变形;也可以采用温度自动控制、温度自动补偿及隔热等措施,改变机床的温度场,减少机床热变形,或使机床的热变形对加工精度的影响较小。

3.1.5　噪声

物体振动是声音产生的来源。机床工作时各种振动频率不同,振幅也不同,它们将产生不同频率和不同强度的声音。这些声音无规律地组合在一起就是噪声。随着现代机床切削速度的提高、功率的增大、自动化功能的增多,噪声污染问题也越来越严重。降低机床噪声,保护环境是设计机床时必须注意的问题。

1.衡量噪声的指标

衡量噪声的指标有声压级和声功率级。正常人耳刚刚听到的声音称为听阈。以听阈为基准,用成倍比关系的对数量——声压级 L_p 或声功率级 L_W 来表示声音的大小。

声功率级 L_W(dB)为

$$L_W = 10\lg \frac{W}{W_0}. \tag{3-2}$$

式中　W_0——基准声功率,W,$W_0 = 10^{-12}\,W$;

　　　W——声功率,W。

由于声功率难以测量,一般情况下以声压级来衡量声音的大小。当声波在介质中传播时,介质中的压力与静压的差值为声压,通常用 p 表示,其单位是 $Pa(N/m^2)$。把听阈作为基准声压,由于功率与压强的二次方成正比,故声压级 L_p(dB)为

$$L_p = 20\lg \frac{p}{p_0} \tag{3-3}$$

式中　p——被测声压,Pa;

　　　p_0——基准声压,Pa,$p_0 = 2 \times 10^{-5}\,Pa$。

2.噪声的主观度量

人耳对声音的感觉不仅和声压有关,而且和频率有关。声压级相同而频率不同的声音听起来不一样。根据这一特征,人们引入将声压级和频率结合起来表示声音强弱的主观度量,有响度、响度级和声级等。

3.噪声标准

为使测量值反映噪声对周围环境的影响,规定在离地面 1.5 m、距机床外廓 1 m 处的包络线上,以每隔 1 m 定一点进行测量,以各点所测得的噪声的最大值作为机床的噪声。《金

属切削机床　安全通用防护技术条件》(GB 15760—2004)中对普通机床和数控机床分别规定了空运转时的噪声声压级限值。

4.降低噪声的途径

机床噪声源主要来自四个方面：

①机械噪声。如齿轮、滚动轴承及其他传动元件的振动、摩擦等。一般速度增加一倍，噪声增加 6 dB;载荷增加一倍，噪声增加 3 dB。故机床速度提高、功率加大，都可能增加噪声污染,应设法降低齿轮、滚动轴承及其他传动元件的噪声。

②液压噪声。应降低液压系统的噪声,减少泵、阀、管道等的液压冲击、气穴、紊流产生的噪声。

③电磁噪声。应降低电动机定子内磁致伸缩等产生的噪声。

④空气动力噪声。应降低电动机风扇、转子高速旋转对空气的搅动等产生的噪声。

3.1.6　低速运动平稳性

机床上有些运动部件需要作低速或微小位移。当运动部件主动件低速匀速运动时,被动件往往出现明显的速度不均匀的跳跃式运动,即时走时停或者时快时慢的现象。这种在低速运动时产生的运动不平稳性称为爬行。

机床运动部件产生爬行,会影响机床的定位精度、工件的加工精度和表面粗糙度。在精密、自动化及大型机床上,爬行的危害更大。

爬行是个很复杂的现象,它是因摩擦产生的自激振动现象。产生这一现象的主要原因是摩擦面上的摩擦因数随速度的增大而减小和传动系的刚度不足。以下以直线进给运动的爬行为例来说明。

将机床直线进给运动传动系简化为图 3-1 所示的力学模型。图中 1 为主动件,3 为从动件。1、3 之间的传动系 2(包括齿轮、丝杠、螺母等)可简化为等效弹簧 K 和等效黏性阻尼器 C(可合称为复弹簧),从动件 3 在支承导轨 4 上沿直线移动,摩擦力 F 随着从动件 3 的速度变化而变化。当主动件 1 以匀速 v 低速移动时,压缩弹簧使从动件 3 受力,但由于从动件与导轨间的静摩擦力 $F_{静}$ 大于从动件 3 受的驱动力,从动件 3 静止不动,传动系 2 处于储能状态。随着主动件 1 的继续移动,传动系 2 储能增加,从动件 3 所受的驱动力越来越大,当驱动力大于静摩擦力时,从动件 3 开始移动,这时静摩擦转化为动摩擦,摩擦因数迅速降低。由于摩擦阻力的减小,从动件 3 的移动速度增大。随着从动件 3 移动速度的增大,动摩擦力大大降低,使从动件 3 的移动速度进一步加大。当从动件 3 的速度超过主动件 1 的速度 v 时,传动系 2 的弹簧压缩量减小,产生的驱动力随之减小。当驱动力减小到等于动摩擦力时,系统处于平衡状态。但是由于惯性,从动件 3 仍以高于主动件 1 的速度 v 移动,弹簧压缩量进一步减小,直到驱动力小于动摩擦力时,从动件 3 的加速度变为负值,移动速度减慢,动摩擦力增大,驱动力减小使其速度进一步下降。当驱动力和从动件 3 的惯性不足以克服摩擦力时,从动件 3 便停止运动。主动件 1 的移动重新开始,压缩弹簧,上述过程重复发生,就产生时走时停的爬行。

当摩擦面处在边界和混合摩擦状态时,摩擦因数的变化是非线性的。因此,在弹簧重新被压缩的过程中,从动件 3 的速度尚未降至为零时,弹簧力有可能大于动摩擦力,使从动件 3 的速度又再次增大,将出现时慢时快的爬行。

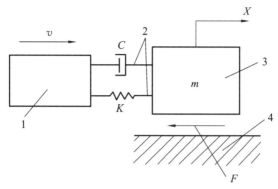

图 3-1　直线进给运动传动系的力学模型
1—主动件;2—传动系;3—从动件;4—支承导轨

为防止爬行,在设计低速运动部件时,应减小静、动摩擦因数之差,提高传动机构的刚度和降低移动件的质量等。

3.2　金属切削机床总体设计

制造业的飞速发展对机床的技术要求越来越高,先进的自动化制造系统的发展,要求机床从适应单机工作模式向适应自动化制造系统工作模式方向发展。数控与机电结合技术、商品化的功能部件、CAD 技术和虚拟样机仿真技术的发展,为机床设计提供了新的支撑条件。因此机床的设计方法和设计技术也在发生着深刻变革,设计内容中机械部分在减少,机电匹配部分在增加,零部件的设计在减少,总体方案及功能部件(如各种机械主轴部件、电主轴部件、直线运动组件、单轴回转工作台或主轴头、双轴回转工作台或主轴头、直线电动机、盘式力矩电动机、数控刀架、刀库等)的选择内容在增加。

3.2.1　机床设计应满足的基本要求

为了设计和制造出技术先进、质量好、效率高、结构简单、使用方便的机床,设计时应考虑如下基本要求。

1.工艺范围

机床的工艺范围是指机床适应不同生产要求的能力,包括机床可以完成的工序种类,所加工零件的类型、材料和尺寸范围、毛坯种类、加工精度和表面粗糙度。如果机床的工艺范围过宽,将使机床的结构复杂,不能充分发挥机床各部件的性能;如果机床的工艺范围较窄,可使机床结构简单,易于实现自动化,提高生产率。但工艺范围过窄,会使机床的使用范围受到一定的限制。所以,机床的工艺范围必须根据使用要求和制造条件合理确定。

一般来说,传统的通用机床都具有较宽的工艺范围,以适应不同工序的需要;数控机床的工艺范围比传统通用机床的宽,使其具有良好的柔性;专用机床和专门化机床则应合理地缩小工艺范围,以简化机床结构,保证质量,降低成本,提高生产率。

2.加工精度和表面粗糙度

加工精度是指被加工零件在形状、尺寸和相互位置方面所能达到的准确程度,主要的影响因素是机床的精度和刚度。

机床的精度包括几何精度、传动精度、运动精度和定位精度。在空载条件下检测的精度,称为静态精度;机床在重力、夹紧力、切削力、各种激振力和温升作用下,主要零部件的几何精度称为动态精度。为了保证机床的加工精度,要求机床具有一定的静态精度和动态精度。工件加工表面的表面粗糙度与工件和刀具材料、进给量、刀具的几何角度及切削时的振动有关,机床的振动与机床的结构刚度、阻尼特性、主要零部件的固有频率等有关。

3.生产率和自动化程度

机床的生产率是指在单位时间内机床加工出合格产品的数量。使用高效率机床可以降低生产成本,提高机床的自动化程度,减轻工人的劳动强度,稳定加工精度。实现机床自动化加工所采用的方法与生产批量有关。数控机床因具有很大的柔性,且不需专用的工装,适应能力强、生产率高,故是实现机床自动化加工的一个重要发展方向。

4.可靠性

机床的可靠性是指在其额定寿命期限内,在正常工作条件下和规定时间内出现故障的概率。由于故障会造成加工中的部分废品,故可靠性也常用废品率来表示,废品率低则说明可靠性好。

5.机床的效率和寿命

机床的效率是指消耗于切削的有效功率与电动机输出功率之比。两者的差值即为损失,该损失转化为热量,若损失过大(效率低),将使机床产生较大的热变形,影响加工精度。

机床的寿命是指机床保持其应有加工精度的使用期限,也称精度保持性。寿命期限内,在正常工作条件下,机床不应丧失设计时所规定的精度指标。为提高机床寿命,主要是提高一些关键性零件的耐磨性,并使主要传动件的疲劳寿命与之相适应。

6.系列化、通用化、标准化程度

产品系列化、零部件通用化和标准化的目的是便于机床的设计、使用与维修。机床产品系列化是指对每一类型不同组、系的通用机床,合理确定其应有哪几种尺寸规格,以便以较少品种的机床来满足各类用户的需求。提高机床零部件通用化和零件标准化程度,可以缩短设计、制造周期,降低生产成本。

7.环境保护

机床噪声影响正常的工作环境,危害人的身心健康。机床传动机构中各传动副的振动,某些结构的不合理及切削过程中的颤振等都将产生噪声。特别是现代机床切削速度的提高、功率的增大、自动化功能的增多,其噪声污染的问题也越来越严重。所以,设计机床时应尽量设法降低其噪声。此外,机床的油雾、粉尘和腐蚀介质等都对人体有害,设计时应考虑尽量避免这些有害物质向四周扩散而污染环境,避免操作者与这些有害物质直接接触而危害人体健康。

8.其他

机床的操作必须方便、省力、易于掌握,这样既可提高机床的可靠性,又可减少事故的发生,保证操作者的安全。此外,机床的外形必须合乎时代要求,美观大方的造型和适宜的色彩均能使操作者有舒适的感觉,从而提高工作效率。

总之,设计机床时必须从实际出发综合考虑,既要有重点,又要照顾其他,一般应充分考虑加工精度、表面质量、生产率和可靠性。

3.2.2　机床的总体布局

机床的总体布局设计是指按工艺要求决定机床所需的运动,确定机床的组成部件,确定各个部件的相对运动和相对位置关系,同时也要确定操纵和控制机构在机床中的配置。通用机床的布局已形成传统的形式,但随着数控等新技术的应用,传统的布局也在发生变化。专用机床的布局没有固定的形式,灵活性较大。

1.影响机床总体布局的基本因素

(1)表面成型方法

不同形状的加工表面往往采用不同的刀具、不同的表面成型方法和不同的表面成型运动来完成,从而导致了机床总体布局上的差异。即使是相同形状的加工表面,也可用不同的刀具、表面成型运动和表面成型方法来实现,从而形成不同的机床布局。例如,齿轮的加工可用铣削、拉削、插齿和滚齿等方法。

(2)机床运动的分配

工件表面成型方法和运动相同,而机床运动分配不同,机床布局也不相同。图 3-1 所示为数控镗铣床布局,其中图 3-2(a)所示是立式布局,适用于对工件的顶面进行加工;如果要对工件的多个侧面进行加工,则应采用卧式布局,使工件在一次装夹时完成多个侧面的铣、镗、钻、铰、攻螺纹等加工,如图 3-2(b)、图 3-2(c)所示。

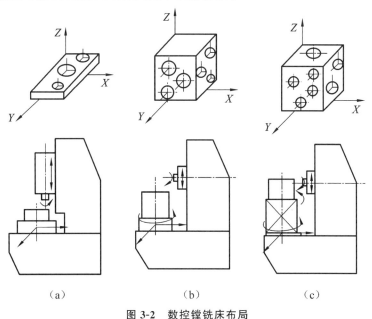

（a）　　　　　　　　　（b）　　　　　　　　　（c）

图 3-2　数控镗铣床布局

机床运动的分配应掌握以下四个原则：

①将运动分配给质量小的零部件

运动件质量小，惯性小，需要的驱动力就小，传动机构的体积就小，一般来说，制造成本就低。例如，铣削小型工件的铣床，铣刀只有旋转运动，工件的纵向、横向、垂直运动分别由工作台、床鞍、升降台实现；加工大型工件的龙门铣床，工件、工作台质量之和远大于铣削动力头的质量，铣床主轴有旋转运动和垂直、横向两个方向的移动，工作台带动工件只做纵向往复运动；大型镗铣中心，工件不动，全部进给运动都由镗铣床主轴箱完成。

②运动分配应有利于提高工件的加工精度

运动部件不同，加工精度就不同。如工件钻孔，钻头旋转并轴向进给，钻孔精度较低；深孔钻床上钻孔时，工件旋转，专用深孔钻头轴向进给移动，切削液从钻杆周围进入冷却钻头，并将切屑从空心钻杆中排出，这类深孔钻床加工的孔，其精度高于一般钻孔。

③运动分配应有利于提高运动部件的刚度

运动应分配给刚度高的部件。如小型外圆磨床，工件较短，工作台结构简单、刚度较高，纵向往复运动则由工作台完成；而大型外圆磨床，工件较长，工作台相对较窄，往复移动时，支承导轨的长度大于工件长度的两倍，刚度较差，而砂轮架移动距离短，结构刚度相对较高，故纵向进给由砂轮架完成。

④运动分配应视工件形状而定

不同形状的工件，需要的运动部件也不一样。如圆柱形工件的内孔常在车床上加工，工件旋转，刀具做纵向移动；箱形体的内孔则在镗床上镗孔，工件移动，刀具旋转。因而应根据工件形状确定运动部件。

（3）工件的尺寸、质量和形状

工件的表面成型运动与机床部件的运动分配基本相同，但是工件的尺寸、质量和形状不同，也会使机床布局不尽相同。图 3-3 所示为车削不同尺寸和质量的盘类工件时机床的不同布局。

（4）工件的技术要求

工件的技术要求包括加工表面的尺寸精度、几何精度和表面粗糙度等。技术要求高的工件，在进行机床总体布局设计时，应保证机床具有足够的精度和刚度、小的振动和热变形等。对于某些有内联系要求的机床，缩短传动链可以提高其传动精度；采用框架式结构可以提高机床刚度；高速车床采用分离式传动可以减少振动和热变形。

（5）生产规模和生产率

生产规模和生产率的要求不同，也必定会对机床布局提出不同的要求，如考虑主轴数目、刀架形式、自动化程度、排屑和装卸等问题，从而导致机床布局发生变化。以在车床上车削盘类零件为例，单件小批生产时可采用卧式车床；中批生产时可采用转塔车床；大批量生产时就要考虑安装自动上下料装置，采用多主轴、多刀架同时加工，其控制系统可实现半自动或全自动循环等，同时还应考虑排屑方便。

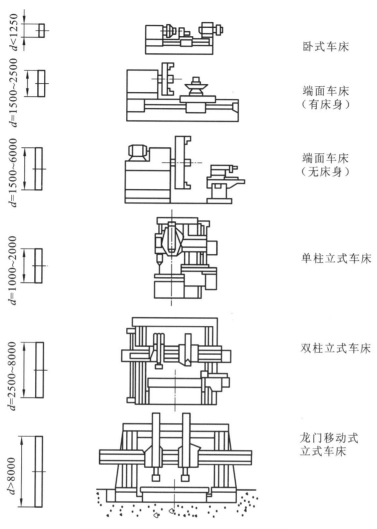

图 3-3 工件尺寸对车床总体布局的影响

（6）其他

机床总体布局还必须充分考虑人的因素，机床部件的相对位置安排、操纵部位和安装工件部位应便于观察和操作，并和人体基本尺寸及四肢活动范围相适应，以减轻操作者的劳动强度，保障操作者的身心健康。

其他如机床外形美观，调整、维修、吊运方便等操作问题，在总体布局设计时也应综合、全面地进行考虑。

2.模块化设计

所谓模块化设计，是指对具有同一功能的部件或单元（如刀架），根据用途或性能不同，设计出多种能够互相换用的模块，让用户能根据生产需要选用，从而组合成各种通用机床、变型机床或专用机床。图 3-4 所示为卧式车床的各种模块，不同模块互相组合，就可得到不同用途的车床。

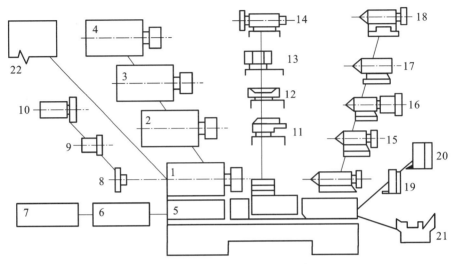

图 3-4　卧式车床模块化设计实例

1、2、3、4—主轴箱;5、6、7、19、20—进给机构;8、9、10—夹紧装置;
11、12、13、14—刀架;15、16、17、18—尾座;21—床身;22—双轴主轴箱模块

3.2.3　机床主要技术参数的确定

机床主要技术参数包括机床的主参数和基本参数,基本参数包括尺寸参数、运动参数和动力参数三种。

1.主参数

机床主参数是代表机床规格大小及反映机床最大工作能力的一种参数。为了更完整地表示机床的工作能力和加工范围,有些机床还规定有第二主参数,参见国家标准《金属切削机床　型号编制方法》(GB/T 15375—2008)。

对于通用机床的主参数和主参数系列,国家已制定标准,设计时可根据市场的需求在主参数系列标准中选用相近的数值。对于专用机床,其主参数是以被加工零件或被加工面的尺寸参数来表示的,一般也参照类似的通用机床主参数系列选取。

2.尺寸参数

机床尺寸参数是指机床主要结构的尺寸参数,通常包括:

①与被加工零件有关的尺寸,如卧式车床最大加工工件长度、摇臂钻床的立柱外径与主轴之间的最大跨距等。

②标准化工具或夹具的安装面尺寸,如卧式车床主轴锥孔及主轴前端尺寸。

3.运动参数

运动参数是指机床执行件(如主轴、工作台、刀架)的运动速度。

(1)主运动参数

机床主运动为回转运动时,其主运动参数是主轴转速,即

$$n = \frac{1000v}{\pi d} \tag{3-4}$$

式中　n——主轴转速,r/min;

　　　　v——切削速度,m/min;

　　　　d——工件或刀具直径,mm。

　　主运动为往复直线运动时,如刨床、插床等,主运动参数是刀具或工件的每分钟往复次数(次/min),或称为双行程数,也可以是装夹工件的工作台的移动速度。

　　对于专用机床,由于它是用来完成特定工序的,可根据特定工序实际使用的切削速度和工件(或刀具)的直径确定主轴转速,且大多数情况下只需要一种速度。对于通用机床,由于完成工序较多,又要适应一定范围的不同尺寸和不同材质零件的加工需要,要求主轴具有不同的转速,即应有一定的变速范围和变速方式。主运动可采用无级变速,也可采用有级变速。若用有级变速,还应确定变速级数。

　　①主运动速度范围

　　对所设计的机床上可能进行的工序进行分析,从中选择要求最高、最低转速的典型工序。按照典型工序的切削速度和刀具(或工件)直径,由式(3-4)可计算出主运动最高转速、最低转速及其变速范围为

$$n_{max} = \frac{1000v_{max}}{\pi d_{min}}$$

$$n_{min} = \frac{1000v_{min}}{\pi d_{max}}$$

$$R_n = \frac{n_{max}}{n_{min}}$$

其中,v_{max} 与 v_{min} 可根据切削用量手册、现有机床使用情况调查或切削试验确定;通用机床的 d_{max} 和 d_{min} 并不是指机床上可能加工的最大直径和最小直径,而是指实际使用情况下,采用 v_{max}(或 v_{min})时常用的经济加工直径,对于通用机床,一般取

$$\left.\begin{array}{l} d_{max} = K_1 D \\ d_{min} = K_2 d_{max} \end{array}\right\} \tag{3-5}$$

式中　D——机床能加工的最大直径,mm;

　　　　K_1——系数;

　　　　K_2——计算直径范围。

　　根据对现有同类型机床使用情况的调查,如卧式车床 $K_1 = 0.5$,摇臂钻床 $K_1 = 1.0$,通常 $K_2 = 0.2 \sim 0.25$。

　　②主轴转速的合理安排

　　确定了 n_{max} 和 n_{min} 之后,如主传动采用机械有级变速方式,应进行转速分级,即确定变速范围内的各级转速;如采用无级变速方式,有时也需用分级变速机构来扩大其无级变速范围。机床采用有级变速时,其主轴转速或双行程数大多按等比级数排列,其公比用符号 φ 表示,转速级数用 Z 表示。则转速数列为

$$n_1 = n_{min}, n_2 = n_{min}\varphi, n_3 = n_{min}\varphi^2, \cdots, n_Z = n_{min}\varphi^{Z-1}$$

主轴转速数列按等比数列的规律排列,主要原因是使其转速范围内的任意两个相邻转速之间的相对转速损失均匀。如加工某一工件所需的最有利的切削速度为 v,相应转速为 n,则 n 通常介于两个相邻转速 n_j 和 n_{j+1} 之间,即 $n_j < n < n_{j+1}$。如果采用 n_{j+1},将会提高切削速度,降低刀具寿命,为了不降低刀具的寿命,只能选用 n_j,而这将带来转速损失($n - n_j$),用相对转速损失表示为

$$A = \frac{n - n_j}{n}$$

最大的相对转速损失是当所需的最有利的转速 n 趋近于 n_{j+1} 时,即

$$A_{\max} = \lim_{n \to n_{j+1}} \frac{n - n_j}{n} = \frac{n_{j+1} - n_j}{n_{j+1}} = 1 - \frac{n_j}{n_{j+1}}$$

可见,最大相对转速损失取决于两相邻转速之比。在其他条件(直径、进给量、背吃刀量)不变的情况下,相对转速的损失就反映了生产率的损失。假如机床主轴每一级转速的使用机会均等,则应使任意相邻两转速间的 $A_{\max}$ 相等,即

$$A_{\max} = 1 - \frac{n_j}{n_{j+1}} = 常数 \quad 或 \quad \frac{n_j}{n_{j+1}} = 常数 = \frac{1}{\varphi}$$

可见,当任意相邻两级转速之间的关系为 $n_{j+1} = n_j \varphi$ 时,可使各相对转速损失(即生产率损失)均等。

此外,按等比规律排列的转速数列,还可通过串联若干个滑移齿轮组来实现较多级的转速,从而使变速传动系统简化且设计计算方便。

变速范围 R_n、公比 φ 和转速级数 Z 有如下关系

$$R_n = \frac{n_{\max}}{n_{\min}} = \varphi^{Z-1} \tag{3-6}$$

两边取对数,得

$$Z = 1 + \frac{\lg R_n}{\lg \varphi} \tag{3-7}$$

按上式求得的 Z 应圆整为整数。为便于采用双联或三联滑移齿轮变速,Z 最好是因子 2 和 3 的乘积。

③标准公比和标准转速数列

因为转速数列是递增的,所以规定标准公比 $\varphi > 1$,并规定 $A_{\max}$ 不大于 50%,则相应 φ 不大于 2,故 $1 < \varphi \le 2$。为了方便记忆,要求转速 n_j 经 E_1 级变速后,转速值成 10 倍的关系,即 $n_j + E_1 = 10 n_j$,故 φ 应在 $\varphi = \sqrt[E_1]{10}$(E_1 是正整数)中取数;为方便记忆以及适应双速电动机驱动的需要,要求转速 n_j 经 E_2 级变速后,转速值成 2 倍的关系,即 $n_j + E_2 = 2 n_j$,故 φ 也应在 $\varphi = \sqrt[E_2]{2}$(E_2 为正整数)中取数。标准公比见表 3-1。

表 3-1　标准公比

φ	1.06	1.12	1.26	1.41	1.58	1.78	2
$\sqrt[E_1]{10}$	$\sqrt[40]{10}$	$\sqrt[20]{10}$	$\sqrt[10]{10}$		$\sqrt[5]{10}$	$\sqrt[4]{10}$	
$\sqrt[E_2]{2}$	$\sqrt[12]{2}$	$\sqrt[6]{2}$	$\sqrt[3]{2}$	$\sqrt{2}$			2

φ	1.06	1.12	1.26	1.41	1.58	1.78	2
A_{max}	5.7%	10.7%	20.6%	29.1%	36.7%	43.8%	50%
		1.06^2	1.06^4	1.06^6	1.06^8	1.06^{10}	1.06^{12}

当选定标准公比 φ 之后,转速数列可以直接从表 3-2 中查出。表中给出了公比为 1.06 的从 1~15000 的数列,其他公比的数列可由此派生得到。表 3-1 和表 3-2 均适用于转速、双行程和进给系列,也可以用于机床尺寸和功率参数等数列。

表 3-2　标准数列表

1	2	4	8	16	31.5	63	125	250	500	1000	2000	4000	8000
1.06	2.12	4.25	8.5	17	33.5	67	132	265	530	1060	2120	4250	8500
1.12	2.24	4.5	9.0	18	35.5	71	140	280	560	1120	2240	4500	9000
1.18	2.36	4.75	9.5	19	37.5	75	150	300	600	1180	2360	4750	9500
1.25	2.5	5.0	10	20	40	80	160	315	630	1250	2500	5000	10000
1.32	2.65	5.3	10.6	21.2	42.5	85	170	335	670	1320	2650	5300	10600
1.4	2.8	5.6	11.2	22.4	45	90	180	355	710	1400	2800	5600	11200
1.5	3.0	6.0	11.8	23.6	47.5	95	190	375	750	1500	3000	6000	11800
1.6	3.15	6.3	12.5	25	50	100	200	400	800	1600	3150	6300	12500
1.7	3.35	6.7	13.2	26.5	53	106	212	425	850	1700	3350	6700	13200
1.8	3.55	7.1	14	28	56	112	224	450	900	1800	3550	7100	14100
1.9	3.75	7.5	15	30	60	118	236	475	950	1900	3750	7500	15000

④标准公比的选用

由上述可知,公比 φ 选取得小一些,可以减少相对速度损失,但在一定变速范围内变速级数 Z 将增加,会使机床的结构复杂化。所以,对于用于大批量生产的自动化与半自动化机床,因为要求有较高的生产率,相对转速损失要小,故 φ 要取小一些,可取 $\varphi=1.12$ 或 1.25;对于大型机床,因其机动时间长,选择合理的切削速度对提高生产率作用较大,故 φ 也应取小一些,取 $\varphi=1.12$ 或 1.25;对于中型通用机床,通用性较大,要求转速级数 Z 大一些,但结构又不能过于复杂,常取 $\varphi=1.25$ 或 1.41;对于非自动化小型机床,其加工时间常比辅助时间短,转速损失对加工效率影响不大,可取 $\varphi=1.58$ 或 1.78,以简化机床的结构。

还须指出,如 $\varphi=1$,则 $A=0$,机床主轴无转速损失,为无级变速,即主轴可在任一最合理的转速下工作,而没有生产率损失。但此类机床主传动链应配置机械或电气的无级变速装置。

(2)进给运动参数

机床的进给运动大多数是直线运动,进给量用工件或刀具每转的位移表示,单位为 mm/r,如车床、钻床;也可以用每一往复行程的位移表示,如刨床、插床等。

机床进给量的变换可以采用无级变速和有级变速两种方式。

采用有级变速方式时,进给量一般为等比数列,其确定方法与主轴转速的确定方法相同。首先根据工艺要求,确定最大、最小进给量 f_{max}、f_{min},然后选择标准公比 φ_f 或进给量级数 Z_f,再由式(3-6)求出其他参数。对于螺纹加工机床,由于被加工螺纹的导程是分段等差级数,因此其进给量也只能是等差数列。刨床和插床采用棘轮机构实现进给运动,进给量大小靠每次拨动棘轮的整数个棘齿来改变,因此其进给量也是等差数列。而用交换齿轮改变进给量大小的自动车床,其进给量就不是按一定规律排列的了。

(3)变速形式与驱动方式选择

机床的主运动和进给运动的变速方式有无级和有级两种形式。变速形式的选择主要考虑机床自动化程度和成本两个因素。数控机床一般采用伺服电动机无级变速形式,其他机床多采用机械有级变速形式或无级与有级变速的组合形式。机床运动的驱动方式常用的有电动机驱动和液压驱动,驱动方式的选择主要根据机床的变速形式和运动特性要求来确定。

机床传动系统可分为机械传动、机电结合传动和零传动三种形式。

①机械传动形式。变速部分和传动部分均采用机械方式。传统普通机床的传动系统采用这种形式,随着电动机变速和控制技术的发展,这种传动系统在新产品设计中已经很少采用了。

②机电结合传动形式。变速部分采用电动机变速(或结合少量机械变速,但仍以电动机变速为主),传动部分采用机械方式。电动机采用交/直流伺服电动机或交流变频电动机或步进电动机,通过定比传动的同步带传动或齿轮传动将运动传给执行件。这种传动系统在数控机床中用得比较多,并已有相应功能部件商品出售。

③零传动形式。变速部分采用电动机变速,没有传动部分,故称为零传动。将直驱电动机与主轴集成为一体的电主轴;将直线电动机与滑台集成为一体的直线运动系统。这种传动形式在高速、精密数控机床中用得比较多。

4.动力参数

动力参数是指主运动、进给运动和辅助运动的动力消耗,它主要由机床的切削载荷和驱动的工件质量决定。对于专用机床,机床的功率可根据特定工序的切削用量计算或测定;对于通用机床,由于加工情况多变,切削用量的变化较大,且对传动系统中的摩擦损失及其他因素消耗的功率研究不充分等,目前单纯用计算的方法来确定功率是有困难的,故通常用类比、测试和近似计算几种方法互相校核来确定。下面介绍用近似计算的方法确定机床动力参数的步骤。

(1)主电动机功率的确定

消耗于切削的功率 $P_{切}$(单位为 kW),又称有效功率,计算公式如下:

$$P_{切} = \frac{F_Z v}{60000} \tag{3-8}$$

式中　F_Z——切削力,N,一般选择机床加工工艺范围内的重负荷时的切削力;

　　　v——切削速度,m/min,即与所选择的切削力对应的切削速度,可根据刀具材料、工件材料和所选用的切削用量等条件,由切削用量手册查得。

开始设计机床时,当主传动的结构方案尚未确定时,可用消耗于切削的功率 $P_{切}$ 和机床

总机械效率 $\eta_{总}$ 来估算主电动机的功率 $P_{主}$（单位为 kW），即

$$P_{主} = \frac{P_{切}}{\eta_{总}} \tag{3-9}$$

其中，$\eta_{总}$ 的取值，对于主运动为回转运动的机床，$\eta_{总} = 0.7 \sim 0.85$；主运动为直线运动的机床，$\eta_{总} = 0.6 \sim 0.7$（结构简单的取大值，复杂的取小值）。

　　当主传动的结构方案确定后，可由消耗于切削的功率 $P_{切}$ 和主传动的机械效率 $\eta_{机}$ 及消耗于空载运动的功率 $P_{空}$ 来估算主电动机的功率，即

$$P_{主} = \frac{P_{切}}{\eta_{机}} + P_{空} \tag{3-10}$$

其中，$\eta_{机}$ 为主传动系统中各传动副的机械效率的乘积。各种传动副的机械效率可参见《机械设计手册》。

　　空载功率是指机床空转时，由于各传动件的摩擦、搅油、空气阻力等，电动机要消耗一部分功率，其值与传动件的数目、转速以及预紧程度和装配质量有关，传动件数目越多、转速越高和预紧程度越大，则空载功率越大。中型机床主传动系统的空载功率可用下列经验公式进行估算：

$$P_{空} = \frac{K d_{平均}}{955000} \left(\sum n_i + C n_{主} \right) \tag{3-11}$$

$$C = C_1 \frac{d_{主}}{d_{平均}} \tag{3-12}$$

式中　$d_{平均}$——主运动系统中除主轴外所有传动轴的平均直径，cm，通常可按预计的主电动机功率计算

$$1.5 < P_{主} \leqslant 2.5 \text{ kW}, d_{平均} = 3.0 \text{ cm}$$
$$2.5 < P_{主} \leqslant 7.5 \text{ kW}, d_{平均} = 3.5 \text{ cm}$$
$$7.5 < P_{主} \leqslant 2.5 \text{ kW}, d_{平均} = 4.0 \text{ cm}$$

$n_{主}$——主轴转速，r/min；

$\sum n_i$——当主轴转速为 $n_{主}$ 时，传动系内除主轴外各传动轴的转速之和，r/min；

K——润滑油黏度影响系数，$K = 30 \sim 50$，黏度大时取大值；

$d_{主}$——主轴前后轴颈的平均值，cm；

C_1——主轴轴承系数。两支承主轴 $C_1 = 2.5$，三支承主轴 $C_1 = 3$。

　　式（3-9）、式（3-10）计算的 $P_{主}$ 是指电动机在允许的范围内超载时的功率。对于有些间断工作的机床，允许电动机在短时间内较大地超载工作，电动机的额定功率可按下式进行修正：

$$P_{额定} = \frac{P_{主}}{K} \tag{3-13}$$

式中　$P_{额定}$——选用电动机的额定功率，kW；

$P_{主}$——计算出的主电动机功率，kW；

K——电动机的超载系数，对连续工作的机床，$K = 1$；对间断工作的机床，$K = 1.1 \sim 1.25$，间断时间长，取较大值。

（2）进给驱动电动机功率或转矩的确定

当进给运动采用单独电动机驱动时，需要确定进给运动所需功率（或转矩）。对普通交流电动机，进给电动机功率 $P_{进}$（kW）可由下式计算：

$$P_{进} = \frac{F_Q v_{进}}{60000 \eta_{进}} \tag{3-14}$$

式中 F_Q——进给牵引力，N；

      $v_{进}$——进给速度，m/min；

      $\eta_{进}$——进给传动系统的机械效率。

进给牵引力等于进给方向上切削分力和摩擦力之和，其估算公式的例子见表 3-3。

表 3-3   进给牵引力计算

导轨形式	进给形式	
	水平进给	垂直进给
三角形或三角形与矩形组合导轨	$KF_Z + f'(F_X + F_G)$	$K(F_Z + F_G) + f'F_X$
矩形导轨	$KF_Z + f'(F_X + F_Y + F_G)$	$K(F_Z + F_G) + f'(F_X + F_Y)$
燕尾形导轨	$KF_Z + f'(F_X + 2F_Y + F_G)$	$K(F_Z + F_G) + f'(F_X + 2F_Y)$
钻床主轴		$F_Q \approx F_f + f\dfrac{2T}{d}$

表中

F_G——移动件的重力，N；

F_Z、F_X、F_Y——局部坐标系内，切削力在进给方向、垂直于导轨面方向、导轨的侧方向的分力，N；

F_f——钻削进给抗力，N；

f'——当量摩擦系数，在正常润滑条件下，铸铁对铸铁的三角形导轨的 $f' = 0.17 \sim 0.18$，矩形导轨的 $f' = 0.12 \sim 0.13$，燕尾形导轨的 $f' = 0.2$；铸铁对塑料的 $f' = 0.03 \sim 0.05$；滚动导轨的 $f' = 0.01$ 左右；

f——钻床主轴套筒的摩擦系数；

K——考虑颠覆力矩影响的系数，三角形和矩形导轨的 $K = 0.1 \sim 1.15$；燕尾形导轨的 $K = 1.4$；

d——主轴直径，mm；

T——主轴的转矩，N·mm。

对于数控机床的进给运动，伺服电动机按转矩选择，即

$$T_{进电} = \frac{9550 P_{进}}{n_{进电}} \tag{3-15}$$

式中 $T_{进电}$——进给电动机的转矩，N·m；

      $n_{进电}$——进给电动机的转速，r/min。

3.3   机床主传动系统设计

3.3.1   机床主传动系统设计应满足的基本要求

机床的主传动系统实现机床的主运动，其末端件直接参与切削加工，形成所需的表面和

加工精度,且变速范围宽,传递功率大,是机床中最重要的传动链。设计时应满足以下基本要求:

①满足机床的使用要求。机床主轴有足够的变速范围和转速级数;直线运动机床应有足够的双行程数范围和变速级数;合理地满足机床的自动化和生产率的要求;有良好的人机关系。

②满足机床传递动力的要求。主电动机和传动机构能提供和传递足够的功率和转矩,具有较高的传动效率。

③满足机床的工作性能要求。主传动中所有零部件要有足够的刚度、精度和抗振性,热变形特性稳定。

④满足经济性要求。传动链尽可能简短,零件数目要少,以便节省材料,降低成本。

3.3.2　主传动系统分类和传动方式

1.主传动系统分类

机床主传动系统按照变速的连续性,可分为有级变速和无级变速两类。

(1)有级变速

有级(或分级)变速是指在若干固定速度(或转速)级内不连续地变速。这是普通机床应用最广泛的一种变速方式。其传递功率大,变速范围大,传动比准确,工作可靠;但速度不能连续变化,有速度损失,传动不够平稳。通常由下述机构实现变速。

①滑移齿轮变速机构。该机构应用最普遍,其优点是:变速范围大,实现的转速级数多。变速较方便,可传递较大功率;非工作齿轮不啮合,空载功率损失较小。其缺点是:变速箱结构较复杂;滑移齿轮多采用直齿圆柱齿轮,承载能力不如斜齿圆柱齿轮;传动不够平稳;不能在运转中变速。滑移齿轮多采用双联和三联齿轮,结构简单,轴向尺寸小。个别也采用四联滑移齿轮,但轴向尺寸大,也可将四联齿轮分为两组双联齿轮,但需要连锁。

②交换齿轮变速机构。交换齿轮(又称为配换齿轮、挂轮)变速的优点是:结构简单,不需要操纵机构;轴向尺寸小,变速箱结构紧凑;主动齿轮与从动齿轮可以对调使用,齿轮数量少。其缺点是:更换齿轮费时费力;装于悬臂轴端,刚性差。该机构适用于不需要经常变速或者换挂轮时间对生产率影响不大,但要求结构简单紧凑的机床,如成批大量生产的某些自动或半自动机床、专门化机床等。

③多速电动机。多速交流异步电动机本身能够改为双速或三速。其优点是:在运动中变速,使用方便;简化变速箱的机械结构。其缺点是:多速电动机在高、低速时输出功率不同,若按低速小功率选定的电动机,在使用高速时大功率不能完全发挥能力;多速电动机体积较大,价格较高。多速电动机适用于自动或半自动机床、普通机床。

④离合器变速机构。机床主轴上有斜齿轮($\beta > 15°$)、人字齿轮,对于重型机床的传动齿轮,不能采用滑移齿轮变速,可采用齿轮式或牙签式离合器变速。其特点是:结构简单、外形尺寸小、传动比准确、工作中不打滑、能传递较大转矩,但不能在运转中变速。

(2)无级变速

无级变速是指在一定速度(或转速)范围内能连续、任意地变速。这种主传动系统的特点是:可选用最合理的切削速度,没有速度损失,生产率高,可在运转中变速,减少辅助时间,操纵方便,传动平稳等,因此在机床上的应用有所增加。无级变速装置有以下几种:

①机械无级变速器。靠摩擦传递转矩,通过摩擦传动副工作半径的变化实现无级变速。但机构较复杂,维修较困难,效率低;摩擦传动的压紧力较大,影响工作可靠性及寿命;变速范围较窄(变速比不超过 10),需要与有级变速箱串联使用。这种多用于中小型机床。

②液压无级变速器。通过改变单位时间内输入液压马达或液压缸的液体量来实现无级变速。其特点是变速范围较大、传动平稳、运动换向时冲击小、变速方便等。

③电气无级变速。采用直流和交流调速电动机来实现,主要用于数控机床、精密和大型机床。由于可以大大简化机械结构,便于实现自动变速、连续变速和负载下变速,电气无级变速的应用范围越来越广泛。目前,数控机床上大都采用电气无级变速。

数控机床和大型机床中,有时为了在变速范围内满足一定恒功率和恒转矩的要求,或为了进一步扩大变速范围,常在无级变速器后面串接机械分级变速装置。

2.主传动系统的传动方式

主传动系统的传动方式主要有两种:集中传动方式和分离传动方式。

(1)集中传动方式

把主轴组件和主传动的全部变速机构集中于同一个箱体内,称为集中传动方式,一般称该部件为主轴箱。目前,多数机床采用集中传动方式。如图 3-5 所示为铣床主变速箱传动系统图。其优点是:结构紧凑,便于实现集中操纵;箱体数少,在机床上安装、调整方便。缺点是:传动件的振动和发热会直接影响主轴的工作精度,降低加工质量。这种布局方式适用于普通精度的中型和大型机床。

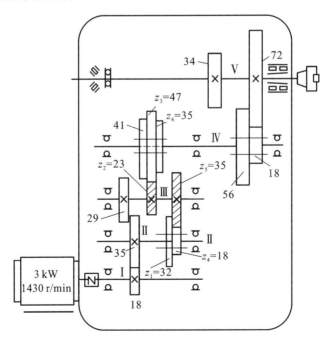

图 3-5　铣床主变速箱传动系统图

（2）分离传动方式

把主轴组件和主传动的大部分变速机构分离装于两个箱体内,然后通过传动带将运动传到主轴箱的传动方式,称为分离传动方式布局,如图3-6所示。将这两个部件分别称为主轴箱和变速箱,某些高速或精密机床采用这种传动方式。其优点是:变速箱的振动和热量不易传给主轴箱,减小主轴的振动和热变形,有利于提高机床工作精度。

在分离传动方式的主轴箱中,常采用背轮机构(图3-6中的齿轮27/63、17/58),其传动的作用是:当主轴高速运转时,运动由带传动经齿形离合器直接传动,主轴传动链短,使主轴在高速运转时比较平稳,空载损失小;当主轴低速运转时,运动由带传动经背轮机构的两对减速齿轮(27/63、17/58)传给主轴,以达到扩大变速范围的目的。分离传动方式的缺点是:箱体多,加工装配工作量大,成本较高,更换传动带不方便等。

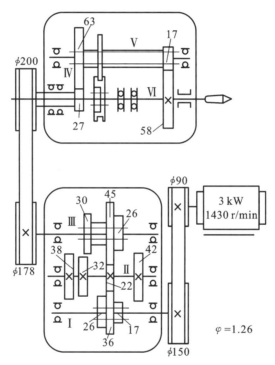

图 3-6　分离传动主变速传动系统图

3.3.3　分级变速主传动系统的设计

机床主运动传动设计的任务是按照已确定的运动参数、动力参数和传动方案,设计出经济合理、性能先进的传动系统。其主要设计内容为:拟定结构式、转速图,确定各传动副的传动比;确定带轮直径、齿轮齿数;布置、排列齿轮,绘制主运动传动系统图。

1.拟定转速图和结构式

（1）转速图

转速图是分析和设计机床变速系统的重要工具。在转速图中可以表示出传动轴的数目,传动轴之间的传动关系,主轴的各级转速及其传动路线,各传动轴的转速分级和转速,各传动副的传动比等。

图 3-7(a)所示为一中型卧式车床的主传动系统图,图 3-7(b)所示是其转速图。转速图由"一点三线"组成,即转速点、传动轴线、主轴转速线及传动线。

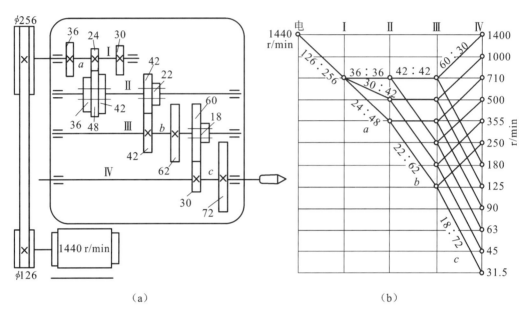

图 3-7　卧式车床主变速传动系统图和转速图

(a)变速传动系统图;(b)转速图

①转速点

用小圆圈或黑点表示主轴和各传动轴的转速值。

②传动轴线

用一组间距相等的竖直线代表传动系统中的各轴,从左到右按传动的先后顺序排列,轴号写在上面。竖直线之间距离相等是为了图示清楚,不代表各轴间的实际中心距。

③主轴转速线

当主轴的转速数列是等比数列时,两相邻转速之间具有下列关系:

$$\frac{n_2}{n_1}=\varphi,\frac{n_3}{n_2}=\varphi,\cdots,\frac{n_Z}{n_{Z-1}}=\varphi$$

两边取对数,得出

$$\lg n_2-\lg n_1=\lg\varphi$$
$$\lg n_3-\lg n_2=\lg\varphi$$
$$\vdots$$
$$\lg n_Z-\lg n_{Z-1}=\lg\varphi=常数$$

因此,若将转速图上的竖直线坐标取为对数坐标,则可用一组间距相等的水平线代表各级主轴转速。为了便于使用,通常习惯在转速图上直接写出转速的数值。

④传动线

两转速点之间的连线称为传动线,表示两轴间一对传动副的传动比 u,用主动齿轮与从动齿轮的齿数比或主动带轮与从动带轮的轮径比表示。传动比 u 与速比 i 互为倒数关系,即 $u=1/i$。若传动线是水平的,表示等速传动,传动比 $u=1$;若传动线向右下方倾斜,表示降速传动,传动比 $u<1$;若传动线向右上方倾斜,表示升速传动,传动比 $u>1$。

图 3-7(b)中,电动机轴与Ⅰ轴之间为传动带定比传动,其传动比为

$$u=\frac{126}{256}\approx\frac{1}{2}=\frac{1}{1.41^2}=\frac{1}{\varphi^2}$$

可知是降速传动,传动线向右下方倾斜两格。Ⅰ轴的转速为

$$n_1=1440\ \text{r/min}\times\frac{126}{256}=710\ \text{r/min}$$

轴Ⅰ—Ⅱ间的变速组 a 有三个传动副,其传动比分别为

$$u_{a1}=\frac{36}{36}=\frac{1}{1}=\frac{1}{\varphi^0}$$

$$u_{a2}=\frac{30}{42}=\frac{1}{1.41}=\frac{1}{\varphi}$$

$$u_{a3}=\frac{24}{48}=\frac{1}{2}=\frac{1}{\varphi^2}$$

在转速图上轴Ⅰ—Ⅱ之间有三条传动线,分别为水平、向右下方降一格、向右方下降两格。

轴Ⅱ—Ⅲ轴间的变速组 b 有两个传动副,其传动比分别为

$$u_{b1}=\frac{42}{42}=\frac{1}{1}=\frac{1}{\varphi^0}$$

$$u_{b2}=\frac{22}{62}=\frac{1}{2.82}=\frac{1}{\varphi^3}$$

在转速图上,Ⅱ轴的每一转速都有两条传动线与Ⅲ轴相连,分别为水平和向右下方降三格。由于Ⅱ轴有三种转速,每种转速都通过两条线与Ⅲ轴相连,故Ⅲ轴共得到 $3\times2=6$ 种转速。连线中的平行线代表同一传动比。

Ⅲ—Ⅳ轴之间的变速组 c 也有两个传动副,其传动比分别为

$$u_{c1}=\frac{60}{30}=\frac{2}{1}=\frac{\varphi^2}{1}$$

$$u_{c2}=\frac{18}{72}=\frac{1}{4}=\frac{1}{\varphi^4}$$

在转速图上,Ⅲ轴上的每一级转速都有两条传动线与Ⅳ轴相连,分别为向右上方升两格和向右下方降四格。故Ⅳ轴的转速共为 $3\times2\times2=12$ 级。

综上所述,转速图可以很清楚地表示主轴的各级转速的传动路线,得到这些转速所需要的变速组数目及每个变速组中的传动副数目、各个传动比的数值、传动轴的数目、传动顺序及各轴的转速级数与大小。

（2）结构式

设计分级变速主传动系统时，为了便于分析和比较不同传动设计方案，常使用结构式形式，如 $12=3_1\times2_3\times2_6$。式中，12 表示主轴的转速级数为 12 级，3、2、2 分别表示按传动顺序排列各变速组的传动副数，即该变速传动系统由 a、b、c 三个变速组组成，其中，a 变速组的传动副数为 3，b 变速组的传动副数为 2，c 变速组的传动副数为 2。结构式中的下标 1、3、6，分别表示出各变速组的级比指数。

变速组的级比是指在主动轴上同一点传往从动轴相邻两传动线传动比的比值，用 φ^{X_i} 表示。级比 φ^{X_i} 中的指数 X_i 值称为级比指数，它相当于上述相邻两传动线与从动轴交点之间相距的格数。

设计时要使主轴转速为连续的等比数列，必须有一个变速组的级比指数为 1，此变速组称为基本组。基本组的级比指数用 X_0 表示，即 $X_0=1$，如本例的（3_1）即为基本组。后面变速组因起变速扩大作用，所以统称为扩大组。第一扩大组的级比指数 X_1 一般等于基本组的传动副数 P_0，即 $X_1=P_0$。如本例中基本组的传动副数 $P_0=3$，变速组 b 为第一扩大组，其级比指数为 $X_1=3$。经扩大后，Ⅲ轴得到 $3\times2=6$ 种转速。

第二扩大组的作用是将第一扩大组扩大的变速范围第二次扩大，其级比指数 X_2 等于基本组的传动副数和第一扩大组传动副数的乘积，即 $X_2=P_0P_1$。本例中的变速组 c 为第二扩大组，级比指数 $X_2=P_0P_1=3\times2=6$，经扩大后使Ⅳ轴得到 $3\times2\times2=12$ 种转速。如有更多的变速组，则依次类推。

图示方案是传动顺序和扩大顺序相一致的情况，若将基本组和各扩大组采取不同的传动顺序，还有许多方案。例如，$12=3_2\times2_1\times2_6$，$12=2_3\times3_1\times2_6$ 等。

综上所述，结构式简单、直观，能清楚地显示出变速传动系中主轴转速级数 Z、各变速组的传动顺序、传动副数 P_i 和各变速组的级比指数 X_i，其一般表达式为

$$Z=(P_a)_{X_a}\times(P_b)_{X_b}\times(P_c)_{X_c}\times\cdots\times(P_i)_{X_i}$$

2.主变速传动系统设计的一般原则

（1）确定传动顺序及传动副数的原则

以 12 级转速为例，其传动方案有

$$12=6\times2\times1,12=2\times6\times1,12=4\times3\times1,12=3\times4\times1$$
$$12=3\times2\times2,12=2\times3\times2,12=2\times2\times3$$

在变速级数 Z 一定时，减少变速组个数势必会增加各变速组的传动副数，并且会由于降速过快而导致齿轮的径向尺寸增大，为使变速箱中的齿轮个数最少，每个变速组的传动副数最好取 $2\sim3$ 个。

主变速传动系统从电动机到主轴，通常为降速传动，接近电动机的传动件转速较高，传递的转矩较小，尺寸小一些；反之，靠近主轴的传动件转速较低，传递的转矩较大，尺寸就较大。因此，在拟定主变速传动系统时，从传动顺序来讲，应尽可能将传动副较多的变速组安排在前面，传动副少的变速组放在后面，即传动顺序的"前多后少"的原则，使主变速传动系统中更多的传动件在高速范围内工作，尺寸小一些，以便节省变速箱的造价，减小变速箱的

外形尺寸。总之,应采用三联或双联滑移齿轮变速组,且三联滑移齿轮变速组在前,即 $3\geqslant P_a\geqslant P_b\geqslant P_c\geqslant\cdots\geqslant P_j$。按此原则,上述传动方案中以 $12=3\times2\times2$ 为好。

(2)确定扩大顺序的原则

当变速传动系统中各变速组顺序确定之后,还有多种不同的扩大顺序方案。例如,$12=3\times2\times2$ 方案,有下列 6 种扩大顺序方案:

$$12=3_1\times2_3\times2_6,12=3_2\times2_1\times2_6,12=3_4\times2_1\times2_2$$
$$12=3_1\times2_6\times2_3,12=3_2\times2_6\times2_1,12=3_4\times2_2\times2_1$$

从上述 6 种方案中,比较 $12=3_1\times2_3\times2_6$[图 3-8(a)]和 $12=3_2\times2_1\times2_6$[图 3-8(b)]两种扩大顺序方案。

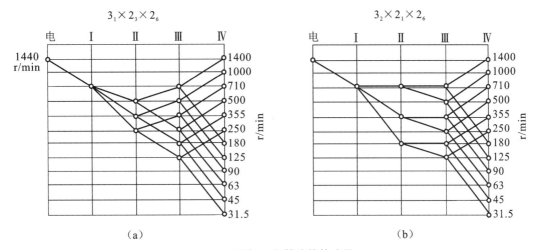

图 3-8　两种 12 级转速的转速图

(a)$12=3_1\times2_3\times2_6$;(b)$12=3_2\times2_1\times2_6$

图 3-8(a)所示的方案中,变速组的扩大顺序与传动顺序一致,即基本组在最前面,依次为第一扩大组、第二扩大组(即最后扩大组),各变速组变速范围逐渐扩大。图 3-8(b)所示方案则不同,第一扩大组在最前面,然后依次为基本组、第二扩大组。

将图 3-8(a)、图 3-8(b)两方案相比较,后一种方案因第一扩大组在最前面,Ⅱ轴的转速范围比前一种方案的大。如两种方案Ⅱ轴的最高转速一样,后一种方案Ⅱ轴的最低转速较低,在传递相等功率的情况下,受到的转矩较大,传动件的尺寸也就比前一种方案大。将图 3-8(a)所示方案与其他多种扩大顺序方案相比,可以得出同样的结论。

因此,在设计主变速传动系统时,尽可能做到变速组的传动顺序与扩大顺序相一致。由转速图可发现,当变速组的扩大顺序与传动顺序相一致时,前面变速组的传动线分布紧密,而后面变速组的传动线分布较疏松,考虑到传动顺序中有"前多后少"的原则,这里称为扩大顺序的"前密后疏"原则。

(3)变速组的变速范围及极限传动比原则

变速组中最大与最小传动比的比值,称为该变速组的变速范围,即

$$R_i=(u_{\max})_i/(u_{\min})_i\qquad(i=0,1,2,\cdots,j)$$

在图 3-7 中,基本组的变速范围

$$R_0 = u_{a1}/u_{a3} = 1/\varphi^{-2} = \varphi^2 = \varphi^{X_0(P_0-1)}$$

第一扩大组的变速范围

$$R_1 = u_{b1}/u_{b2} = 1/\varphi^{-3} = \varphi^3 = \varphi^{X_1(P_1-1)}$$

第二扩大组的变速范围

$$R_2 = u_{c1}/u_{c3} = \varphi^2/\varphi^{-4} = \varphi^6 = \varphi^{X_2(P_2-1)}$$

由此可见,变速组的变速范围一般可写为

$$R_i = \varphi^{X_i(P_i-1)} \tag{3-16}$$

其中,$i=0,1,2,\cdots,j$,依次表示基本组、1、2、$\cdots$、j 扩大组。

由式(3-16)可知,变速组的变速范围 R_i 值中 φ 的指数 $X_i(P_i-1)$,就是变速组中最大传动比的传动线与最小传动比的传动线所拉开的格数。

设计机床主变速传动系统时,为避免从动齿轮尺寸过大而增加箱体的径向尺寸,一般限制降速最小传动比 $u_{主min} \geqslant 1/4$;为避免扩大传动误差,减少振动噪声,一般限制直齿圆柱齿轮的最大升速比 $u_{主max} \leqslant 2$,斜齿圆柱齿轮传动较平稳,可取 $u_{主max} \leqslant 2.5$。因此,各变速组的变速范围相应受到限制,主传动各变速组的最大变速范围为

$$R_{主max} = \frac{u_{主max}}{u_{主min}} \leqslant \frac{2\sim2.5}{0.25} = 8\sim10$$

主轴的变速范围应等于主变速传动系统中各变速组变速范围的乘积,即

$$R_n = R_0 R_1 R_2 \cdots R_j$$

检查变速组的变速范围是否超过极限值时,只需检查最后一个扩大组。因为其他变速组的变速范围都比最后扩大组的小,只要最后扩大组的变速范围不超过极限值,其他变速组更不会超出极限值。

例如,$12 = 3_1 \times 2_3 \times 2_6$,$\varphi = 1.41$,其最后扩大组的变速范围

$$R_2 = 1.41^{6(2-1)} = 8$$

等于 $R_{主max}$ 值,符合要求,则其他变速组的变速范围肯定也符合要求。

又如,$12 = 2_1 \times 2_2 \times 3_4$,$\varphi = 1.41$,其最后扩大组的变速范围

$$R_2 = \varphi^{4(3-1)} = \varphi^8 = 16$$

超出 $R_{主max}$ 值,是不允许的。

从式(3-16)可知,为使最后扩大组的变速范围不超出允许值,最后扩大组的传动副一般取 $P_j = 2$ 较合适。

(4)确定最小传动比的原则

为使更多的传动件在相对高速下工作,减小变速箱的结构尺寸,除在传动顺序上前多后少,扩大顺序上前密后疏外,最小传动比应采取前缓后急的原则,也称为递降原则,即在传动顺序上,越靠前最小传动比越大,越靠后最小传动比越小,最后变速组的最小传动比常取 $1/4$,也就是 $u_{amin} \geqslant u_{bmin} \geqslant u_{cmin} \geqslant \cdots \geqslant 1/4$。但是,中间轴的转速不应过高,以免产生振动、发热和噪声,通常中间轴的最高转速不超过电动机的转速。

由于制造安装等原因,传动件工作中有转角误差。传动件在传递转矩和运动的同时,也

将其自身的转角误差按传动比的大小放大、缩小,依次向后传递,最终反映到执行件上。如果最后变速组的传动比小于1,就会将前面各传动件传递来的转角误差缩小,传动比越小,传递来的误差缩小倍数就越大,从而提高传动链的精度。因此,采用先缓后急的最小传动比原则,有利于提高传动链末端执行件的旋转精度。

另外,传动比不能超过极限传动比的限制。为计算和绘制转速图方便,各变速组的最小传动比应尽量为公比的整数次幂。

一般情况下,设计传动链时应遵循上述原则。但具体情况还要灵活运用,如采用双速电动机驱动时,电动机的级比为2,但一般机床主传动的公比不会为2。所以,电动机不可能是基本组,只能为第一扩大组,传动顺序和扩大顺序不一致,但是却使结构大为简化,减少变速组和传动件数目。图3-9所示的卧式车床主变速传动系统中,轴Ⅰ上安装有双向摩擦离合器,占据一定轴向长度,为使轴Ⅰ不致过长,第一变速组为双联滑移齿轮变速组,第二变速组为三联滑移齿轮变速组,传动顺序中传动副数不是前多后少;轴Ⅰ上的双向摩擦离合器径向尺寸较大,为了使第一变速组齿轮的中心距不致过大,第一变速组采用升速传动。

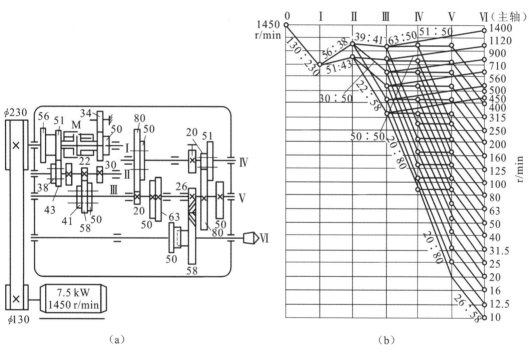

图 3-9 卧式车床主变速传动系统图及转速图

(a)传动系统图;(b)转速图

3.主变速传动系统的几种特殊设计

前面论述了主变速传动系统的常规设计方法。在实际应用中,还常常采用多速电动机传动、交换齿轮传动和公用齿轮传动等特殊设计。

(1)具有多速电动机的主变速传动系统设计

采用多速异步电动机和其他方式联合使用,可以简化机床的机械结构,使用方便,并可以在运转中变速,适用于半自动、自动机床及普通机床。机床上常用双速或三速电动机,其同步转速为(750/1500) r/min、(1500/3000) r/min、(750/1500/3000) r/min,电动机的变速范围为 2~4,级比为 2。也有采用同步转速为(1000/1500) r/min、(750/1000/1500) r/min的双速和三速电动机,双速电动机的变速范围为 1.5,三速电动机的变速范围是 2,级比为 1.33~1.5。多速电动机总是在变速传动系统的最前面,作为电变速组。电动机变速范围为 2 时,变速传动系统的公比 φ 应是 2 的整数次方根。例如,公比 $\varphi = 1.26$,是 2 的 3 次方根,基本组的传动副数应为 3,把多速电动机当作第一扩大组。又如,$\varphi = 1.41$,是 2 的 2 次方根,基本组的传动副数应为 2,多速电动机同样当作第一扩大组。

图 3-10 所示为多刀半自动车床的主变速传动系统。采用双速电动机,电动机变速范围为 2,转速级数共 8 级。公比 $\varphi = 1.41$,其结构式为 $8 = 2_2 \times 2_1 \times 2_4$,电变速组作为第一扩大组,Ⅰ—Ⅱ轴间的变速组为基本组,传动副数为 2,Ⅱ—Ⅲ轴间的变速组为第二扩大组,传动副数为 2。

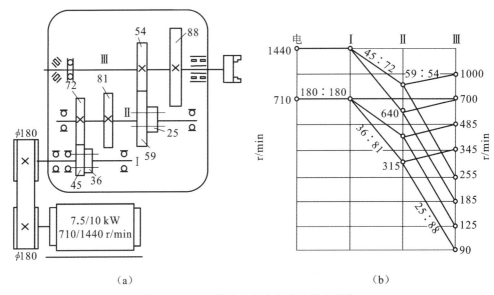

图 3-10 多刀半自动车床主变速传动系统

(a)传动系统图;(b)转速图

多速电动机的最大输出功率是与转速有关,即电动机在低速和高速时输出的功率不同。在本例中,当电动机转速为 710 r/min 时,即主轴转速为 90 r/min、125 r/min、345 r/min、485 r/min 时,最大输出功率为 7.5 kW;当电动机转速为 1440 r/min 时,即主轴转速为 185 r/min、255 r/min、700 r/min、1000 r/min 时,功率为 10 kW。为使用方便,主轴在一切转速下,电动机功率都定为 7.5 kW。所以,采用多速电动机的缺点之一就是当电动机在高速时,没有完全发挥其能力。

(2)具有交换齿轮的变速传动系统

对于成批生产用的机床,如自动或半自动车床、专用机床、齿轮加工机床等,加工中一般不需要变速或仅在较小范围内变速;但换一批工件加工,有可能需要变换成别的转速或在一定的转速范围内进行加工。为简化结构,常采用交换齿轮变速方式,或将交换齿轮与其他变速方式(如滑移齿轮、多速电动机等)组合应用。交换齿轮用于每批工件加工前的变速调整,其他变速方式则用于加工中变速。

为了减少交换齿轮的数量,相啮合的两齿轮可互换位置安装,即互为主动、从动齿轮。反映在转速图上,交换齿轮的变速组应设计成对称分布。图3-11所示的液压多刀半自动车床主变速传动系统,在Ⅰ—Ⅱ轴间采用了交换齿轮,Ⅱ—Ⅲ轴间采用双联滑移齿轮。一对交换齿轮互换位置安装,在Ⅱ轴上可得到两级转速,在转速图上是对称分布的。

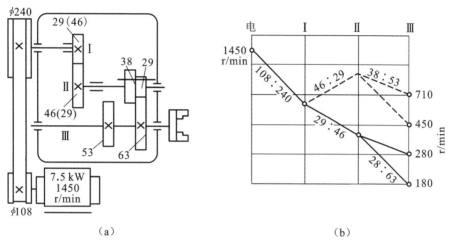

(a)   (b)

图 3-11 具有交换齿轮的主变速传动系统

(a)传动系统图;(b)转速图

交换齿轮变速可以用少量齿轮,得到多级转速,不需要操纵机构,变速箱结构大大简化。缺点是更换交换齿轮较费时费力,如果装在变速箱外,润滑密封较困难;如装在变速箱内,则更换麻烦。

(3)采用公用齿轮的变速传动系统

在变速传动系统中,既是前一变速组的从动齿轮,又是后一变速组的主动齿轮,称为公用齿轮。采用公用齿轮可以减少齿轮的数目,简化结构,缩短轴向尺寸。按相邻变速组内公用齿轮的数目,常用的有单公用齿轮和双公用齿轮。

采用公用齿轮时,两个变速组的模数必须相同。因为公用齿轮轮齿受的弯曲应力属于对称循环,弯曲疲劳许用应力比非公用齿轮要低,因此,应尽可能选择变速组内较大的齿轮作为公用齿轮。

在图3-5所示的铣床主变速箱传动系统图中采用的是双公用齿轮传动,图中画斜线的齿轮$z_2 = 23$和$z_5 = 35$为公用齿轮。

4.扩大传动系统变速范围的方法

由式(3-16)可知,主变速传动系统最后一个扩大组的变速范围为

$$R_j = \varphi^{P_0 P_1 P_2 \cdots P_{j-1}(P_j-1)}$$

设主变速传动系统总变速级数为Z,当然

$$Z = P_0 P_1 P_2 \cdots P_{j-1} P_j$$

通常,最后扩大组的变速级数 $P_j=2$,则最后扩大组的变速范围为 $R_j=\varphi^{Z/2}$。

由于极限传动比限制,$R_j\leqslant8=1.41^6=1.26^9$,即当 $\varphi=1.41$ 时,主变速传动系统的总变速级数 $\leqslant12$,最大可能达到的变速范围 $R_n=1.41^{11}\approx45$;当 $\varphi=1.26$ 时,总变速级数 $\leqslant18$,最大可能达到的变速范围 $R_n=1.26^{17}\approx50$。

上述的变速范围常不能满足通用机床的要求,一些通用性较高的车床和镗床的变速范围为 $140\sim200$,甚至超过 200。可用下述方法来扩大变速范围:增加变速组,采用背轮机构,采用双公比传动和分支传动。

(1)增加变速组

在原有的变速传动系统内再增加一个变速组,是扩大变速范围最简便的方法。但由于受变速组极限传动比的限制,增加的变速组的级比指数往往不得不小于理论值,并导致部分转速的重复。例如,公比为 $\varphi=1.41$、结构式为 $12=3_1\times2_3\times2_6$ 的常规变速传动系统,其最后扩大组的级比指数为 6,变速范围已达到极限值 8。如再增加一个变速组作为最后扩大组,理论上其结构式应为:$24=3_1\times2_3\times2_6\times2_{12}$,最后扩大组的变速范围将等于 $1.41^{12}=64$,大大超出极限值,这是无法实现的。需将新增加的最后扩大组的变速范围限制在极限值内,其级比指数仍取 6,使其变速范围 $R_3=1.41^6=8$。这样做的结果是在最后两个变速组 $2_6\times2_6$ 中重复了一个转速,只能得到 3 级变速,传动系统的变速级数只有 $3\times2\times(2\times2-1)=18$ 级,重复了 6 级转速,如图 3-12 中 V 轴上的黑点所示,变速范围可达 $R_n=1.41^{18-1}=344$,结构式可写成

$$18=3_1\times2_3\times(2_6\times2_6-1)$$

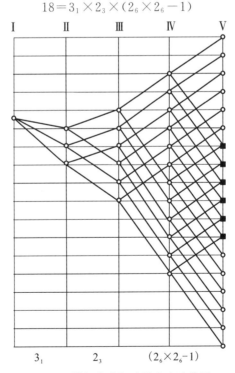

图 3-12　增加变速组以扩大变速范围

（2）采用背轮机构

背轮机构又称回曲机构，其传动原理如图 3-13 所示。

主动轴 I 和从动轴 III 同轴线。当滑移齿轮 z_1 处于最右位置时，离合器 M 接合，齿轮 z_1 与齿轮 z_2 脱离啮合，运动由主动轴 I 传入，直接传到从动轴 III，传动比为 $u_1 = 1$。当滑移齿轮 z_1 处于最左位置时，离合器 M 脱开，齿轮 z_1 与齿轮 z_2 啮合，运动经背轮 z_1/z_2 和 z_3/z_4 降速传至轴 III。如降速传动比取极限值 $u_{\min} = 1/4$，经背轮降速可得传动比 $u_2 = 1/16$。因此，背轮机构的极限变速范围 $R_{\max} = u_1/u_2 = 16$，达到了扩大变速范围的目的。这类机构在机床上应用得较多。设计时应注意当高速直联传动时（图例为离合器 M 接通），应使背轮脱开，以减少空载功率损失、噪声和发热，以及避免超速现象。图 3-13 所示的背轮机构不符合上述要求，当离合器 M 接合后，轴 III 高速旋转，轴上的大齿轮 z_4 倒过来传动背轮轴，使其以更高的速度旋转。

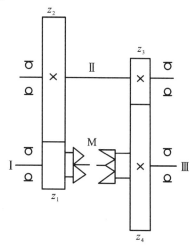

图 3-13　背轮机构

（3）采用双公比的传动系统

在通用机床的使用中，每级转速使用的机会不太相同。经常使用的转速一般是在转速范围的中段，转速范围的高、低段使用得较少。双公比传动系统就是针对这一情况而设计的。主轴的转速数列有两个公比，转速范围中经常使用的中段采用小公比，不经常使用的高、低段用大公比。图 3-14 所示是具有 16 速双公比的转速图，转速范围中段的公比为 $\varphi_1 = 1.26$，高、低段的公比为 $\varphi_2 = \varphi_1^2 = 1.58$。

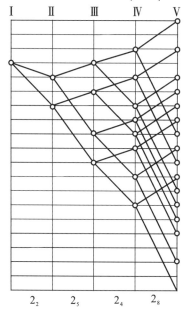

图 3-14　采用双公比的转速图

双公比变速传动系统是在常规变速传动系统基础上，通过改变基本组的级比指数演变来的。设常规变速传动系统 $16 = 2_2 \times 2_1 \times 2_4 \times 2_8$，$\varphi = 1.26$，变速范围 $R_n = \varphi^{16-1} = 32$，基本组是第二个变速组，其级比指数 $X_0 = 1$；如要演变成双公比变速传动系统，基本组的传动副数 P_0 常选为 2。将基本组的级比指数 $X_0 = 1$ 增大到 $1 + 2n$，n 是大于 1 的正整数。本例中，$n = 2$，基本组的级比指数为 5，结构式变成 $16 = 2_2 \times 2_5 \times 2_4 \times 2_8$，就成为图 3-14 所示的转速图。从图上可以看到，主轴转速范围的高、低段各出现 $n = 2$ 个转速空挡，各有 2 级转速的公比等于 $\varphi^2 = 1.58$，比原来常规变速传动系统增加了 4 级转速的变速范围，即从原来的变速范围 32 增加到 $R_n = \varphi^{20-1} = 80$。

（4）采用分支传动

分支传动是指在串联形式变速传动系统的基础上，增加并联分支以扩大变速范围。图 3-9 所示为 400 mm 卧式车床主变速传动系统图及转速图。电动机经轴 I、

轴Ⅱ、轴Ⅲ……直到轴Ⅴ,组成串联形式的变速传动系统,$\varphi=1.26$,其结构式为

$$18=2_1\times3_2\times(2_6\times2_6-1)$$

理论上,最后扩大组的级比指数应是12,变速范围为16,超过了变速组的极限变速范围8。最后扩大组的级比指数如取9,正好达到极限变速范围。为了减小齿轮的尺寸,本例取6,出现6级转速的重复,通过一对斜齿轮26/58,使主轴Ⅵ得到10～500 r/min共18级转速。在轴Ⅲ和主轴Ⅵ之间增加了一个升速传动副63/50,构成高速分支传动。主轴得到450～1400 r/min共6级高转速。

上述分支传动系统的结构式可写为

$$24=2_1\times3_2\times[1+(2_6\times2_6-1)]$$

其中,"×"号表示串联,"+"号表示并联,"-"号表示转速重复。

本例主变速传动系统采用分支传动方式,变速范围扩大到 $R_n=1400/10=140$。采用分支传动方式除了能较大地扩大变速范围外,还具有缩短高速传动路线、提高传动效率、减少噪声的优点。

5.齿轮齿数的确定

当各变速组的传动比确定之后,可确定齿轮齿数、带轮直径。对于定比传动的齿轮齿数和带轮直径,可依据《机械设计手册》推荐的计算方法确定。对于变速组内齿轮的齿数,如传动比是标准公比的整数次方时,变速组内每对齿轮的齿数和 S_z 及小齿轮的齿数可从表3-4中选取。在表中,横坐标是齿数和 S_z;纵坐标是传动副的传动比 u;表中所列值是传动副的从动齿轮齿数;齿数和 S_z 减去从动齿轮齿数就是主动齿轮齿数。表中所列的 u 值全大于1,即全是升速传动。对于降速传动副,可取其倒数查表,查出的齿数则是主动齿轮齿数。

表 3-4　各种常用传动比的适用齿数

u	S_z																				
---	40	41	42	43	44	45	46	47	48	49	50	51	52	53	54	55	56	57	58	59	60
1.00	20		21		22		23		24		25		26		27		28		29		30
1.06		20		21		22		23									27		28		29
1.12	19							22		23		24		25		26		27		28	
1.19					20		21		22		23					25		26		27	
1.25		19		19		20					22		23		24		25			26	
1.33	17		18		19			20		21			22		23		24		25		
1.41		17					19		20			21		22		23			24		25
1.50	16					18			19		20		21			22		23			24
1.60		16		17				18		19			20			21		22		23	23
1.68	15			16								19		20		21				22	
1.78			15					17		18				19			20		21		
1.88	14			15			16			17			18			19			20		21

u	S_z																				
	40	41	42	43	44	45	46	47	48	49	50	51	52	53	54	55	56	57	58	59	60
2.00			14			15			16			17			18			19			20
2.11				14			15			16			17			18			19		
2.24			13			14			15			16			17			18			
2.37				13				14			15			16			17				
2.51			12			13			14				15			16					17
2.66				12				13			14				15				16	16	
2.82																					
2.99						12							13				14				15
3.16																					
3.35																					
3.55																					
3.76																					
3.98																					
4.22																					
4.47																					
4.73																					

u	S_z																				
	61	62	63	64	65	66	67	68	69	70	71	72	73	74	75	76	77	78	79		
1.00		31		32		33		34		35		36		37		38		39			
1.06		30		31		32		33		34		35		36		37		38			
1.12		29		30		31		32		33		34		35		36	36	37	37		
1.19	28		29	29		30		31		32		33		34	34	35	35		36		
1.25	27		28		29	29		30		31		32		33	33		34		35		
1.33	26		27		28			29		30		31			32		33		24		
1.41			26		27		28	28		29		30	30		31		32		33		
1.50				26		37	27		28		29	29			30		31	31			
1.60		24		25		26			27		28	28			29		30	30			
1.68		23		24			25		26	26		27	27		28		29	29			
1.78	22			23				24		25	25		26		27			28			
1.88	21		22	22		23	23		24			25		26			27				

续表3-4

u	S_z																				
	61	62	63	64	65	66	67	68	69	70	71	72	73	74	75	76	77	78	79		
2.00			21			22			23			24			25			26			
2.11		20		21	21		22	22		23	23		24	24			25				
2.24	19	19		20			21			22	22		23	23		24	24				
2.37	19			19			20	20				21			22			23			
2.51			18			19	19			20	20		21	21			22	22			
2.66		17				18			19	19			20	20			21				
2.82	16			17			18	18				19	19			20	20				
2.99			16			17	17			18	18			19	19			20			
3.16					16	16			17	17				18				19			
3.35							16	16					17					18	18		
3.55											16	16					17	17			
3.76										15	15					16	16				
3.98																					
4.22																					
4.47																					
4.73																					

u	S_z																				
	80	81	82	83	84	85	86	87	88	89	90	91	92	93	94	95	96	97	98	99	100
1.00	40		41		42		43		44		45		46		47		48	49	49	50	50
1.06	39		40	40	41	41	42	42	43	43	44	44	45	46	46	47	47		48		
1.12	38	38		39		40		41		42		43		43	44	45	45	46	46	47	47
1.19		37		38		39	39	40	40	41	41		42		43		44	44	45	45	45
1.25		36	36	37	37		38		39		40	41	41		42		43			44	44
1.33	34	35	35		36		37	37	38	38		39		40	40	41	41		42		43
1.41	33		34		35	35		36		37	37	38	38		39		40	40		41	
1.50	32		33	33		54		35	35		36		37	37	38	38		39	39	40	40
1.60	31		32	32		33	33		34		35	35		36		37	37		38	38	39
1.68	30	30		31		32	32		33	33		34		35	35		36	36		37	37
1.78	29	29		30	30		31			32		33	33		34	34		35	35		36
1.88	28	28		29	29		30	30		31	31		32	32		33	33		34	34	35

续表3-4

u	S_z																			
	80	81	82	83	84	85	86	87	88	89	90	91	92	93	94	95	96	97	98	99	100
2.00		27			28		29	29		30	30		31	31		32			33	33	
2.11		26			27		28	28		29	29		30	30		31	31		32	32	
2.24		25			26	26		27	27			28	28		29	29		30	30		31
2.37		24		25	25		26	26			27	27		28	28		29	29			
2.51	23	23		24	24		25	25			26	26		27	27			28	28		
2.66	22	22		23	23		24	24			25	25			26	26		27	27		
2.82	21	21		22			23	23			24	24			25	25			26	26	
2.99	20		21	21			22	22			23	23			24	24			25	25	
3.16	19		20	20			21	21			22	22			23	23			24	24	
3.35			19	19			20	20	20		21	21			22	22			23	23	
3.55		18	18	18			19	19			20	20	20			21	21			22	22
3.76	17	17			18	18				19	19				20	20			21	21	
3.98	16	16			17	17	17			18	18	18			19	19	19			20	20
4.22			16	16				17	17	17			18	18	18				19	19	19
4.47		15	15	15				16	16				17	17	17			18	18	18	18
4.73	14	14				15	15	15			16	16	16					17	17	17	16

u	S_z																			
	101	102	103	104	105	106	107	108	109	110	111	112	113	114	115	116	117	118	119	120
1.00	51	51	52	52	53	53	54	54	55	55	56	56	57	57	58	58	59	59	60	60
1.06	49		50		51		52		53	53	54	54	55	55	56	56	57	57	58	58
1.12		48		49		50		51	51	52	52	53	53	54	54	55	55	56	56	57
1.19	46		47		48		49	49	50	50	51	51	52	52		53		54	54	55
1.25	45	45		46	47	47		48	48	49	49	50	50	51	51		52	52	53	53
1.33	43	44	44		45		46	46	47	47	48	48		49	49	50	50	51	51	52
1.41	42	42	43	43		44	44	45	45	46	46		47	47	48	48		49	49	50
1.50		41	41	42	42		43	43	44	44		45	45	46	46		47	47	48	48
1.60	39		40	40	41	41	41	42	42		43	43	44	44		45	45	46	46	46
1.68	38	38		39	39		40	40	41	41		42	42		43	43	44	44	44	45
1.78	36	37	37		38	38		39	39		40	40	41	41	41	42	42		43	43
1.88	35		36	36		37	37		38	38		39	39		40	40		41	41	42

续表3-4

u	S_z																			
	101	102	103	104	105	106	107	108	109	110	111	112	113	114	115	116	117	118	119	120
2.00	34	34		35	35		36	36		37	37		38	38	38	39	39	39	40	40
2.11		33	33		34	34		35	35	35	36	36	36		37		37	38	38	
2.24	31		32	32		33	33	33	34	34	34		35	35		36	36		37	37
2.37	30	30		31	31		32	32	32		33	33		34	34		35	35	35	
2.51	29	29			30	30		31	31	31		32	32		33	33	33		34	34
2.66		28	28			29	29	29		30	30	30		31	31		32	32	32	33
2.82		27	27	27		28	28	28		29	29	29		30	30			31	31	
2.99			26	26	26		27	27		38	38			29	29				36	30
3.16	24		25	25	25		26	26	26			27	27			28	28			29
3.35	23			24	24			25	25	25		26	26	26			27	27		
3.55	22			23	23	23		24	24	24			25	25	25		26	26		26
3.76	21			22	22	22		23	23	23			24	24	24			25	25	25
3.98	20		21	21	21	21		22	22	22	22		23	23	23	23		24	23	24
4.22			20	20	20	20		21	21	21	21		22	22	22	22			23	23
4.47			19	19				20	20		20		21	21	21	21			22	22
4.73		18	18	18				19	19	19			20	20	20	20			21	21

现举例说明表3-4的用法。图3-8(b)中的变速组a有三个传动副，其传动比分别是$u_{a1}=1$，$u_{a2}=1/1.41$，$u_{a3}=1/2$。后两个传动比小于1，取其倒数即按$u=1$，1.4和2查表。在合适的齿数和S_z范围内，查出存在上述三个传动比的S_z分别有

$$u_{a1}=1 \qquad S_z=\cdots,60,62,64,66,68,70,72,74,\cdots$$
$$u_{a2}=1.41 \qquad S_z=\cdots,60,63,65,67,68,70,72,73,75,\cdots$$
$$u_{a3}=2 \qquad S_z=\cdots,60,63,66,69,72,75,\cdots$$

如变速组内所有齿轮的模数相同，并是标准齿轮，则三对传动副的齿数和S_z应该是相同的。符合上述条件的有$S_z=60$或72。如取$S_z=72$，从表中可查出三个传动副的主动齿轮齿数分别为36、30和24，则可算出三个传动副的齿轮齿数为$u_{a1}=36/36$，$u_{a2}=30/42$，$u_{a3}=24/48$。

确定齿轮齿数时，选取合理的齿数和是很关键的。齿轮的中心距取决于传递的转矩。一般来说，主变速传动系统是降速传动系统，越后面的变速组传递的转矩越大，因此中心距也越大。为简化工艺，变速传动系统内各变速组的齿轮模数最好一样，通常不超过2~3种模数。因此，越后面的变速组的齿数和选择较大值，有助于实现上述要求。

变速传动组齿数和的确定有时需经过多次反复，即初选齿数和，确定主动、从动齿轮齿

数,计算齿轮模数,如模数过大应增大齿数和,反之则减少齿数和。为减少反复次数,按传递转矩要求可先初选中心距,设定齿轮模数,再算出齿数和。齿轮模数的设定应参考同类型机床的设计经验,如齿轮模数设定得小,齿轮经不起冲击,易磨损;如设定得过大,齿数和将较少,使变速组内的最小齿轮齿数小于17,产生根切现象,最小齿轮也有可能无法套装到轴上。齿轮可套装在轴上的条件为齿轮的齿槽到孔壁或键槽底部的壁厚 a 应大于或等于 $2m$(m 为齿轮模数),以保证齿轮具有足够强度。齿数过小的齿轮传递平稳性也差。一般在主传动中,取最小齿轮齿数 $z_{\min} \geqslant 18 \sim 20$。

采用三联滑移齿轮时,应检查滑移齿轮之间的齿数关系:三联滑移齿轮的最大和次大齿轮之间的齿数差应不小于4,以保证滑移时齿轮外圆不相碰。例如,图 3-8(a)所示的变速组 a,三联齿轮左移时,齿轮42将从轴Ⅰ上齿轮24旁滑移过去。要使42与24齿轮外圆不碰,这两个齿轮的齿顶圆半径之和应不大于中心距。本例滑移齿轮最大和次大齿轮的齿数差为 $48-42=6$,故不会碰;如小于4,将无法实现变速。

齿轮齿数确定后,还应验算一下实际传动比(齿轮齿数之比)与理论传动比(转速图上给定的传动比)之间的转速误差是否在允许范围之内。一般应满足

$$(n'-n)/n \leqslant \pm 10(\varphi-1)\% \tag{3-17}$$

式中　n'——主轴实际转速;

　　　n——主轴的标准转速;

　　　φ——公比。

有时在希望的齿数和范围内,找不到变速组各传动副相同的齿数和,可选择齿数和不等,但差数一般小于 $1 \sim 3$,然后采用齿轮变位的方法使各传动副的中心距相等。在上例中,如果认为齿数和60太小,72又太大,第1、3传动副可选66,第2传动副选67,将第2传动副的齿轮进行负变位,使其与第1、3传动副的中心距相同。

6.计算转速

(1)机床的功率转矩特性

由切削理论得知,在背吃刀量和进给量不变的情况下,切削速度对切削力的影响较小。因此,主运动是直线运动的机床,如刨床的工作台,在背吃刀量和进给量不变的情况下,不论切削速度多大,所承受的切削力基本是相同的,驱动直线运动工作台的传动件在所有转速下承受的转矩当然也基本是相同的,这类机床的主传动属恒转矩传动。

主运动是旋转运动的机床,如车床、铣床等的主轴,在背吃刀量和进给量不变的情况下,主轴在所有转速下承受的转矩与工件或铣刀的直径基本上成正比,但主轴的转速与工件或铣刀的直径基本上成反比,可见主运动是旋转运动的机床基本上是恒功率传动。

通用机床的工艺范围广,变速范围大,使用条件也复杂,主轴实际的转速和传递的功率,也就是承受的转矩是经常变化的。例如,通用车床主轴转速范围的低速段,常用来切削螺纹、铰孔或精车等,消耗的功率较小,计算时如按传递全部功率计算,将会使传动件的尺寸不必要地增大,造成浪费;在主轴转速的高速段,由于受电动机功率的限制,背吃刀量和进给量不能太大,传动件所受的转矩随转速的增高而减小。

主变速传动系统中各传动件究竟按多大的转矩进行计算,导出了计算转速的概念。主

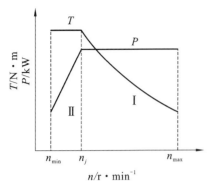

图 3-15　主轴的功率转矩特性图

轴或各传动件传递全部功率的最低转速为它们的计算转速 n_j。如图 3-15 所示的主轴的功率转矩特性图中，主轴从最高转速到计算转速之间应传递全部功率，而其输出转矩随转速的降低而增大，称之为恒功率区；从计算转速到最低转速之间，主轴不必传递全部功率，输出的转矩不再随转速的降低而增大，保持计算转速时的转矩不变，传递的功率则随转速的降低而降低，称之为恒转矩区。

不同类型机床主轴计算转速的选取是不同的，对于大型机床，由于应用范围很广，调速范围很宽，计算转速可取得高些。对于精密机床、滚齿机，由于应用范围较窄，调速范围小，计算转速可取得低一些。各类机床主轴计算转速的统计公式见表 3-5。对于数控机床，调速范围比普通机床宽，计算转速可比表中推荐的高些。

表 3-5　各类机床的主轴计算转速

机床类型		计算转速 n_j	
		等公比传动	混合公比或无级调速
中型通用机床和使用较广的半自动机床	车床、升降台铣床、转塔车床、液压仿形半自动车床、多刀半自动车床、单轴自动车床、多轴自动车床、立式多轴自动车床、卧式镗铣床[$\phi(63\sim90)$mm]	$n_j = n_{\min}\varphi^{\left(\frac{Z}{3}-1\right)}$ n_j 为主轴第一个（低的）三分之一转速范围内的最高一级转速	$n_j = n_{\min}\left(\dfrac{n_{\max}}{n_{\min}}\right)^{0.3}$
	立式钻床、摇臂钻床、滚齿机	$n_j = n_{\min}\varphi^{\left(\frac{Z}{4}-1\right)}$ n_j 为主轴第一个（低的）四分之一转速范围内的最高一级转速	$n_j = n_{\min}\left(\dfrac{n_{\max}}{n_{\min}}\right)^{0.25}$
大型机床	卧式机床[$\phi(1250\sim4000)$mm] 单轴立式机床[$\phi(1400\sim3200)$mm] 单轴可移动立式车床[$\phi(1400\sim1600)$mm] 双轴立式车床[$\phi(3000\sim12000)$mm] 卧式镗铣床[$\phi(110\sim160)$mm] 落地式镗铣床[$\phi(125\sim160)$mm]	$n_j = n_{\min}\varphi^{\left(\frac{Z}{3}\right)}$ n_j 为主轴第二个三分之一转速范围内的最低一级转速	$n_j = n_{\min}\left(\dfrac{n_{\max}}{n_{\min}}\right)^{0.35}$
高精度和精密机床	落地式镗铣床[$\phi(160\sim260)$mm] 主轴箱可移动的落地式镗铣床[$\phi(125\sim300)$mm]	$n_j = n_{\min}\varphi^{\left(\frac{Z}{2.5}\right)}$	$n_j = n_{\min}\left(\dfrac{n_{\max}}{n_{\min}}\right)^{0.4}$
	坐标镗床 高精度车床	$n_j = n_{\min}\varphi^{\left(\frac{Z}{4}-1\right)}$ n_j 为主轴第一个（低的）四分之一转速范围内的最高一级转速	$n_j = n_{\min}\left(\dfrac{n_{\max}}{n_{\min}}\right)^{0.25}$

（2）变速传动系统中传动件计算转速的确定

变速传动系统中的传动件包括轴和齿轮，它们的计算转速可根据主轴的计算转速和转速图确定。确定的顺序通常是先定出主轴的计算转速，再顺次由后往前，定出各传动轴的计算转速，然而再确定齿轮的计算转速。现举例加以说明。

【例 3-1】　试确定图 3-9 所示卧式车床的主轴、各传动轴和齿轮的计算转速。

解：（1）主轴的计算转速

计算方法有以下两种。

①据表 3-5 公式计算为

$$n_j = n_{\min} \varphi^{\left(\frac{Z}{3}-1\right)} = 31.5 \times 1.41^{\left(\frac{12}{3}-1\right)} \text{ r/min} = 90 \text{ r/min}$$

②根据转速图确定。由图 3-9（b）可知，主轴的计算转速为主轴第一个（低的）三分之一转速范围内的最高一级转速，即 90 r/min。

（2）各传动轴的计算转速

主轴的计算转速是轴Ⅲ经 18/72 的传动副获得的，此时轴Ⅲ相应转速为 355 r/min，但变速组 c 有两个传动副，当轴Ⅲ转速为最低转速 125 r/min 时，通过 60/30 的传动副可使主轴获得转速 250 r/min（250 r/min＞90 r/min），应能传递全部功率，所以轴Ⅲ的计算转速为 125 r/min；轴Ⅲ的计算转速是通过轴Ⅱ的最低转速 355 r/min 获得的，所以轴Ⅱ的计算转速为 355 r/min；同样，轴Ⅰ的计算转速为 710 r/min。

（3）各齿轮的计算转速

各齿轮的计算转速要根据所安装的轴确定。

①z18/z72 齿轮副

主轴的计算转速 90 r/min 是经 z18/z72 齿轮副传动获得的，此时对应的轴Ⅲ转速 355 r/min 就是主动齿轮 z18 的计算转速；而 90 r/min 则是被动齿轮 z72 的计算转速。

②z60/z30 齿轮副

主动齿轮 z60 装在轴Ⅲ上，转速为 125～710 r/min，共六级；经 z60/z30 传动，主轴Ⅳ所得到的六级转速 250～1400 r/min 均大于主轴的计算转速 90 r/min，故 z60 的六级转速都能传递全部功率，其中的最低转速 125 r/min 即为 z60 的计算转速。被动齿轮 z30 的最低转速 250 r/min 即为 z30 的计算转速。

显然，变速组 b 中的两对传动副主动齿轮 z22、z42 的计算转速都是 355 r/min。变速组 a 中的主动齿轮 z24、z30、z36 的计算转速都是 710 r/min。

各变速组内一般只计算组内最小的，也是强度最薄弱的齿轮，故也只需确定最小齿轮的计算转速。

3.3.4　无级变速主传动系统

无级变速能使机床获得最佳切削速度，无相对转速损失，且能够在加工过程中变速，保持恒速切削。无级变速器通常是电变速组，恒功率变速范围为 2～8.5，恒转矩变速范围大于 100，这样，缩短了传动链长度，简化了结构设计。无级变速系统容易实现自动化操作，因而是数控机床的主要变速形式。

　　1.无级变速装置的分类

　　机床主传动中常采用的无级变速装置有三大类:变速电动机、机械无级变速装置和液压无级变速装置。

　　(1)变速电动机

　　机床上常用的变速电动机有复励直流电动机和交流变频电动机,在额定转速以上为恒功率变速,通常调速范围较小;额定转速以下为恒转矩变速,调速范围很大。上述功率和转矩特性一般不能满足机床的使用要求。为了扩大恒功率调速范围,在变速电动机和主轴之间串联一个分级变速箱,这种方法广泛用于数控机床、大型机床中。

　　(2)机械无级变速装置

　　机械无级变速装置有柯普(Koop)型、行星锥轮型、分离锥轮钢环型、宽带型等多种结构,它们都是利用摩擦力来传递转矩,通过连续地改变摩擦传动副工作半径来实现无级变速。由于它的变速范围小,多数是恒转矩传动,通常较少单独使用,而是与分级变速机构串联使用,以扩大变速范围。机械无级变速装置用于要求功率和变速范围较小的中小型车床、铣床等机床的主传动中,更多地是用于进给变速传动中。

　　(3)液压无级变速装置

　　液压无级变速装置通过改变单位时间内输入液压缸或液动机中液体的油量来实现无级变速。它的特点是变速范围较大、变速方便、传动平稳、运动换向时冲击小、易于实现直线运动和自动化。常用在主运动为直线运动的机床中,如刨床、拉床等。

　　2.无级变速主传动系统的设计原则

　　无级变速主传动系统的设计原则为:

　　①尽量选择功率和转矩特性符合传动系统要求的无级变速装置。如果是执行件做直线主运动的主传动系统,对变速装置的要求是恒转矩传动,如龙门刨床的工作台,就应该选择以恒转矩传动为主的无级变速装置,如直流电动机;如果主传动系统要求恒功率传动,如车床或铣床的主轴,就应选择恒功率无级变速装置,如柯普(Koop)B 型和 K 型机械无级变速装置、变速电动机串联机械分级变速箱等。

　　②无级变速装置单独使用时,其调速范围较小,满足不了要求,尤其是恒功率调速范围往往远小于机床实际需要的恒功率变速范围。为此,常把无级变速装置与机械分级变速箱串联在一起使用,以扩大恒功率变速范围和整个变速范围。

　　如果机床主轴要求的变速范围为 R_n,选取的无级变速装置的变速范围为 R_d,串联的机械分级变速箱的变速范围 R_f 应为

$$R_f = \frac{R_n}{R_d} = \varphi_f^{\,z-1} \tag{3-18}$$

式中　Z——机械分级变速箱的变速级数;

　　　　φ_f——机械分级变速箱的公比。

　　通常,无级变速装置作为传动系统中的基本组,而分级变速作为扩大组,其公比 φ_f 理论上应等于无级变速装置的变速范围 R_d。实际上,由于机械无级变速装置属于摩擦传动,有相对滑动现象,可能得不到理论上的转速。为了得到连续的无级变速,设计时应该使分级变速箱的公比 φ_f 略小于无级变速装置的变速范围,即取 $\varphi_f = (0.90\sim0.97)R_d$,使转速之间有一小段重叠,保证转速连续,如图 3-16 所示。将 φ_f 值代入式(3-18),可算出机械分级变速

箱的变速级数 Z。

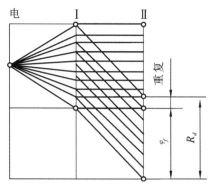

图 3-16　无级变速分级变速箱转速图

【例 3-2】　设机床主轴的变速范围 $R_n = 60$，无级变速箱的变速范围 $R_d = 8$，设计机械分级变速箱，求出其级数，并画出转速图。

解：机械分级变速箱的变速范围为

$$R_f = R_n / R_d = 60/8 = 7.5$$

机械分级变速箱的公比为

$$\varphi_f = (0.90 \sim 0.97) R_d = 0.94 \times 8 = 7.52$$

由式（3-18）可知，分级变速箱的级数为

$$Z = 1 + \lg 7.5 / \lg 7.52 = 2$$

无级变速分级变速箱转速图如图 3-16 所示。

3.4　机床进给传动系统设计

3.4.1　机床进给传动系统的组成

进给传动系统用来实现机床的进给运动和辅助运动。

进给传动系统一般由动力源、变速机构、换向机构、运动分配机构、过载保险机构、运动转换机构和执行件等组成。

进给传动可以采用单独电动机作为动力源，便于缩短传动链，实现几个方向的进给运动和机床自动化；也可以与主传动共用一个动力源，便于保证主传动和进给运动之间的严格传动比关系，适用于有内联传动链的机床，如车床、齿轮加工机床等。

进给传动系统的变速机构是用来改变进给量大小的。常用的有交换齿轮变速、滑移齿轮变速、齿轮离合器变速、机械无级变速和伺服电动机变速等。设计时，若几个进给运动共用一个变速机构，应将变速机构放置在运动分配机构前面。

换向机构有两种：一种是进给电动机换向，换向方便但换向不能太频繁；另一种是用齿轮换向（圆柱或锥齿轮），这种方式换向可靠，广泛用在各种机床中。

运动分配机构用来转换传动路线，常采用离合器。

　　过载保险机构的作用是在过载时自动断开进给运动,过载排除后自动接通。常用的有牙嵌离合器、片式安全离合器、脱落蜗杆等。

　　运动转换机构用来变换运动的类型(回转运动变直线运动),如齿轮齿条、蜗杆蜗轮、丝杠螺母等。数控机床和精密机床采用滚珠丝杠和螺母机构,无间隙、传动精度高和平稳。

3.4.2　机床进给传动系统设计的基本要求

　　机床进给传动系统设计应满足如下的基本要求:
　　①具有足够的静刚度和动刚度。
　　②具有良好的快速响应性,做低速进给运动或微量进给时不爬行,运动平稳,灵敏度高。
　　③抗振性好,不会因摩擦自激振动而引起传动件的抖动或齿轮传动的冲击噪声。
　　④具有足够宽的调速范围,保证实现所要求的进给量(进给范围、数列),以适应不同的加工材料和使用不同刀具加工不同零件的需要,能传递较大的转矩。
　　⑤进给系统的传动精度和定位精度要高。
　　⑥结构简单,加工和装配工艺性好,调整维修方便,操纵轻便灵活。

3.4.3　机械进给传动系统的设计特点

　　不同类型的机床实现进给运动的传动类型不同。根据加工对象、成型运动、进给精度、运动平稳性及生产率等因素的要求,主要有机械进给传动、液压进给传动、电伺服进给传动等。机械进给传动系统虽然结构较复杂,制造及装配工作量较大,但由于工作可靠,便于检查和维修,仍有很多机床采用。

　　1.进给传动是恒转矩传动
　　切削加工中,当进给量较大时,一般采用较小的背吃刀量;当背吃刀量较大时,多采用较小的进给量。所以,在各种不同进给量的情况下,产生的切削力大致相同,进给力是切削力在进给方向的分力,也大致相同。所以进给传动与主传动不同,驱动进给运动的传动件不是恒功率传动,而是在恒转矩传动。

　　2.进给传动系统中各传动件的计算转速是其最高转速
　　因为进给系统是恒转矩传动,在各种进给速度下,末端输出轴上承受的转矩是相同的,设为 $T_末$ 。进给传动系统中各传动件(包括轴和齿轮)承受的转矩可由下式算出

$$T_i = T_末 n_末 / n_i = T_末 u_i \qquad (3\text{-}19)$$

式中　T_i——第 i 个传动件承受的转矩;
　　　　$n_末$、n_i——末端输出轴和第 i 轴的转速;
　　　　u_i——第 i 个传动件传至末端输出轴的传动比,如有多条传动路线,取其中最大的传动比。

　　由式(3-19)可知,u_i 越大,传动件承受的转矩越大。在进给传动系统的最大升速链中,各传动件至末端输出轴的传动比最大,承受的转矩也最大。故各传动件的计算转速是其最高转速。

　　图 3-17 所示为升降台铣床进给传动系统转速图,由电动机经 3×3×2 齿轮变速系统,

然而通过 1:1 的定比传动到主轴 V,可以得到 9～450 r/min 的 18 种进给速度。主轴 V 的计算转速为其最高转速 450 r/min。其余各轴的计算转速在其最高升速传动路线上,如图中粗线所示,双圈表示各轴的计算转速。

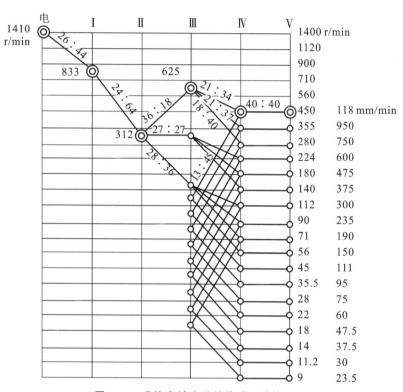

图 3-17 升降台铣床进给传动系统转速图

3.进给传动的转速图为前疏后密结构

如上所述,传动件至末端输出轴的传动比越大,传动件承受的转矩越大,进给传动系统转速图的设计与主传动系统相反,是前疏后密的,即采用扩大顺序与传动顺序不一致的结构式,如:$Z=16=2_8\times2_4\times2_2\times2_1$。这样可以使进给系统内更多的传动件至末端输出轴的传动比较小,承受的转矩也较小,从而减小各中间轴和传动件的尺寸。

4.进给传动的变速范围

进给传动系统速度低、受力小、消耗功率小、齿轮模数较小,因此,进给传动系统变速组的变速范围可取比主传动系统变速组较大的值,即 $0.2\leqslant u_进\leqslant2.8$,变速范围 $R_n\leqslant14$。为缩短进给传动链,减小进给箱的受力,提高进给传动的稳定性,进给系统的末端常采用降速很大的传动机构,如蜗杆蜗轮、丝杠螺母、行星机构等。

5.进给传动系统采用传动间隙消除机构

对于精密机床、数控机床的进给传动系统,为保证传动精度和定位精度,尤其是换向精度,要有传动间隙消除机构,如齿轮传动间隙消除机构和丝杠螺母传动间隙消除机构等。

6.采用快速空行程传动

为缩短进给空行程时间,要设计快速空行程传动,需在带负载运行中实现快速运动与工作进给运动速度变换。为此常采用超越离合器、差动机构或电气伺服进给传动机构等。

7.采用微量进给机构

有时进给运动极为微小,如每次进给量小于 2 μm,或进给速度小于 10 mm/min,需采用微量进给机构。微量进给机构分为自动微量进给机构和手动微量进给机构两类。自动微量进给机构采用各种驱动元件使进给自动地进行;手动微量进给机构主要用于微量调整精密机床的一些部件,如坐标镗床的工作台和主轴箱、数控机床的刀具尺寸补偿等。

常用的微量进给机构中最小进给量大于 1 μm 的机构有蜗杆、丝杠螺母、齿轮齿条等,适用于进给行程大、进给量和进给速度变化范围宽的机床;小于 1 μm 的进给机构有弹性力传动机构、磁致伸缩传动机构、电致伸缩传动机构、热应力传动机构等,都是利用材料的物理性能实现微量进给,特点是结构简单、位移量小、行程短。

弹性力传动机构是利用弹性元件(如弹簧片、弹性模片等)的弯曲变形或弹性杆件的拉压变形实现微量进给的,适用于补偿机构和小行程的微量进给。

磁致伸缩传动机构是靠改变软磁材料(如铁钴合金、铁铝合金等)的磁化状态,使其尺寸和形状产生变化,以实现步进或微量进给,适用于小行程微量进给。

电致伸缩是压电效应的逆效应。当晶体带电或处于电场中,其尺寸发生变化,将电能转换为机械能,从而可实现微量进给。电致伸缩传动机构适用于进给量小于 0.5 μm 的小行程微量进给。

热应力传动机构是利用金属杆件的热伸长驱动执行部件运动,从而实现步进式微量进给,进给量小于 0.5 μm,其重复定位精度不太稳定。

图 3-18 所示为轧机轧辊采用电致伸缩机构实现微量进给的示意图。压电陶瓷元件 1 在电场作用下伸缩,使机架 2 产生弯曲变形,改变轧辊 3 之间的距离。控制压电陶瓷元件的外加电压,就可以微量控制轧辊间的距离(可达 0.1 μm)。

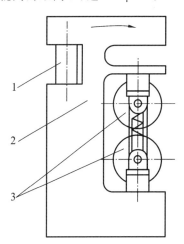

图 3-18　轧机轧辊电致伸缩微量进给示意图

1—压电陶瓷元件;2—机架;3—轧辊

对微量进给机构的基本要求是灵敏度高、刚度高、平稳性好,低速进给时速度均匀,无爬行,精度高,重复定位精度好,结构简单,调整和操作方便灵活等。

3.4.4　电气伺服进给系统

1.电气伺服进给系统的分类

电气伺服系统是数控装置和机床之间的联系环节,是以机械位置或角度作为控制对象的自动控制系统,其作用是接收来自数控装置发出的进给移进信号,经变换和放大后驱动工作台按规定的速度和距离移动。

电气伺服进给系统由伺服驱动部件和机械传动部件组成伺服驱动部件,如步进电动机、直流伺服电动机、交流伺服电动机等,机械传动部件如齿轮、滚珠丝杠螺母等。电气伺服进给系统的功能是控制机床各坐标轴的进给运动,按有无检测和反馈装置分为开环、闭环和半闭环系统。

2.电气伺服进给系统驱动部件

(1)对电气伺服进给驱动部件的基本要求

对电气伺服进给驱动部件的基本要求如下:

①调速范围要宽,以满足使用不同类型刀具对不同零件加工所需的切削条件。

②低速运行平稳,无爬行。

③快速响应性好,即跟踪指令信号响应要快,无滞后;电动机具有较小的转动惯量。

④抗负载振动能力强,切削中受负载冲击时,系统的速度仍基本不变;在低速下有足够的负载能力。

⑤可承受频繁起动、制动和反转。

⑥振动和噪声小,可靠性高,寿命长。

⑦调整、维修方便。

(2)电气伺服进给驱动部件的类型和特点

进给驱动部件种类很多,用于机床上的有步进电动机、小惯量直流伺服电动机、大惯量直流伺服电动机、交流伺服电动机和直线伺服电动机等。

①步进电动机

步进电动机又称脉冲电动机,是将电脉冲信号变换成角位移或线位移的电动机。每接收数控装置输出的一个电脉冲信号,电动机轴就转过一定的角度,称为步距角。步距角为$0.5°\sim3°$。步进电动机的角位移与输入脉冲个数成严格的比例关系,其转速与控制脉冲的频率成正比。电动机的步距角用 α 表示,有

$$\alpha = \frac{360°}{PZK} \tag{3-20}$$

式中　P——步进电动机相数;

　　　Z——步进电动机转子的步数;

　　　K——通电方式系数,三相三拍导电方式时 $K=1$,三相六拍导电方式时 $K=2$。

步进电动机的转速可以在很宽的范围内调节。改变绕组通电的顺序,可以控制电动机的正转或反转。步进电动机的优点是没有累积误差,结构简单,使用、维修方便,制造成本低,带动负载惯量的能力大,适用于中小型机床和速度精度要求不高的场合;缺点是效率较

低、发热大，有时会"失步"。

②直流伺服电动机

机床上常用的直流伺服电动机主要有小惯量直流电动机和大惯量直流电动机。

小惯量直流电动机的优点是转子直径较小、轴向尺寸大，长径比约为5，故转动惯量小，仅为普通直流电动机的1/10左右，因此响应时间快；缺点是额定转矩较小，一般必须与齿轮降速装置相匹配。小惯量直流电动机常用于高速轻载的小型数控机床中。

大惯量直流电动机又称宽调速直流电动机，有电励磁和永久磁铁励磁两种类型。电励磁直流电动机的特点是励磁量便于调整，成本低。永磁型（永久磁铁励磁）直流电动机能在较大过载转矩下长期工作，并能直接与丝杠相连而不需要中间传动装置，还可以在低速下平稳地运转，输出转矩大。宽调速电动机可以内装测速发电机，还可以根据用户需要，在电动机内部加装旋转变压器和制动器，为速度环提供较高的增益，能获得优良低速刚度和动态性能。其优点是频率高、定位精度好、调整简单、工作平稳；缺点是转子温度高、转动惯量大、响应时间较长。

③交流伺服电动机

以异步电动机和永磁同步电动机为基础的交流伺服电动机采用新型的磁场矢量变换控制技术，对交流电动机作磁场的矢量控制，即将电动机定子的电压矢量或电流矢量作为操作量，控制其幅值和相位。交流伺服电动机没有电刷和换向器，因此可靠性好、结构简单、体积小、质量轻、动态响应好。在同样体积下，交流伺服电动机的输出功率可比直流电动机提高10%～70%。交流伺服电动机与同容量的直流电动机相比，质量约轻一半，价格仅为直流电动机的三分之一，效率高、调速范围广、响应频率高。缺点是本身虽有较大的转矩-惯量比，但它带动惯性负载能力差，一般需用齿轮减速装置，多用于中小型数控机床。

交流伺服电动机发展很快，特别是新的永磁材料的出现和不断完善，更推动了永磁电动机的发展，如第三代稀土材料——钕铁硼的出现，具有更高的磁性能。永磁电动机结构上的改进和完善，特别是内装永磁交流伺服电动机的出现，使得交流伺服电动机内的磁铁长度进一步缩短，电动机外形尺寸更小，结构更加合理，性能更加可靠，并且允许在更高转速下运行。

④直线伺服电动机

直线伺服电动机是一种能直接将电能转化为直线运动机械能的电力驱动装置，是适应超高速加工技术发展需要而出现的一种新型电动机。用直线伺服电动机驱动系统代替传统的由回转型伺服电动机加滚珠丝杠的伺服进给系统，从电动机到工作台之间的一切中间传动都没有了，直线伺服电动机可直接驱动工作台做直线运动，使工作台的加/减速提高到传统机床的10～20倍，速度提高3～4倍或更高。

直线伺服电动机的工作原理与旋转电动机相似，可以看成是将旋转型伺服电动机沿径向剖开，向两边拉开展平后演变而成的，如图3-19所示。原来的定子1演变成直线伺服电动机的初级4，原来的转子2演变成直线伺服电动机的次级3。原来的旋转磁场变成了平磁场。

在磁路构造上，直线伺服电动机一般做成双边型，磁场对称，不存在单边磁拉力，在磁场中受到的总推力可较大。

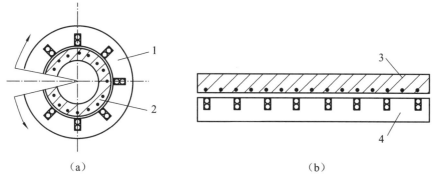

图 3-19　旋转电动机变为直线电动机过程

(a)旋转电动机;(b)直线电动机

1—定子;2—转子;3—次级;4—初级

图 3-20 所示为直线伺服电动机传动示意图。直线伺服电动机分为同步式和感应式两类。同步式直线伺服电动机是在直线伺服电动机的定件(如床身)上,在全行程沿直线方向上一块接一块地装上永磁铁(电动机的次级);在直线伺服电动机的动件(如工作台)下部的全长上,对应地一块接一块安装上含铁芯的通电绕组(电动机的初级)。

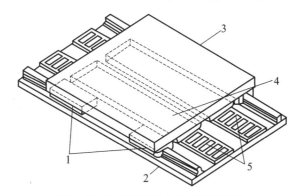

图 3-20　直线伺服电动机传动示意图

1—直线滚动导轨;2—床身;3—工作台;4—直流电动机动件(绕组);5—直流电动机定件(永久磁铁)

感应式直线伺服电动机与同步式直线伺服电动机的区别是在定件上用不通电的绕组替代永久磁铁,且每个绕组中每一匝均是短路的。直线伺服电动机通电后,在定件和动件之间的间隙中产生一个大的行波磁场,依靠磁力推动动件(工作台)做直线运动。

采用直线伺服电动机驱动的进给系统,省去了减速器(齿轮、同步带等)和滚动丝杠副等中间环节,不仅简化了机床结构,而且避免了因中间环节的弹性变形、磨损、间隙、发热等因素带来的传动误差;无接触地直接驱动,使其结构简单、维护简便、可靠性高,体积小,传动刚度高、响应快,可得到瞬时高的加/减速度。

直线伺服电动机由于具有高刚度、宽调整范围、高系统动态特性、平滑运动以及无磨损等特点,广泛应用于生产、生活的各个领域。在工业自动化领域,直线电动机在工业机器人、机床及各种需要直线运动的机械装置中都有应用。采用直线伺服电动机,由于加/减速度可调整,缩短了定位时间,大大提高了生产率,并且提高了零件加工精度和表面质量。

⑤伺服电动机的选择

数控机床的进给系统大多采用伺服电动机,且工作进给与快速进给合用一个电动机。对于伺服电动机的选择,应根据实际电动机产品的转矩、转速、惯量及推荐的电动机负载与转动惯量之比,结合计算所得到的进给系统所需的转矩、惯量、进给速度来综合确定。

3.电伺服进给传动系统中的机械传动部件

(1)机械传动部件应满足的要求

机械传动部件应满足如下要求:

①机械传动部件要采用低摩擦传动,例如,导轨可以采用静压导轨、滚动导轨;丝杠传动可采用滚珠丝杠螺母传动;齿轮传动采用磨齿齿轮传动。

②伺服系统和机械传动系统匹配要合适。输出轴上带有负载的伺服电动机的时间常数与伺服电动机本身所具有的时间常数不同,如果匹配不当,就达不到快速反应的性能。

③选择最佳降速比来降低惯量,最好采用直接传动方式。

④采用预紧办法来提高整个系统的刚度。

⑤采用消除传动间隙的方法,减小反向死区误差,提高运动平稳性和定位精度。

总之,为保证伺服系统的工作稳定性和定位精度,要求机械传动部件无间隙、低摩擦、低惯量、高刚度、高谐振和有适宜阻尼比。

(2)机械传动部件设计

机械传动部件主要指齿轮或同步带和丝杠螺母传动副。电气伺服进给系统中,运动部件的移动是靠脉冲信号来控制的,要求运动部件动作灵敏、低惯量、定位精度好、有适宜的阻尼比及传动机构不能有反向间隙。

①最佳降速比的确定

传动副的最佳降速比应按最大加速能力和最小惯量的要求确定,以降低机械传动部件的惯量。

对于开环系统,传动副的设计主要是由机床所要求的脉冲当量与所选用的步进电动机的步距角决定的。降速比为

$$u = \frac{\alpha L}{360° Q} \tag{3-21}$$

式中　α——步进电动机的步距角,°/脉冲;

　　　L——滚珠丝杠的导程,mm;

　　　Q——脉冲当量,mm/脉冲。

对于闭环系统,传动副的设计主要由驱动电动机的最高转速或转矩与机床要求的最大进给速度或负载转矩决定,降速比为

$$u = \frac{n_{d\max} L}{v_{\max}} \tag{3-22}$$

式中　$n_{d\max}$——驱动电动机最大转速,r/min;

　　　L——滚珠丝杠导程,mm;

　　　$v_{\max}$——工作台最大移动速度,mm/min。

设计中小型数控车床时,通过选用最佳降速比来降低惯量,应尽可能使传动副的传动比 $u=1$,这样可选用驱动电动机直接与丝杠相连接的方式。

②齿轮传动间隙的消除

传动副为齿轮传动时,要消除其传动间隙。齿轮传动间隙的消除有刚性调整法和柔性调整法两类方法。

刚性调整法是调整后的齿侧间隙不能自动进行补偿,如偏心轴套调整法、变齿厚调整法、斜齿轮轴向垫片调整法等,特点是结构简单、传动刚度较高。但要求严格控制齿轮的齿厚及齿距公差,否则将影响运动的灵活性。

柔性调整法是指调整后的齿侧间隙可以自动进行补偿,结构比较复杂,传动刚度低些,会影响传动的平稳性。主要有双片直齿轮错齿调整法,薄片斜齿轮轴向压簧调整法,双齿轮弹簧调整法等。图 3-21 所示为双片直齿轮错齿间隙消除机构。两薄片齿轮 1、2 套装在一起,同另一个宽齿轮 3 相啮合。齿轮 1、2 端面分别装有凸耳 4、5,并用拉簧 6 连接,弹簧力使两齿轮 1、2 产生相对转动,即错齿,使两片齿轮的左右齿面分别贴紧在宽齿轮齿槽的左右齿面上,消除齿侧间隙。

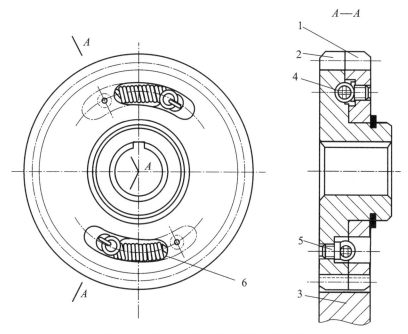

图 3-21 双片直齿轮错齿间隙消除机构

1、2、3—齿轮;4、5—凸耳;6—拉簧

③滚珠丝杠及其支承

滚珠丝杠是将旋转运动转换成执行件的直线运动的运动转换机构。如图 3-22 所示,滚珠丝杠由螺母、丝杠、滚珠、回珠器、密封环等组成。滚珠丝杠的摩擦因数小、传动效率高。

滚珠丝杠主要承受轴向载荷,因此对丝杠轴承的轴向精度和刚度要求较高,常采用角接触球轴承或双向推力圆柱滚子轴承与滚针轴承的组合轴承方式,如图 3-23 和图 3-24

所示。

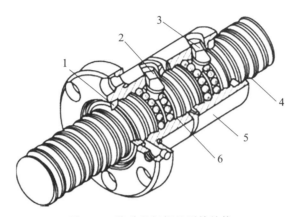

图 3-22　滚珠丝杠螺母副的结构

1—密封环;2、3—回珠器;4—丝杠;5—螺母;6—滚珠

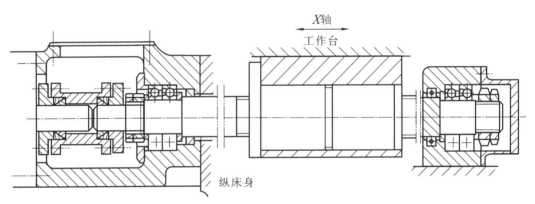

图 3-23　采用角接触球轴承的支承方式

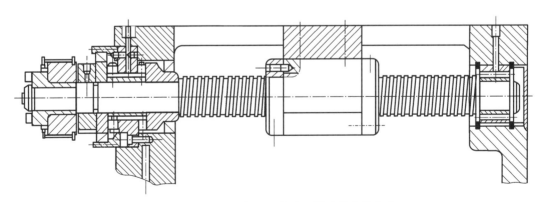

图 3-24　采用双向推力圆柱滚子轴承的支承方式

　　角接触推力球轴承有多种组合方式,可根据载荷和刚度要求而选定。一般中、小型数控机床多采用这种方式。而组合轴承多用于重载、丝杠预拉伸和要求轴向刚度高的场合。

滚珠丝杠的支承方式有三种,如图 3-25 所示。图 3-25(a)所示为一端固定,另一端自由的支承方式,常用于短丝杠和竖直放置的丝杠。图 3-25(b)所示为一端固定,一端简支的支承方式,常用于较长的卧式安装丝杠,图 3-24 所示为这种形式应用于数控车床中的一个例子。图 3-25(c)所示为两端固定的支承方式,用于长丝杠或高转速、要求高拉压刚度的场合,图 3-23 所示为其应用实例,这种支承方式可以通过拧紧螺母来调整丝杠的预拉伸量。

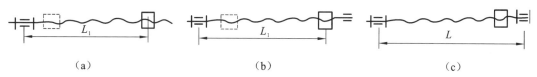

(a)　　　　　　　　　　　　(b)　　　　　　　　　　　　(c)

图 3-25　滚珠丝杠支承方式

(a)一端固定,一端自由;(b)一端固定,一端简支;(c)两端固定

④丝杠的拉压刚度计算

丝杠传动的综合拉压刚度主要由丝杠的拉压刚度、支承刚度和螺母刚度三部分组成。丝杠的拉压刚度不是一个定值,它随螺母至轴向固定端的距离而变。一端轴向固定的丝杠[图 3-25(a)、图 3-25(b)]的拉压刚度 $K(\text{N}/\mu\text{m})$ 为

$$K = \frac{AE}{L_1} \times 10^{-6} \tag{3-23}$$

式中　A——螺纹小径处的截面面积,mm^2;

　　　E——弹性模量(钢的弹性模量 $E = 2 \times 10^{11}\ \text{N/m}^2$);

　　　L_1——螺母至固定端的距离,m。

两端固定的丝杠[图 3-25(c)],刚度 $K(\text{N}/\mu\text{m})$ 为

$$K = \frac{4AE}{L} \times 10^{-6} \tag{3-24}$$

式中　L——两固定端的距离,m,其他字母含义同上。

可以看出,一端固定,当螺母至固定端的距离 L_1 等于两支承端距离 L 时,刚度最低。在 A、E、L 相同的情况下,两端固定丝杠的刚度为一端固定时的 4 倍。

由于传动刚度的变化而引起的定位误差 $\delta(\mu\text{m})$ 为

$$\delta = \frac{F_1}{K_1} - \frac{F_2}{K_2} \tag{3-25}$$

式中　F_1、F_2——不同位置时的进给力,N;

　　　K_1、K_2——不同位置时的传动刚度,$\text{N}/\mu\text{m}$。

因此,为保证系统的定位精度要求,机械传动部件的刚度应足够大。

⑤滚珠丝杠螺母副的间隙消除和预紧

滚珠丝杠在轴向载荷作用下,滚珠和螺纹滚道接触区会产生接触变形,接触刚度与接触表面预紧力成正比。如果滚珠丝杠螺母副存在间隙,接触刚度较小;当滚珠丝杠反向旋转

时,螺母不会立即反向,存在死区,影响丝杠的传动精度。因此,与齿轮的传动副一样,滚珠丝杠螺母副必须消除间隙,并施加预紧力,以保证丝杠、滚珠和螺母之间没有间隙,提高滚珠丝杠螺母副的接触刚度。

滚珠丝杠螺母副通常采用双螺母结构,如图 3-26 所示。通过调整两个螺母之间的轴向位置,使两螺母的滚珠在承受工作载荷前,分别与丝杠的两个不同的侧面接触,产生一定的预紧力,以达到提高轴向刚度的目的。

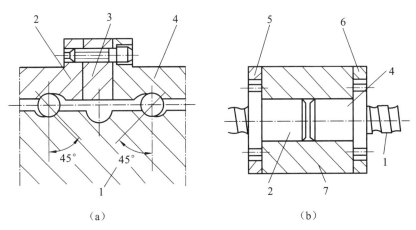

图 3-26 滚珠丝杠间隙调整和预紧

(a)垫片式;(b)齿差式

1—丝杠;2—左螺母;3—垫片;4—右螺母;5—左齿圈;6—右齿圈;7—支座

调整预紧有多种方式,图 3-26(a)所示为垫片调整式,通过改变垫片的厚薄来改变两个螺母之间的轴向距离,实现轴向间隙消除和预紧。这种方式的优点是结构简单、刚度高、可靠性好;缺点是精确调整较困难,当滚道和滚珠有磨损时不能随时调整。图 3-26(b)所示为齿差调整式,左、右螺母法兰外圆上制有外齿轮,齿数常相差 1。这两个外齿轮又与固定在螺母体两侧的两个齿数相同的内齿圈相啮合。调整方法是两个螺母相对其啮合的内齿圈同向都转一个齿,则两螺母的相对轴向位移 s_0 为

$$s_0 = \frac{L}{z_1 z_2} \tag{3-26}$$

式中 L——丝杠的导程,mm;

  z_1、z_2——两齿轮的齿数。

如 z_1、z_2 分别为 99、100,$L = 10$ mm,则 $s_0 \approx 0.001$ mm。

⑥滚珠丝杠的预拉伸

滚珠丝杠常采用预拉伸方式,提高其拉压刚度和补偿丝杠的热变形。

确定丝杠预拉伸力时应综合考虑下列各因素:

A.使丝杠在最大轴向载荷作用下,在受力方向上仍能保持受拉状态,为此,预拉伸力应大于最大工作载荷的 0.35 倍。

B.丝杠的预拉伸量应能补偿丝杠的热变形。

丝杠在工作时要发热,引起丝杠的轴向热变形,使导程加大,影响定位精度。丝杠的热变形 ΔL_1 为

$$\Delta L_1 = \alpha L \Delta t \tag{3-27}$$

式中　α——丝杠的热膨胀系数,钢的 $\alpha = 11 \times 10^{-6} \, ℃^{-1}$;

　　　L——丝杠长度,mm;

　　　Δt——丝杠与床身的温差,一般 $\Delta t = 2 \sim 3 \, ℃$(恒温车间)。

为了补偿丝杠的热膨胀,丝杠的预拉伸量应略大于热膨胀量。发热后,热膨胀量抵消了部分预拉伸量,使丝杠内的拉应力下降,但长度却没有变化。

丝杠预拉伸时引起的丝杠伸长 ΔL(m)可按材料力学的计算公式计算

$$\Delta L = \frac{F_0 L}{AE} = \frac{4 F_0 L}{\pi d^2 E} \tag{3-28}$$

式中　d——丝杠螺纹小径,m;

　　　L——丝杠的长度,m;

　　　A——丝杠的截面面积,m^2;

　　　E——弹性模量,钢的弹性模量 $E = 2 \times 10^{11} \, N/m^2$;

　　　F_0——丝杠的预拉伸力,N。

则丝杠的预拉伸力 F_0(N)为

$$F_0 = \frac{1}{4L} \pi d^2 E \Delta L$$

【例3-3】　某一丝杠,导程为 10 mm,直径 $d = 40$ mm,全长上共有 110 圈螺纹,跨距(两端轴承间的距离)$L = 1300$ mm,工作时丝杠温度预计比床身高 $\Delta t = 2 \, ℃$,求预拉伸量。

解:螺纹段长度

$$L_1 = 10 \times 110 \text{ mm} = 1100 \text{ mm}$$

螺纹段热伸长量

$$\Delta L_1 = \alpha_1 L_1 \Delta t = 11 \times 10^{-6} \times 1100 \times 2 = 0.0242 \text{ mm}$$

预伸长量应略大于 ΔL_1,取螺纹段预拉伸量 $\Delta L = 0.04$ mm。当温升 2 ℃ 后,还有 $\Delta L - \Delta L_1 = 0.0158$ mm 的剩余拉伸量,预拉伸力有所下降,但还未完全消失,补偿了热膨胀引起的热变形。在定货时,应说明滚珠丝杠预拉伸的有关技术参数,以便特制滚珠丝杠的螺距比设计值小一些,但装配预拉伸后达到了设计精度。

装配时,滚珠丝杠的预拉伸力通常通过测量滚珠丝杠伸长量来控制,滚珠丝杠全长上的预拉伸量为

$$\frac{\Delta L \times L}{L_1} = \frac{0.04 \times 1300}{1100} \text{ mm} = 0.0473 \text{ mm}$$

习题与思考

3-1　机床设计应满足哪些基本要求？其理由是什么？

3-2　机床设计的主要内容及步骤是什么？

3-3　机床的主参数及尺寸参数根据什么确定？

3-4　机床的运动参数如何确定？驱动方式如何选择？数控机床与普通机床确定方法有什么不同？

3-5　机床的动力参数如何确定？数控机床与普通机床的确定方法有什么不同？

3-6　机床主传动系统都有哪些类型？由哪些部分组成？

3-7　什么是传动组的级比和级比指数？常规变速传动系统的各传动组的级比指数有什么规律性？

3-8　什么是传动组的变速范围？各传动组的变速范围之间有什么关系？

3-9　某车床的主轴转速为 $n = 40 \sim 1800$ r/min，公比 $\varphi = 1.41$，电动机的转速 $n_电 = 1440$ r/min。试拟定结构式、转速图，确定齿轮齿数、带轮直径，验算转速误差，画出主传动系统图。

3-10　某机床主轴转速 $n = 100 \sim 1120$ r/min，转速级数 $Z = 8$，电动机转速 $n_电 = 1440$ r/min。试设计该机床主传动系统，包括拟定结构式和转速图，画出主传动系统图。

3-11　试从 $\varphi = 1.26$，$Z = 18$ 级变速机构的各种传动方案中选出其最佳方案，并写出结构式，画出转速图和传动系统图。

3-12　用于成批生产的车床，主轴转速 $n = 45 \sim 500$/min，为简化机构采用双速电动机，$n_电 = 720/1440$ r/min。试画出该机床的转速图和传动系统图。

3-13　试将图 3-13 所示的背轮机构合理化，使轴Ⅲ高速旋转时背轮脱开。

3-14　求图 3-27 所示的车床各轴、各齿轮的计算转速。

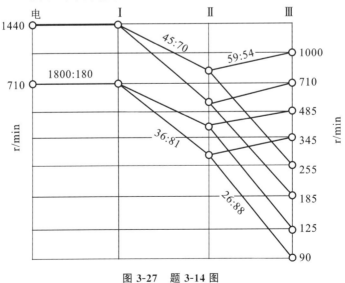

图 3-27　题 3-14 图

3-15 求图 3-28 中各齿轮、各轴的计算转速。

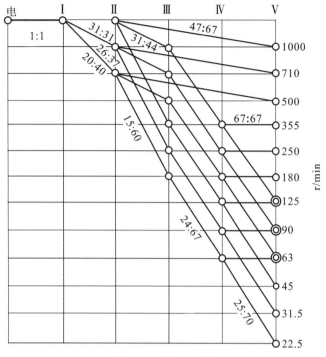

图 3-28 题 3-15 图

3-16 某数控车床,主轴最高转速 $n_{max}=4000$ r/min,最低转速 $n_{min}=40$ r/min,计算转速 $n_j=160$ r/min,采用直流电动机,电动机功率 $P_电=15$ kW,电动机的额定转速 $n_d=1550$ r/min,最高转速为 4550 r/min。试设计分级变速箱的传动系统,画出其转速图和功率特性图,以及主传动系统图。

3-17 数控机床主传动系统设计有哪些特点?

3-18 进给传动系统设计应满足的基本要求是什么?

3-19 进给传动与主传动相比较,有哪些不同的特点?

3-20 进给伺服系统的驱动部件有哪几种类型?其特点和应用范围是怎样的?

3-21 试述滚珠丝杠螺母机构的特点,其支承方式有哪几种?

4　机床主要部件设计

4.1　变速箱与变速机构设计

4.1.1　变速箱及传动轴设计

变速箱的主要要求是:保证机床的运动,有较高的几何精度、传动精度和运动精度;有足够的强度、刚度;振动小,噪声低;操作应方便灵活。

变速箱内传动轴的布置应充分考虑安装、调整、维修、散热等因素,按空间三角形分布,根据运动的性能、标准零部件尺寸及机床的形式合理确定各传动轴位置。

1.变速箱内各传动轴的空间布置

变速箱内各传动轴的空间布置,首先要满足机床总体布局对变速箱的形状和尺寸的限制,还要考虑各轴受力情况、装配调整和操作维修的方便。其中变速箱的形状和尺寸限制是影响传动轴空间布置最重要的因素。

例如,铣床的变速箱就是立式床身,高度方向和轴向尺寸较大,变速系统各传动轴可布置在立式床身的铅直对称面上;摇臂钻床的变速箱在摇臂上移动,变速箱轴向尺寸要求较短,横截面尺寸可以稍大些,布置时往往为了缩短轴向尺寸而增加轴的数目,即加大箱体的横截面尺寸;卧式车床的主轴箱安装在床身的上面,横截面呈矩形,高度尺寸只能是中心高加主轴上大齿轮的半径;卧式车床的主轴箱的轴向尺寸取决于主轴长度,一般取较长的主轴长度。对于珩磨机变速箱,则要求体积小、质量轻、刚度好。

图 4-1 所示为卧式车床主轴箱的横截面图,为把主轴和数量较多的传动轴布置在尺寸有限面内,又要便于装配、调整和维修,还要照顾到变速机构、润滑装置的设计等,主轴箱各轴布置顺序大致如下:首先确定主轴的位置,对车床来说,主轴位置主要根据车床的中心高确定;确定传动主轴的轴,以及与主轴有齿轮啮合关系轴的位置;确定电动机轴或运动输入轴(轴工)的位置;最后确定其他各传动轴的位置。各传动轴常按三角形布置,以缩小径向尺寸,如图 4-1 中的Ⅰ轴、Ⅱ轴、Ⅲ轴。为缩小径向尺寸,还可以使箱内某些传动轴的轴线重合,如图 4-2 中所示的Ⅲ、Ⅴ两轴。

图 4-3 所示为卧式铣床的主变速传动机构,利用铣床立式床身作为变速箱体。床身内部空间较大,所以各传动轴可以排在一个铅直平面内,不必过多考虑空间布置的紧凑性,以方便制造、装配、调整、维修,便于布置变速操纵机构。床身较长,为减小传动轴轴承间的跨距,在中间加一个支承墙。

这类机床传动轴布置也是先要确定出主轴在立式床身中的位置,然后就可按传动顺序由上而下地依次确定出各传动轴的位置。

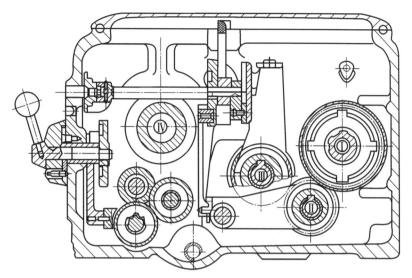

图 4-1 卧式车床主轴箱的横截面图

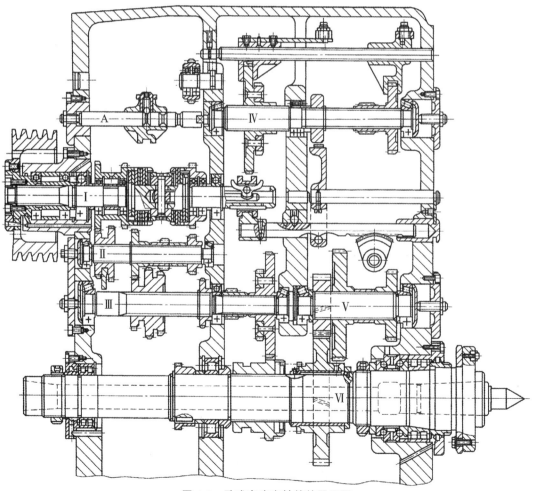

图 4-2 卧式车床主轴箱的展开图

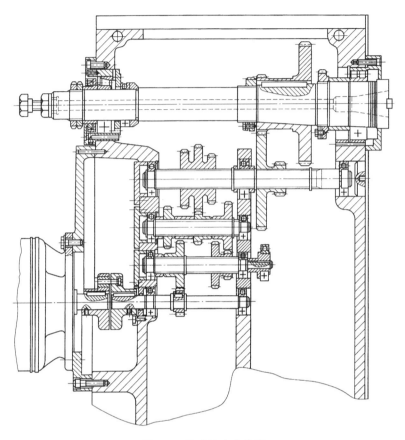

图 4-3　卧式铣床变速箱

2.变速箱内各传动轴的轴向固定

传动轴通过轴承在箱体内轴向固定的方法有一端固定和两端固定两类。采用单列深沟球轴承时,既可以一端固定,也可以两端固定;采用圆锥滚子轴承时,则必须两端固定。一端固定的优点是轴受热后可以向另一端自由伸长,不会产生热应力,因此,宜用于长轴。图4-4所示为传动轴一端固定的几种方式。图 4-4(a)所示为用衬套和端盖将轴承固定,并一起装到箱壁上,它的优点是可在箱壁上镗通孔,便于加工,但构造复杂,对衬套又要加工内外凸肩。图 4-4(b)虽不用衬套,但在箱体上要加工一个有台阶的孔,因而在成批生产中较少应用。图 4-4(c)所示为用弹性挡圈代替台阶,结构简单,工艺性较好。图 4-4(d)所示为两面都用弹性挡圈的结构,这种构造具有简单、安装方便等特点,但在孔内挖槽需用专门的工艺装备,所以这种构造适用于较大批量的机床。图 4-4(e)所示的构造是在轴承的外圈上有沟槽,将弹性挡圈卡在箱壁与压盖之间,箱体孔内不用挖槽,构造更加简单,装配更方便,但需轴承厂专门供应这种轴承。一端固定时,轴的另一端的构造如图 4-4(f)所示,轴承用弹性挡圈固定在轴端,外环在箱体孔内轴向不定位。

图 4-5 所示为传动轴两端固定的例子。图 4-5(a)通过调整螺钉、压盖及锁紧螺母来调整圆锥滚子轴承的间隙,调整比较方便。图 4-5(b)、图 4-5(c)通过改变垫圈的厚度来调整

轴承的间隙,结构简单。

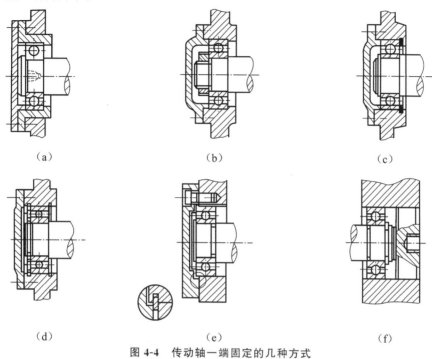

图 4-4　传动轴一端固定的几种方式

(a)衬套和端盖固定;(b)孔台和端盖固定;(c)弹性挡圈和端盖固定;

(d)两个弹性挡圈固定;(e)弹性挡圈轴承外圈固定;(f)弹性挡圈轴端固定

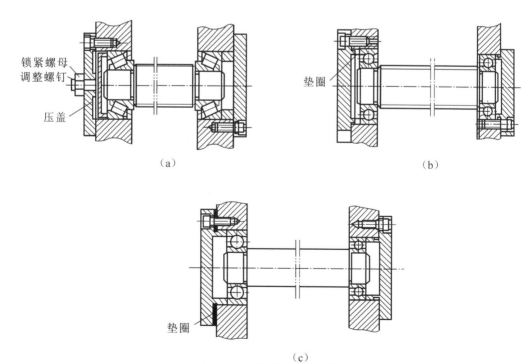

图 4-5　传动轴两端固定的几种方式

3.各传动轴的估算和验算

机床各传动轴在工作时必须保证具有足够的抗弯刚度和抗扭刚度。轴在弯矩作用下,若产生过大的弯曲变形,则装在轴上的齿轮会因倾角过大而使齿面的压强分布不均,产生不均匀磨损和加大噪声;也会使滚动轴承内、外圈产生相对倾斜,影响轴承使用寿命。如果轴的抗扭刚度不够,则会引起传动轴的扭振。所以在设计开始时,要先按抗扭刚度估算传动轴的直径,待结构确定之后,定出轴的跨距,再按抗弯刚度进行验算。

(1)按抗扭刚度估算轴的直径

按抗扭刚度估算轴的直径为

$$d \geqslant KA \sqrt[4]{\frac{P\eta}{n_j}} \qquad (4-1)$$

式中　K——键槽系数,按表 4-1 选取;

　　　A——系数,按表 4-1 中的轴每米长允许的扭转角选取;

　　　P——电动机额定功率,kW;

　　　η——从电动机到所计算轴的传动效率;

　　　n_j——传动轴的计算转速,r/min。

表 4-1　估算轴径时系数 A、K 值

$[\Phi]$/(°/m)	0.25	0.5	1.0	1.5	2.5
A	130	110	92	83	77
K	无键	单键		双键	花键
	1.0	1.04~1.05		1.07~1.10	1.05~1.09

一般传动轴的每米长允许扭转角取$[\Phi]=(0.5\sim1.0)°/m$,要求高的轴取$[\Phi]=(0.25\sim0.5)°/m$,要求较低的轴取$[\Phi]=(1\sim2.0)°/m$。

(2)按弯曲刚度验算轴的直径

①进行轴的受力分析,根据轴上滑移齿轮的不同位置,选出受力变形最严重的位置进行验算。若较难准确判断滑移齿轮处于哪个位置受力变形最严重,则需要多计算几种位置。

②在最严重情况出现时,如齿轮处于轴的中部,应验算在齿轮处轴的挠度;如当齿轮处于轴的两端附近时,应验算齿轮处的倾角。此外,还应验算轴承处的倾角。

③按材料力学中的公式计算轴的挠度或倾角,检查是否超过允许值。允许值可从表 4-2 查出。

表 4-2　轴的刚度允许值

挠度/mm		倾角/rad	
一般传动轴	$(0.0003\sim0.0005)L$	装齿轮处	0.001
刚度要求较高的轴	$0.0002L$	装齿轮轴承处	0.001
安装齿轮的轴	$(0.01\sim0.03)m$	装调心球轴承处	0.0025

扰度/mm		倾角/rad	
安装蜗杆的轴	$(0.02\sim0.05)\,m$	装调心球轴承处	0.005
		装推力圆柱滚子轴承处	0.001
		装圆锥滚子轴承处	0.0006

注:L 为轴的跨距;m 为齿轮或蜗轮的模数。

为简化计算,可用轴的中点挠度代替轴的最大挠度,误差小于 3%;轴的挠度最大时,轴承处的倾角也最大。倾角的大小直接影响传动件的接触情况,所以也可只验算倾角。由于支承处的倾角最大,当它的倾角小于齿轮倾角的允许值时,齿轮的倾角不必计算。

4.1.2　变速机构设计

变速箱的变速,通常分为分级变速、无级变速两大类。本节主要介绍分级变速。常用的分级变速机构有以下几种。

1.滑移齿轮变速机构

滑移齿轮变速机构是常见的一种变速机构。其优点为:变速范围大,变速级数也较多;变速方便又节省时间;在较大的变速范围内可传递较大的功率和扭矩;不工作的齿轮不啮合,因而空载功率损失较小等。其缺点为:变速箱构造较为复杂,不能在运转中变速;为了使滑移齿轮进入啮合,必须使用直齿圆柱齿轮传动,因而不能用斜齿圆柱齿轮传动。

滑移齿轮的结构及齿轮的布置直接影响变速箱的尺寸、变速操纵的方便性和结构实现的可能性等。为了节省材料、缩小外形尺寸,并使机器布局匀称,在考虑主轴适当支承距离和散热条件下,一般应尽可能减小减速器尺寸,但轴向尺寸和径向尺寸往往不能同时缩小。

(1)齿轮的布置

变速机构的零件较多,传动件的尺寸在很大程度上取决于它们所传递的扭矩。在功率一定的条件下,扭矩与转速成反比。因此,变速机构应安排在传动链的高速部位。但是,变速机构的转速也不是越高越好,转速越高,传动件的圆周速度也越高,则噪声也越大。

变速机构中的滑移齿轮一般适宜布置在主动轴上,并尽量将较小体积的齿轮做成滑移齿轮,使得滑移省力。

为避免同一滑移齿轮变速组内的两对齿轮同时啮合,两个固定齿轮的间距应大于滑移齿轮的宽度,如图 4-6 所示,一般留有间隙量为 $\Delta=1\sim2$ mm。

(2)滑移齿轮结构设计

①确定轮毂长度。为了保证滑移齿轮在滑动时有良好的导向性,齿轮块的内孔直径 d 与轴接触的轮毂长度 L 符合以下关系:

$$\frac{L}{d}\geqslant2 \tag{4-2}$$

②确定结构形式。滑移齿轮块有窄式、宽式、宽窄结合三种结构形式。为了缩短齿轮在轴向位置的排列尺寸,应采用窄式结构形式。

A.一个变速组中齿轮的轴向位置的排列。滑移齿轮轴向布置如图 4-6 所示。对于双联滑移齿轮,如图 4-7 所示,其轴向布置的结构形式有两种:窄式(即滑移齿轮轴向尺寸窄小)和宽式,从图中分析可知,窄式排列($L<4b$,其中 L 为齿轮变速组所占有的轴向长度,b 为一个齿轮的齿宽)的结构所占用轴向长度较小。

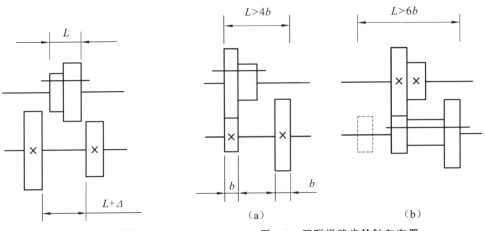

图 4-6　滑移齿轮轴向布置

图 4-7　双联滑移齿轮轴向布置

对于三联滑移齿轮,如图 4-8 所示,其轴向布置的结构形式有三种:窄式、宽式和宽窄结合式。同样可以分析得出,采用窄式[图 4-8(a)]的结构所占用轴向长度($L>7b$)最小,采用宽窄结合式[图 4-8(c)]所占用的轴向长度($L>9b$)比宽式[图 4-8(b)中 $L>11b$]要小。但要注意,三联滑移齿轮中相连两齿轮的齿数差必须大于 4,否则会产生齿顶碰撞现象。

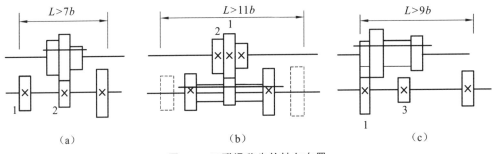

图 4-8　三联滑移齿轮轴向布置

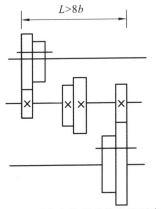

图 4-9　两个变速组的并行排列布置

B.相邻两个变速组中齿轮轴向位置的排列。其排列方式分为并行排列和交错排列两种类型。

图 4-9 所示为两个变速组的固定齿轮为并行排列方式,即在公共传动轴上,主动齿轮安装在一端,从动齿轮安装在另一端,其轴向总长度为两变速组的轴向长度之和。这种排列结构简单、应用范围广,但轴向长度较大。

图 4-10 所示为交错排列,即相邻两个变速组的公共传动轴上的主动齿轮、从动齿轮交替安装,使两变速组的滑移行程部分重叠,从而减小了轴向长度。图 4-9 所示

的并行排列($L>8b$)比图 4-10 所示的交错排列($L>6b$)的轴向尺寸要大 $2b$。

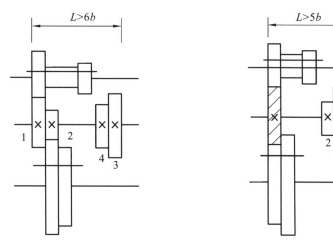

图 4-10　两个变速组的交错排列布置　　图 4-11　采用公用齿轮轴向排列布置

　　③采用公用齿轮传动。相邻两个变速组的公共传动轴上,将某一从动齿轮和主动齿轮合二为一,形成既是第一变速组的从动齿轮,又是第二变速组的主动齿轮,图 4-11 所示为单公用齿轮的 4 级变速机构,总长度为 $L>5b$,比图 4-10 所示的交错排列($L>6b$)的轴向尺寸还要小 b。

　　④相啮合齿轮的宽度。考虑到操纵机构的定位、磨损等问题,一般使小齿轮宽度比相啮合的大齿轮宽度宽 $1\sim2$ mm。为了使滑移齿轮能顺利地进入啮合,在啮合端必须有倒角,如图 4-12 所示。

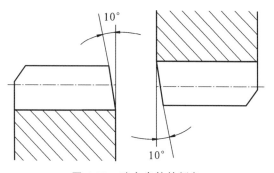

图 4-12　啮合齿轮的倒角

（3）缩小径向尺寸

　　为了减小变速箱的尺寸,既要缩短轴向尺寸,又要缩小径向尺寸,这二者之间互相联系。应根据具体情况全面考虑,恰当地布置齿轮。

　　①合理地安排变速箱内各轴的位置。如图 4-13 所示,三轴水平排列[图 4-13(a)]改为三角形排列[图 4-13(b)],使空间位置缩小了,但要注意零件间是否会发生干涉。

　　②缩小轴间距离。尽量选用较小的齿数和,并使齿轮的降速传动比大于 $1/4$,以避免采

用过大的齿轮。这样既缩小了该变速组的轴间距离,又不致妨碍其他变速组轴间距离的减小。

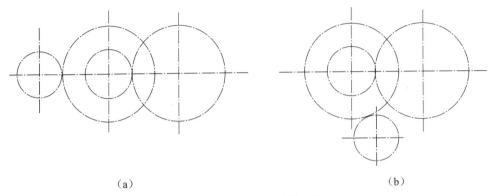

（a）　　　　　　　　　　　　　　　　（b）

图 4-13　缩小径向尺寸的布置

③轴线相互重合。如图 4-14 所示,Ⅰ轴与Ⅲ轴的轴线是重合的,径向尺寸可大为缩小,又减少了箱体孔的排重,从而箱体的加工工艺可得到改善。

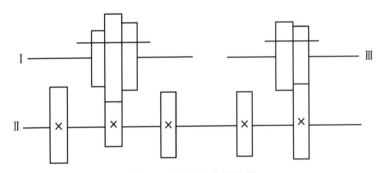

图 4-14　轴向重合的布置

2.离合器变速机构

离合器变速机构是采用离合器和齿轮相配合来实现的。常用的离合器有牙嵌离合器、齿轮离合器和摩擦离合器。

牙嵌离合器或齿轮离合器变速机构的尺寸小,但可传递较大的扭矩,传动比准确。由于变速时齿轮不必移动,就可采用斜齿轮传动,使齿轮传动平稳。但这种变速方法不能在运转中变速,各对齿轮始终处于啮合状态,因而磨损较大、效率较低,例如,CA6140 卧式车床主传动系统的低速挡用的斜齿轮传动,就是采用了齿轮离合器。

摩擦离合器的操纵既可以是机械的,也可以是液压的、电磁的。使用摩擦离合器可以在运转中变速,而且动作迅速,以实现变速自动化的要求。可使用斜齿轮传动,使运转平稳。这种变速方法的缺点是经常有啮合的空转齿轮,空转损失较大,容易发热,磨损较快,需要经常调节,离合器径向尺寸和轴向尺寸较大。

在设计时,安排离合器的位置应注意以下几个方面:

①减小离合器尺寸。在没有其他特殊要求的情况下,应尽可能将离合器安排在转速较

高的轴上,以减小传递扭矩,缩小离合器的尺寸。

②避免出现超速现象。超速现象是指当一条传动路线工作时,在另一条不工作的传动路线上出现传动件高速空转的现象,这种现象在两对齿轮传动比相差悬殊时更为严重。

③要考虑到结构上的因素。例如,当从动轴是主轴时,一般不宜将电磁离合器直接装在主轴上。这是因为电磁离合器的剩磁和散热将直接影响主轴的旋转精度,又因剩磁会使主轴轴承磁化,磁性微粒会吸附在轴承中,加剧轴承磨损。

4.2　主轴部件设计

主轴组件是机床的执行件,它由主轴、轴承、传动件和密封件等组成。它的功用是支承并带动工件刀具,完成表面成型运动,同时还起传递运动和转矩,承受切削力和驱动力的作用。主轴部件的性能直接影响零件的加工质量和生产率等,因此它是机床的关键部件之一。

4.2.1　主轴部件设计应满足的基本要求

机床主轴部件必须保证主轴在一定的载荷与转速下,能带动工件或刀具精确而可靠地绕其旋转中心线旋转,并能在其额定寿命期内稳定地保持这种性能。因此,主轴部件的工作性能直接影响加工质量和生产率。

主轴和一般传动轴一样都是传递运动、承受扭矩,此外还要保证传动件和支承的正常工作条件。工作时主轴除了直接承受切削力外,还要带动工件或刀具,实现表面成型运动。因此,对主轴部件提出如下几个方面的基本要求。

1.旋转精度

主轴组件的旋转精度指主轴装配后,在无载荷、低速运动的条件下,主轴前端安装工件或刀具部位的径向和轴向跳动值。

当主轴以工作转速旋转时,由于润滑油膜的产生和不平衡力的扰动,其旋转精度有所变化。这个差异对精密机床和高精度机床是不能忽略的。

主轴组件的旋转精度主要取决于主轴、轴承等的制造精度和装配质量。工作转速下的旋转精度还与主轴转速、轴承的设计和性能及主轴部件的平衡等因素有关。

主轴旋转精度是主轴部件工作质量的基本指标,是机床几何精度的组成部分,故也是机床的一项主要精度指标,直接影响被加工零件的几何精度和表面粗糙度。例如,车床卡盘的定心轴颈与锥孔中心线的径向跳动会影响加工的圆度,而轴向窜动在螺纹加工时则会影响螺距的精度等。

2.静刚度

静刚度又称刚度,反映了机床或部、组、零件抵抗静态外载荷的能力。主轴部件的弯曲刚度 K ,通常以主轴前端产生一个单位的弹性变形时,在变形方向上所需施加的力来表示,如图 4-15 所示,可表示为主轴组件的刚度不足,直接影响机床的加工精度、传动质量及工作的平稳性。

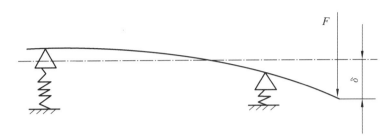

图 4-15　主轴组件的静刚度

对于大多数机床,主轴的径向刚度是主要的。如果满足径向刚度,则轴向刚度和扭转刚度基本上都能得到满足。

影响主轴部件刚度的因素很多,如主轴的结构尺寸,滚动轴承的类型、配置及预紧,滑动轴承的形式和油膜刚度,传动件的布置方式,主轴组件的制造和装配质量等。

在额定载荷作用下,主轴部件抵抗变形的能力称为动刚度。动刚度低于静刚度,二者是成正比的。对于高速、变载荷下的精密加工机床,动刚度显得十分重要,它会直接影响加工精度和刀具的寿命,如高速剃齿机主动梁的刚度。

3.抗振性

主轴部件的抗振性指其抵抗受迫振动和自激振动而保持平稳运转的能力。

主轴部件抵抗振动能力差,工作时容易发生振动,会影响工件的表面质量,限制机床的生产率;此外,还会降低刀具和主轴轴承的寿命,发出噪声,影响工作环境等。振动表现为强迫振动和自激振动两种形式。如果产生切削自激振动,将严重影响加工质量,甚至使切削无法进行下去。抵抗强迫振动则要提高动刚度。动刚度指激振力幅值与振动幅值之比。随着机床向高精度、高生产率方向发展,主轴对抗振性要求越来越高。

影响抗振性的主要因素是主轴组件的静刚度、质量分布及阻尼,主轴组件的低阶固有频率是其抗振性的主要评价指标。低阶固有频率应远高于激振频率,使其不容易发生共振。目前,抗振性的指标尚无统一标准,只有一些试验数据供设计时参考。

4.温升和热变形

温升使润滑油的黏度下降,例如,用油脂润滑,温度过高会使油脂融化流失,这些都将影响轴承的工作。温升产生热变形,使主轴伸长,轴承间隙发生变化。主轴箱的热膨胀使主轴偏离正确位置。如果前后轴承温度不同,还将使主轴倾斜。

主轴部件工作时,由于摩擦和搅油等耗损而产生热量,会出现温升。温升使主轴部件的形状产生变形,称为热变形。

热变形使主轴的旋转轴线与机床其他部件间的相对位置发生变化,直接影响加工质量,对高精度机床的影响尤为严重;热变形造成主轴弯曲,会使传动齿轮和轴承的工作状况恶化;热变形还会改变已调好的轴承间隙,使主轴和轴承、轴承和支承座孔之间的配合发生变化,影响轴承的正常工作,加剧磨损,严重时甚至发生轴承抱轴现象。因此,各类机床对主轴轴承温升都有一定限制,主轴轴承在高速空运转至热稳定状态下允许的温升:高精度机床为 8～10 ℃,精密机床为 15～20 ℃,普通机床为 30～40 ℃。数控机床可归入精密机床类。

受热膨胀是材料的固有性质。高精度机床如坐标镗床、高精度镗铣加工中心等,要进一步提高加工精度,往往最后受到热变形的制约。

影响主轴部件温升和热变形的主要因素是轴承的类型、配置方式、预紧力的大小、润滑方式和散热条件等。

5.耐磨性

主轴部件必须有足够的耐磨性,以便长期保持精度。易磨损的部位是轴承、安装夹具、刀具或工件的部位,如锥孔、定心轴颈等。此外,还有移动式主轴的工作表面,如镗床主轴的外圆、坐标镗床和某些主轴套筒移动式加工中心等的主轴套筒外圆等。

主轴若装有滚动轴承,则支承处的耐磨性取决于滚动轴承,如果用滑动轴承,则轴颈的耐磨性对精度保持性的影响很大。为了提高耐磨性,一般机床的上述部位应淬硬。

4.2.2　主轴部件的传动方式

主轴部件的传动方式主要有齿轮传动、带传动、电动机直接驱动等。主轴传动方式的选择,主要决定于主轴的转速、所传递的转矩、对运动平稳性的要求以及结构紧凑、装卸维修方便等要求。

1.齿轮传动

齿轮传动的特点是结构简单、紧凑,能传递较大的转矩,能适应变转速、变载荷工作,应用最广。它的缺点是线速度不能过高,通常小于 12～15 m/s,不如带传动平稳。

2.带传动

由于各种新材料及新型传动带的出现,带传动的应用日益广泛。常用的有平带、V 带、多楔带和同步带等。带传动的特点是靠摩擦力传动(除同步带外)、结构简单、制造容易、成本低,特别适用于中心距较大的两轴间传动。带有弹性、可吸振,故传动平稳,噪声小,适宜高速传动。带传动在过载时会打滑,能起到过载保护作用。其缺点是有滑动,不能用在速比要求准确的场合。

同步带是通过带上的齿形与带轮上的轮齿相啮合传递运动和动力的,如图 4-16(a)所示。同步带的齿形有两种:梯形齿和圆弧齿。圆弧齿形受力合理,较梯形齿同步带能够传递更大的转矩。

同步带传动的优点是:无相对滑动,传动比准确,传动精度高;采用伸缩率小、抗拉及抗弯强度高的承载绳4[图 4-16(b)],如钢丝、聚酯纤维等,因此强度高,可传递超过 100 kW 以上的动力;厚度小、质量轻、传动平稳、噪声小,适用于高速传动,可达 50 m/s;无须特别张紧,对轴和轴承压力小,传动效率高;不需要润滑,耐水、耐腐蚀,能在高温下工作,维护保养方便;传动比大,可达 1∶10 以上。其缺点是制造工艺复杂,安装条件要求高。

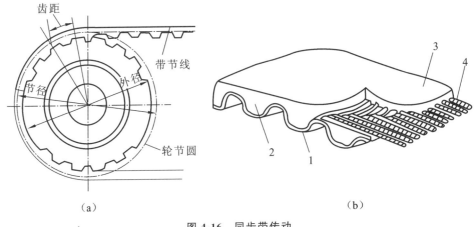

图 4-16　同步带传动

(a)同步带传动;(b)同步带结构

1—包布层;2—带齿;3—带背;4—承载绳

3.电动机直接驱动

如果主轴转速不算太高,可采用普通异步电动机直接带动主轴,如平面磨床的砂轮主轴;如果转速很高,可将主轴与电动机制成一体,成为主轴单元,如图 4-17 所示,电动机转子轴就是主轴,电动机座就是机床主轴单元的壳体。由于主轴单元大大简化了结构,有效地提高了主轴部件的刚度,降低了噪声和振动,有较宽的调速范围,有较大的驱动功率和转矩,便于组织专业化生产,因此广泛地用于精密机床、高速加工中心和数控车床中。

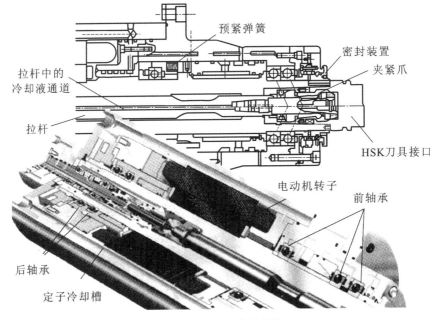

图 4-17　高速电主轴结构

4.2.3 主轴部件结构设计

1.主轴部件的支承数目

多数机床的主轴采用前、后两个支承。典型的两支承方式结构简单,制造装配方便,容易保证精度。为提高主轴部件的刚度,前、后支承应消除间隙或预紧。

为提高刚度和抗振性,有的机床主轴采用三个支承。三个支承中可以前、后支承为主要支承,中间支承为辅助支承,如图 4-18 所示;也可以前、中支承为主要支承,后支承为辅助支承。三支承方式对三支承孔的同心度要求较高,制造装配较复杂。主支承也应消除间隙或预紧,辅助支承则应保留一定的径向游隙或选用较大游隙的轴承。由于三个轴颈和三个箱体孔不可能绝对同轴,故三个轴承不能都预紧,以免发生干涉,恶化主轴的工作性能,使空载功率大幅度上升和轴承温升过高。

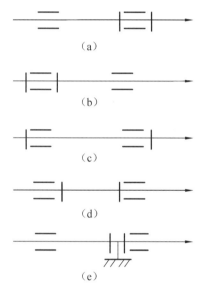

图 4-18 推力轴承配置形式

(a)前端配置;(b)后端配置;(c)、(d)两端配置;(e)中间配置

在三支承主轴部件中,采用前、中支承为主要支承的较多。

2.推力轴承位置配置形式

推力轴承在主轴前、后支承的配置形式,影响主轴轴向刚度和主轴热变形的方向和大小。为使主轴具有足够的轴向刚度和轴向位置精度,并尽量简化结构,应恰当地配置推力轴承的位置。

（1）前端配置

两个方向的推力轴承都布置在前支承处,如图 4-18(a)所示。这类配置方案在前支承处轴承较多,发热大、温升高,但主轴受热后向后伸长,不影响轴向精度,精度高,对提高主轴部件刚度有利。前端配置用于轴向精度和刚度要求较高的高精度机床或数控机床。

（2）后端配置

两个方向的推力轴承都布置在后支承处，如图4-18（b）所示。这类配置方案前支承处轴承较少，发热小、温升低，但是主轴受热后向前伸长，影响轴向精度。后端配置用于轴向精度要求不高的普通精度机床，如立铣床、多刀车床等。

（3）两端配置

两个方向的推力轴承分别布置在前、后两个支承处，如图4-18（c）、图4-18（d）所示。这类配置方案当主轴受热伸长后，影响主轴轴承的轴向间隙。为避免松动，可用弹簧消除间隙和补偿热膨胀。两端配置常用于短主轴，如组合机床主轴。

（4）中间配置

两个方向的推力轴承配置在前支承的后侧，如图4-18（e）所示。这类配置方案可减少主轴的悬伸量，并使主轴的热膨胀向后伸长，但前支承结构较复杂，温升也可能较高。

3.主轴传动件位置的合理布置

（1）传动件在主轴上轴向位置的合理布置

合理布置传动件在主轴上的轴向位置，可以改善主轴的受力情况，减小主轴变形，提高主轴的抗振性。合理布置的原则是传动力 F_Q 引起的主轴弯曲变形要小，引起主轴前轴端在影响加工精度敏感方向上的位移要小。因此，主轴上传动件轴向布置时，应尽量靠近前支承，有多个传动件时，其中最大传动件应靠近前支承。

传动件轴向布置的几种情况如图4-19所示。图4-19（a）的传动件放在两个支承中间靠近前支承处，受力情况较好，用得最为普遍；图4-19（b）的传动件放在主轴前悬伸端，主要用于具有大转盘的机床，如立式车床、镗床等，传动齿轮直接安装在转盘上；图4-19（c）的传动件放在主轴的后悬伸端，较多地用于带传动，为了更换传动带方便，如磨床。

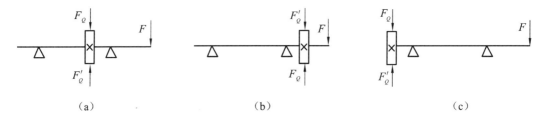

图 4-19　主轴上传动件的轴向布置方案

(a)位于主轴前支承内侧；(b)位于主轴前悬伸端；(c)位于主轴后悬伸端

（2）驱动主轴的传动轴位置的合理布置

主轴受到的驱动力 F_Q 相对于切削力 F_P 的方向取决于驱动主轴的传动轴位置。应尽可能将该驱动轴布置在合适的位置，使驱动力引起的主轴变形可抵消一部分因切削力引起的主轴轴端精度敏感方向上的位移。

4.主轴主要结构参数的确定

主轴的主要结构参数有主轴前、后轴颈直径 D_1 和 D_2，以及主轴内孔直径 d、主轴前端悬伸量 a 和主轴主要支承间的跨距 L，如图4-20所示。这些参数直接影响主轴旋转精度和主轴刚度。

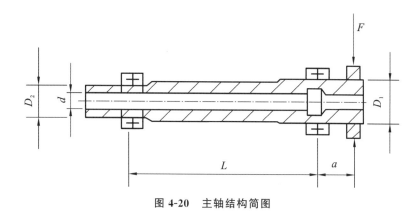

图 4-20　主轴结构简图

（1）主轴前轴颈直径 D_1 的选取

一般按机床类型、主轴传递的功率或最大加工直径，参考表 4-3 选取 D_1。车床和铣床后轴颈的直径 $D_2 \approx (0.7 \sim 0.85)D_1$。

表 4-3　主轴前轴颈的直径 D_1　　　　　　　　　　　　　　　　单位：mm

机床	功率/kW					
	2.6~3.6	3.7~5.5	5.6~7.2	7.4~11	11~14.7	14.8~18.4
车床	70~90	70~105	95~130	110~145	140~165	150~190
升降台铣床	60~90	60~95	75~100	90~105	100~115	—
外圆磨床	50~60	55~70	70~80	75~90	75~100	90~100

（2）主轴内孔直径 d 的确定

很多机床的主轴是空心的，内孔直径与其用途有关。如车床主轴内孔用来通过棒料或安装送夹料机构；铣床主轴内孔可通过拉杆来拉紧刀杆等。为不过多地削弱主轴的刚度，卧式车床的主轴孔径 d 通常不小于主轴平均直径的 $55\% \sim 60\%$；铣床主轴孔径 d 可比刀具拉杆直径大 $5 \sim 10$ mm。

（3）主轴前端悬伸量 a 的确定

主轴前端悬伸量 a 是指主轴前端面到前轴承径向反力作用中点（或前径向支承中点）的距离。它主要取决于主轴端部的结构、前支承轴承配置和密封装置的形式和尺寸，由结构设计确定。由于前端悬伸量对主轴部件的刚度、抗振性的影响很大，因此在满足结构要求的前提下，设计时应尽量缩短该悬伸量。

（4）主轴主要支承间跨距 L 的确定

合理确定主轴主要支承间的跨距 L，是获得主轴部件最大静刚度的重要条件之一。支承跨距过小，主轴的弯曲变形固然较小，但因支承变形引起主轴前轴端的位移量增大；反之，支承跨距过大，支承变形引起主轴前轴端的位移量尽管减小了，但主轴的弯曲变形增大，也会引起主轴前轴端较大的位移。因此,存在一个最佳跨距 L_0,在该跨距时,因主轴弯曲变形和支承变形引起主轴前轴端的总位移量为最小,一般取 $L_0 = (2 \sim 3.5)a$。但是在实际结构设计时,由于结构上的原因,以及支承刚度因磨损会不断降低,主轴主要支承间的实际跨距 L 往往大于上述最佳跨距 L_0。

5.主轴

(1)主轴的构造

主轴的构造和形状主要决定于主轴上所安装的刀具、夹具、传动件、轴承等零件的类型、数量、位置和安装定位方法等。设计时还应考虑主轴加工工艺性和装配工艺性。主轴一般为空心阶梯轴,前端径向尺寸大,中间径向尺寸逐渐减小,尾部径向尺寸最小。

主轴的前端形式取决于机床类型和安装夹具或刀具的形式。主轴头部的形状和尺寸已经标准化,应遵照标准进行设计。

(2)主轴的材料和热处理

主轴的材料应根据载荷特点、耐磨性要求、热处理方法和热处理后变形情况选择。普通机床主轴可选用中碳钢(如 45 钢),调质处理后,在主轴端部、锥孔、定心轴颈或定心锥面等部位进行局部高频感应淬火,以提高其耐磨性。当载荷大且有冲击时,或精密机床需要减小热处理后的变形时,或有其他特殊要求时,可以考虑选用合金钢。当支承为滑动轴承时,则轴颈也需淬硬,以提高耐磨性。

机床主轴常用材料及热处理要求见表 4-4。

表 4-4　机床主轴常用材料及热处理要求

钢材	热处理	用途
45	调质 22～28 HRC,局部高频感应淬火 50～55 HRC	一般机床主轴、传动轴
40Cr	淬火 40～50 HRC	载荷较大或表面要求较硬的主轴
20Cr	渗碳、淬火 56～62 HRC	中等载荷、转速很高、冲击较大的主轴
38CrMoAlA	氮化处理 850～1000 HV	精密和高精密机床主轴
65Mn	淬火 52～58 HRC	高精度机床主轴

对于高速、高效、高精度机床的主轴部件,热变形及振动等一直是国内外研究的重点课题,特别是对高精度、超精密加工机床的主轴。据资料介绍,目前出现一种玻璃陶瓷材料,又称微晶玻璃的新材料,其线热膨胀系数几乎为零,是制作高精度机床主轴的理想材料。

(3)主轴的技术要求

主轴的技术要求应根据机床精度标准制定。首先制定出满足主轴旋转精度所必需的技术要求,如主轴前、后轴承轴颈的同轴度,锥孔相对于前、后轴颈中心连线的径向圆跳动,定心轴颈及其定位轴肩相对于前、后轴颈中心连线的径向圆跳动和轴向圆跳动等;再考虑其他性能所需的要求,如表面粗糙度、表面硬度等。主轴的技术要求要满足设计要求、工艺要求、检测方法的要求,应尽量做到设计、工艺、检测的基准相统一。

图 4-21 所示为车床主轴简图，A 和 B 是主支承轴颈，主轴轴线是 A 和 B 的圆心连线，就是设计基准。检测时以主轴轴线为基准来检验主轴上各内、外圆表面和端面的径向圆跳动和轴向圆跳动，所以也是检测基准。主轴轴线既是主轴前、后锥孔的工艺基准，又是锥孔检测时的测量基准。

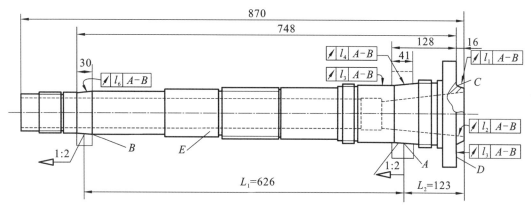

图 4-21　车床主轴简图

主轴各部位的尺寸公差、几何公差、表面粗糙度和表面硬度等具体数值应根据机床的类型、规格、精度等级及主轴轴承的类型来确定。

4.2.4　主轴滚动轴承

主轴的旋转精度在很大程度上由其轴承决定，轴承的变形量占主轴组件总变形量的 $30\% \sim 50\%$，其发热量占比也较大，故主轴轴承应具有旋转精度高、刚度大、承载能力强、抗振性好、速度性能高、摩擦功耗小、噪声低和寿命长等特点。

主轴轴承可分为滚动轴承和滑动轴承两大类。在使用中，应根据主轴部件工作性能要求、制造条件和经济效果合理地选用。

1.主轴部件主支承常用滚动轴承

(1)主轴常用滚动轴承的类型

常用的滚动轴承已经标准化、系列化，共十多种类型，结构与分类如图 4-22 所示。

(2)滚动轴承的选用

滚动轴承的选用，主要看转速、载荷、结构尺寸要求等工作条件。一般来说，线接触轴承（滚柱、滚锥、滚针）承载能力大，同时摩擦大，相应极限转速较低；点接触球轴承则反之。推力球轴承对中性较差，极限转速较低。单个双列圆锥滚子轴承可同时承受径向载荷和单、双轴向载荷，且结构简单、尺寸小，但滚动体受力不在最优方向，使极限转速降低。轴系的径向载荷与轴向载荷分别由不同轴承承受，受力状态较好，但结构复杂、尺寸大。若径向尺寸受限制，在轴颈尺寸相同条件下，成组采用轻、特轻或超轻系列轴承，虽然滚动体尺寸小，但数量增加，刚度相差一般不超过 10%。若轴承外径受限制，成组采用轻、特轻轴承。用滚针轴承来减小径向尺寸只能在低速、低精度条件下使用。

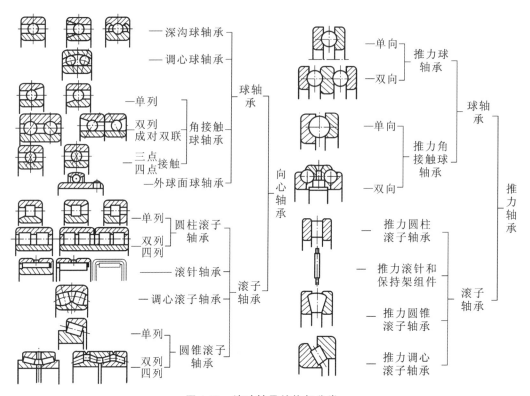

图 4-22　滚动轴承结构与分类

一般轴系要同时承受径向载荷与双轴向载荷,可按下列条件考虑选用滚动轴承:

①中高速重载。双列圆柱滚子轴承配双向推力角接触球轴承。成对圆锥滚子轴承结构简单,但极限转速较低。空心圆锥滚子轴承的极限转速提高,但成本较高。

②高速轻载。成组角接触球轴承,根据轴向载荷的大小分别选用 25°或 15°接触角。

③轴向载荷为主。精度不高时选用推力轴承配深沟球轴承;精度较高时选用向心推力轴承。

(3)滚动轴承的精度与配合

①精度

各种机床滚动轴系的精度,一般根据其功能要求和检验标准给出相应规定,如加工精密级轴系的端部,应根据径向跳动和轴向窜动来选择主轴轴承的精度。

机床主轴轴承的精度除 P2、P4、P5、P6(相当于旧标准的 B、C、D、E)四级外,新标准中又补充了 SP 和 UP 级。SP 和 UP 级的旋转精度,分别相当于 P4 级和 P2 级,而内、外圈尺寸精度则分别相当于 P5 和 P4 级。不同精度等级的机床,主轴轴承精度选择可参考表 4-5。数控机床可按精密或高精密级选择。

表 4-5 主轴轴承精度

机床精密等级	前轴承	后轴承
普通精度等级	P5 或 P4(SP)	P5 或 P4(SP)
精密级	P4(SP)或 P2(UP)	P4(SP)
高精密级	P2(UP)	P2(UP)

轴承的精度不但影响主轴部件的旋转精度,而且影响刚度和抗振性。随着机床向高速、高精度发展,目前普通机床主轴轴承都趋向于取 P4(SP)级,P6 级(旧 E 级)轴承在新设计的机床主轴部件中已很少采用。

主轴前后支承的精度对主轴旋转精度的影响是不同的,如图 4-23 所示。图 4-23(a)表示前轴承内圈有偏心量为 0、后轴承偏心量为 0 的情况,这时反映到主轴端部的偏心量为

$$\delta_1 = \frac{L+a}{L}\delta_0 \tag{4-3}$$

图 4-23(b)表示后轴承内圈有偏心量为 0、前轴承偏心量为 0 的情况,这时反映到主轴端部的偏心量为

$$\delta_2 = \frac{a}{L}\delta_0 \tag{4-4}$$

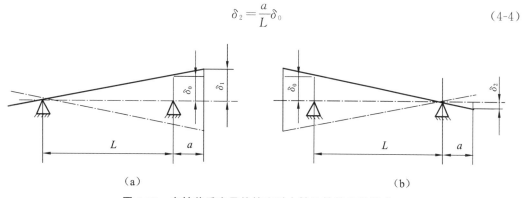

图 4-23 主轴前后支承的精度对主轴旋转精度的影响

由此可见,前轴承内圈的偏心量对主轴端部精度的影响较大,后轴承的影响较小。因此,前轴承的精度应当选得高些,通常要比后轴承的精度高一个级别。

②配合

滚动轴承内、外圈往往是薄壁件,受相配的轴颈、箱体孔的精度和配合性质的影响很大。要求配合性质和配合面的精度合适,不致影响轴承精度;反之则旋转精度下降,引起振动和噪声。配合性质和配合面的精度还影响轴承的承载能力、刚度和预紧状态。滚动轴承外圈与箱体孔的配合采用基轴制。内圈孔与轴颈的配合采用基孔制,但作为基准的轴承孔的公差带位于以公称直径为零线的下方。这样,在采用相同配合的情况下,轴承孔与轴颈的配合更紧些。滚动轴承的配合可参照表 4-6。

表 4-6　滚动轴承的配合

配合部位	配合		
主轴轴颈与轴承内圈	m5	K5	J5 或 js5
座孔与轴承外圈	K6	J6 或 js6	规定一定的过盈量

轴承配合性质的选择,要考虑下列工作条件:

A.负荷类型:承受始终在轴承套圈滚道的某一局部作用的局部负荷的套圈,配合应相对松些。承受依次在轴承套圈的整个滚道上作用的循环负荷的套圈,配合应相对紧些。负荷越大,配合的过盈量应越大。承受冲击、振动负荷,比承受平稳负荷的配合应更紧些。

B.转速:一般转速越高,发热量越大,轴承与运动件的配合应紧些,与静止件的配合可松些。

C.轴承的游隙和预紧:轴承具有基本游隙,配合的过盈量应适中。轴承预紧、配合的过盈量应减小。

D.结构刚度:若配合零件是空心轴或薄壁箱体,或配合零件材料是铝合金等弹性模量较小的材料,配合应选得紧些;对结构刚度要求较高的轴承,配合也应选得紧些。

(4)滚动轴承的寿命

选定滚动轴承型号之后,必要时还需要校核轴承的寿命,有关轴承寿命的计算可参阅《机械设计手册》。

(5)滚动轴承的刚度

①刚度的定义与测量

轴承刚度的定义为

$$k = \frac{\Delta F}{\Delta l} \tag{4-5}$$

式中　k——轴承刚度;

　　　ΔF——外载荷的改变量,载荷为力或力矩;

　　　Δl——内、外圈间位移的改变量,位移为线位移或角位移。

通过对轴承变形与轴承载荷关系的分析,得知相接触物体间相对位移 Δl 与载荷增量 ΔF 呈非线性关系,即轴承刚度不是常数。轴承刚度分为径向刚度、轴向刚度和角刚度三类。

②交叉柔度

实测表明,轴承在径向力 F_r 作用下,同时产生径向相对位移 ΔX_r、轴向相对位移 ΔZ_r 和相对角位移 Δa_r,这种现象对角接触轴承尤为明显。

径向力 F_r 引起的相对角位移 Δa_r、轴向相对位移 ΔZ_r 与 F_r 之比,称为径向交叉柔度 f_{ra} 和 f_{rz}。

目前,对轴承的交叉柔度还处于理论研究阶段,在实际应用中,常忽略交叉柔度对轴承的影响。

2.几种典型的主轴轴承配置形式

主轴轴承的配置形式应根据刚度、转速、承载能力、抗振性和噪声等要求来选择。常见有如下几种典型的配置形式:速度型、刚度型、刚度速度型,如图 4-24 所示。

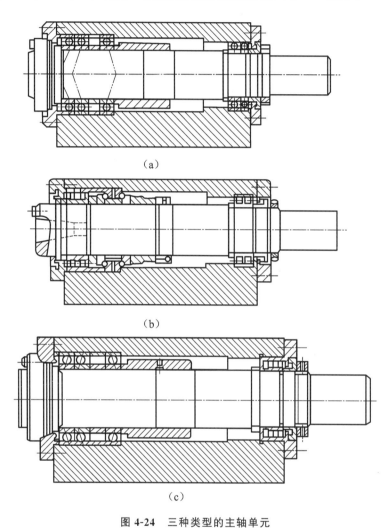

(a)

(b)

(c)

图 4-24　三种类型的主轴单元

(a)速度型;(b)刚度型;(c)刚度速度型

(1)速度型[图 4-24(a)]

主轴前、后轴承都采用角接触球轴承(两联或三联)。当轴向切削分力较大时,可选用接触角为 25° 的球轴承;轴向切削分力较小时,可选用接触角为 15° 的球轴承。在相同的工作条件下,前者的轴向刚度比后者的大一倍。角接触球轴承具有良好的高速性能,但它的承载能力较小,因而适用于高速轻载或精密机床,如高速镗削单元、高速 CNC 车床(图 4-25)等。

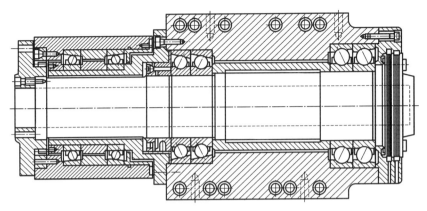

图 4-25　高速 CNC 车床主轴部件

（2）刚度型［图 4-24(b)］

前支承采用双列短圆柱滚子轴承承受径向载荷，60°角接触双列推力球轴承承受轴向载荷，后支承采用双列短圆柱滚子轴承。这种轴承配置的主轴部件，适用于中等转速和切削负载较大、要求刚度高的机床。如数控车床主轴（图 4-26）、镗削主轴单元等。

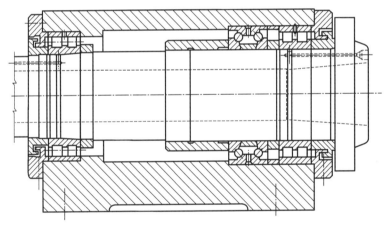

图 4-26　CNC 型车床主轴

（3）刚度速度型［图 4-24(c)］

前轴承采用三联角接触球轴承，后支承采用双列短圆柱滚子轴承。主轴的动力从后端传入，后轴承要承受较大的传动力，所以采用双列短圆柱滚子轴承。前轴承的配置特点是：外侧的两个角接触球轴承大口朝向主轴工作端，承受主要方向的轴向力；第三个角接触球轴承则通过轴套与外侧的两个轴承背靠背配置，使三联角接触球轴承有一个较大支承跨，以提高承受颠覆力矩的刚度。图 4-27 所示的卧式铣床主轴，即要求径向刚度好，并有较高的转速。

图 4-28 所示为配置圆锥滚子轴承的机床主轴，其结构比采用双列短圆柱滚子轴承简化，承载能力和刚度比角接触球轴承的高。但是，因为圆锥滚子轴承发热大、温升高，允许的

极限转速要低些。适用于载荷较大、转速不太高的普通精度的机床主轴。

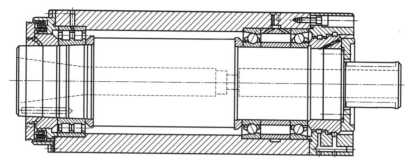

图 4-27　卧式铣床主轴

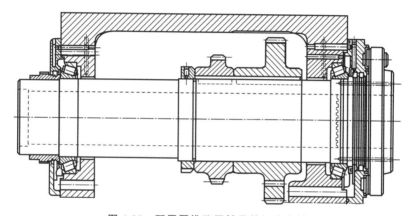

图 4-28　配置圆锥滚子轴承的机床主轴

图 4-29 所示为卧式镗铣床主轴部件,由镗主轴 2 和铣主轴 3 组成。铣主轴 3 的前轴承采用双列圆锥滚子轴承,可以承受双向轴向力和径向力,承载能力大、刚性好、结构简单。主运动传动齿轮 1 装在铣主轴 3 上。铣主轴轴端可装铣刀盘或平镟盘,进行铣削加工或车削加工。镗主轴可在铣主轴内轴向移动,通过双键 4 传动,用于孔加工。

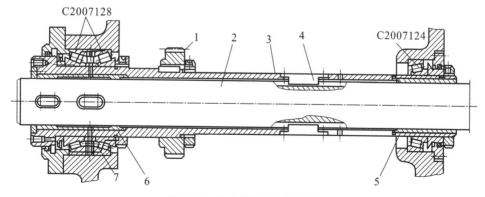

图 4-29　卧式镗铣床主轴部件

1—齿轮;2—镗主轴;3—铣主轴;4—双键;5、6—镗主轴套;7—前轴承

　　图 4-30 所示为采用推力球轴承承受两个方向轴向力的主轴部件,其轴向刚度很高,适用于承受轴向载荷大的机床(如钻床)主轴。

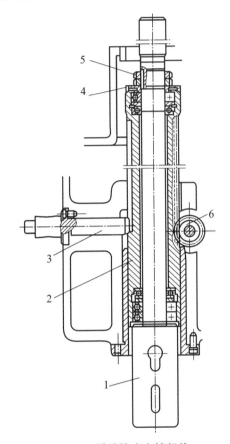

图 4-30　摇臂钻床主轴部件
1—主轴;2—主轴套筒;3—键;4—挡油盖;5—螺母;6—进给齿轮

4.2.5　主轴滑动轴承

　　滑动轴承在运转中阻尼性能好,故有良好的抗振性和运动平稳性。按照流体介质不同,主轴滑动轴承可分为液体滑动轴承和气体滑动轴承;液体滑动轴承根据油膜压力形成的方法不同,有动压轴承和静压轴承之分;动压轴承又可分为单油楔和多油楔等。

　　1.液体动压轴承

　　动压轴承的工作原理是:当主轴旋转时,带动润滑油从间隙大处向间隙小处流动,形成压力油楔而产生油膜压力 p 将主轴浮起。

　　油膜的承载能力与工作状况有关,如速度、润滑油的黏度、油楔结构等。转速越高,间隙越小,油膜的承载能力越大。油楔结构参数包括油楔的形状、长度、宽度、间隙以及油楔入口与出口的间隙比等。

　　动压轴承按油楔数分为单油楔轴承和多油楔轴承。多油楔轴承因有几个独立油楔,形成的油膜压力在几个方向上支承轴颈,轴心位置稳定性好,抗振动和冲击性能好。因此,机床主轴上采用多油楔轴承较多。

多油楔轴承有固定多油楔滑动轴承和活动多油楔滑动轴承两类。

(1)固定多油楔滑动轴承

在轴承内工作表面上加工出偏心圆弧面或阿基米德螺旋线来实现油楔。图 4-31 所示是用于外圆磨床砂轮架主轴的固定多油楔轴承。其中,轴瓦 1 为外柱(与箱体孔配合)内锥(与主轴颈配合)式;前、后两个止推环 2 和 5 是滑动推力轴承;转动螺母 3 可使主轴相对于轴瓦作轴向移动,通过锥面调整轴承间隙;螺母 4 可调整滑动推力轴承的轴向间隙。固定多油楔轴承油楔形状由主轴工作条件而定。如果主轴旋转方向恒定、无须换向、转速变化很小或不变速时,油楔可采用阿基米德螺旋线形式;如果主轴转速是变化的而且要换向,油楔可采用偏心圆弧面形式,如图 4-31(b)所示,车床主轴轴承采用此方式。

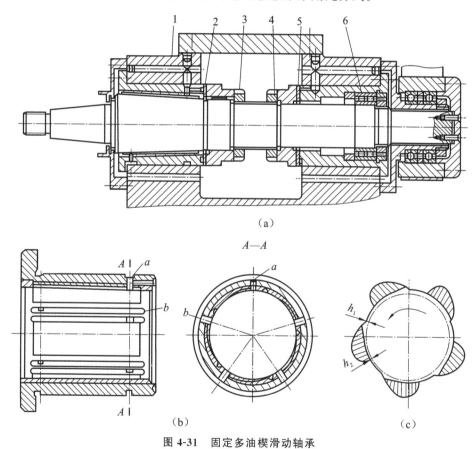

(a)

(b)　　　　　　　　　　　　　　(c)

图 4-31　固定多油楔滑动轴承

(a)主轴组件;(b)轴瓦;(c)轴承工作原理

1—轴瓦;2、5—止推环;3—转动螺母;4—螺母;6—轴承

(2)活动多油楔滑动轴承

活动多油楔滑动轴承利用浮动轴瓦自动调位来实现油楔,如图 4-32 所示。这种轴承由三块或五块轴瓦组成,各有一球头螺钉支承,可以稍作摆动以适应转速或载荷的变化。瓦块

的压力中心 O 离油楔出口处距离 b_0 约等于瓦块宽 B 的 0.4 倍,即 $b_0 \approx 0.4B$,也就是该瓦块的支承点不通过瓦块宽度的中心。这样,当主轴旋转时,由于瓦块上压强的分布,瓦块可自动摆动至最佳间隙比 $h_1/h_2 = 2.2$(进油口间隙与出油口间隙之比)后处于平衡状态。这种轴承只能朝一个方向旋转,不允许反转,否则不能形成压力油楔。轴承径向间隙靠螺钉调节。这种轴承的刚度比固定多油楔低,多用于各种外圆磨床、无心磨床和平面磨床中。

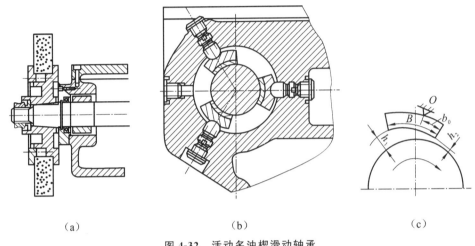

（a）   （b）   （c）

图 4-32　活动多油楔滑动轴承

（a）、（b）轴承结构图；（c）轴承工作原理

2.液体静压轴承

液体静压轴承系统由一套专用供油系统、节流阀和轴承三部分组成。静压轴承由供油系统供给一定压力油,输进轴和轴承间隙中,利用油的静压力支承载荷,轴颈始终浮在压力油中。所以,轴承油膜压强与主轴转速无关,承载能力不随转速而变化。静压轴承与动压轴承相比有如下优点:承载能力高、旋转精度高,油膜有均化误差的作用,可提高加工精度,抗振性好,运转平稳,既能在极低转速下工作,也能在极高转速下工作,摩擦小,轴承寿命长。

静压轴承主要的缺点是需要一套专用供油设备,轴承制造工艺复杂、成本较高。

定压式静压轴承的工作原理如图 4-33 所示,在轴承的内圆柱孔上,开有四个对称的油腔 1~4。油腔之间由轴向回油槽隔开,油腔四周有封油面,封油面的周向宽度为 a,轴向宽度为 b。油泵输出的油压为定值 p_s 的油液,分别流经节流阀 T_1、T_2、T_3 和 T_4 进入各个油腔。节流阀的作用是使各个油腔的压力随外载荷的变化自动调节,从而平衡外载荷。当无外载荷作用(不考虑自重)时,各油腔的油压相等,即 $p_1 = p_2 = p_3 = p_4$,保持平衡,轴在正中央,各油腔封油面与轴颈的间隙相等,即 $h = h_1 = h_2 = h_3 = h_4$,间隙液阻也相等。

当有外载荷 F 向下作用时,轴颈失去平衡,沿载荷方向偏移一个微小位移 e。油腔 3 间隙减小,即 $h_3 = h - e$,间隙液阻增大,流量减小,节流阀 T_3 的压力降减小,因供油压力 p_s 是定值,故油腔压力 p_3 随之增大。同理,上油腔 1 间隙增大,即 $h_1 = h + e$,间隙液阻减小,流量增大,节流阀 T_1 的压力降增大,油腔压力 p_1 随着减小。两者的压力差 $\Delta p = p_3 - p_1$,将主轴推回中心以平衡外载荷 F。

节流阀主要有如下两类:

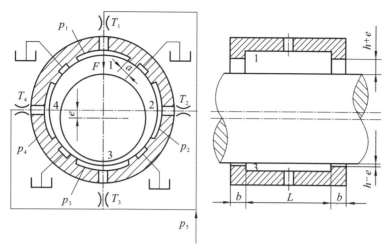

图 4-33 定压式静压轴承的工作原理

①固定节流阀。其特点是节流阀的液阻不随外载荷的变化而变化。常用的有小孔节流阀和毛细管节流阀。

②可变节流阀。其特点是节流阀的液阻能随着外载荷的变化而变化,采用这种节流阀的静压轴承具有较高油膜刚度。常用的有薄膜式和滑阀式两种。

3.空气动压轴承

空气动压轴承的工作原理与液体动压基本相同,在轴颈和轴瓦间形成气楔。由于空气的压缩性、黏度系数和温度变化均较小,所以空气动压轴承用于超高速、超高低温、放射性、防污染等场合时有独特的优越性。空气动压轴承已用于惯性导航陀螺仪、真空吸尘器的小型高速风机(18000 r/min)、纺织机心轴(转速大于 100000 r/min)、波音 747 座舱内的三轮型空调制冷涡轮机(40000 r/min)、太阳能水冷凝器、飞机燃气涡轮(35000 r/min)等机器中。空气动压轴承具有耗能低(效率达 99%)、结构简单、工作可靠、寿命长等优点,适用于超高速轻载的小型机械。

常见的空气动压轴承形式有悬臂式、波箔式等。悬臂式动压轴承如图 4-34 所示,壳体 2 的内孔中均匀固定 6～12 片金属薄片 1,如屋瓦那样叠搭在一起。金属薄片 1 类似悬臂曲梁,曲率半径大于轴颈 3,叠搭后形成比轴颈小的变径孔。轴颈插装进去使变径孔胀大,薄片组夹紧并支承着轴。当轴上的驱动转矩大于轴颈和薄片组的摩擦转矩时,轴开始旋转,轴的转速提高到某一定值时,轴颈与薄片间形成的气楔产生动压将轴颈托起,没有机械摩擦,转速可以升高,气膜刚度相应增大。当轴颈受到脉冲载荷时,所产生的多余能量转换成薄片组的变形能,使气膜仍保持必要的厚度。薄片还吸收高速转轴的涡动能量,阻碍自激振动的形成。图 4-35 所示为波箔式动压轴承,金属平薄带 3(平箔)和金属波形薄带 4(波箔)一端紧固在壳体 2 上,另一端处于自由状态,可沿圆周方向伸缩。平箔支承在波箔上有一定弹性。轴颈 1 旋转时与平箔间形成气楔,将轴托起,无机械摩擦,能达到高速。波箔起着吸收能量、防止自激振动、保证主轴转速稳定的作用。

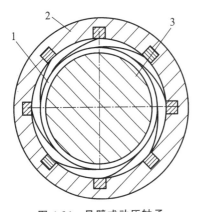

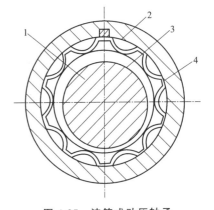

图 4-34　悬臂式动压轴承　　　　　　　　　图 4-35　波箔式动压轴承

1—金属薄片；2—壳体；3—轴颈　　　　　1—轴颈；2—壳体；3—平薄带；4—波形薄带

4.空气静压轴承

空气静压轴承的工作原理与液体静压轴承基本相同,在轴颈和轴套间形成气膜。由于空气的黏度很小,流量较大,增加了气压装置的成本。为此应选用较小的间隙(为液体静压轴承的 $1/3\sim1/2$),且增大封气面宽度。气体密度随压力而变,要考虑质量流量而不是体积流量。气体静压轴承要用抗腐蚀的材料,防止气体中的水分等的腐蚀。

5.动静压轴承

(1)工作原理

动静压轴承综合了动压轴承和静压轴承的优点,工作性能良好。例如,动静压轴承用于磨床,磨削外圆时表面粗糙度 Ra 达 0.012,磨削平面时表面粗糙度 Ra 达 0.025。按工作特性,动静压轴承可分为静压起动、动压工作及动静压混合工作两类。

(2)动静压轴承形式

①油楔加工式。图 4-36 所示的动静压轴承的油楔是加工所得。在轴承工作面上设置了静压油腔和动压油楔,使之在不影响静压承载力的前提下能产生较大的动压力。当轴颈的偏心量较大时,工作面产生的动压力为供油压力的几十倍,大大增加了轴承的承载能力,也有效地降低了油泵的能量消耗。

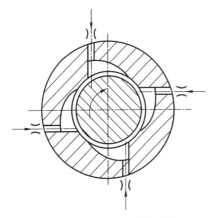

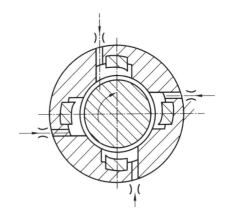

图 4-36　油楔加工式动静压轴承　　　　　　图 4-37　油楔镶块式动静压轴承

②油楔镶块式。图 4-37 所示的动静压轴承的油楔是镶块式的,节流器装在轴承外。

6.磁悬浮轴承

磁悬浮轴承是利用磁力将轴无机械摩擦、无润滑地悬浮在空间的一种新型轴承。目前用于空间工业(如人造卫星的惯性轮和陀螺仪飞轮及低温涡轮泵)、机床工业(大直径磨床、高精度车床)、轻工业(涡轮分子真空泵、离心机、小型低温压缩机)、重工业(压缩机、鼓风机、泵、汽轮机、燃气轮机、电动机和发电机)等。

磁悬浮轴承原理如图 4-38 所示。径向磁力轴承由转子 1 和定子 2 组成。定子装有电磁体,使转子悬浮在磁场中。转子转动时,由位移传感器 4 随时检测转子的偏心,并通过反馈与基准信号(转子的理想位置)进行对比。调节器根据偏差信号进行调节,并把调节信号送到功率放大器,以改变定子电磁铁的电流,从而改变对转子的磁吸力,使转子向理想位置复位。

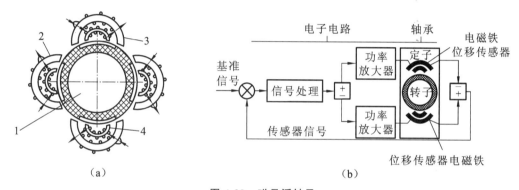

（a）　　　　　　　　　　　　　　　　（b）

图 4-38　磁悬浮轴承

1—转子；2—定子；3—电磁铁；4—位移传感器

径向磁力轴承的转轴一般要配备辅助轴承。转轴工作时,辅助轴承不与转轴接触。当意外断电或磁悬浮失控时,辅助轴承能托住高速旋转的转轴,起安全保护作用。辅助轴承与转轴间的间隙一般为转子与电磁体气隙的一半。

4.2.6　提高主轴部件工作性能的措施

1.提高主轴部件的旋转精度

轴承(如主轴)的径向跳动主要由被测表面的几何形状误差、被测表面对旋转轴线的偏心、旋转轴线在旋转过程中的径向漂移等因素引起。

主轴部件轴端的轴向窜动主要由被测端面的几何形状误差、被测端面对轴心线的不垂直度、旋转轴线的轴向窜动等三项误差引起。

提高其旋转精度的主要措施有:

①提高轴颈与架体(或箱体)支承的加工精度;

②用选配法提高轴承装配与预紧精度;

③主轴部件装配后对输出端轴的外径、端面及内孔通过互为基准进行精加工。

2.提高主轴部件的抗振性

主轴部件有强迫振动和自激振动,前者是由主轴部件的不平衡和质量分布不均匀以及负载变化引起的,后者是由传动系统本身的失稳引起的。提高其抗振性的主要措施如下:

①提高主轴部件的固有振动频率、刚度和阻尼,通过计算或试验来预测其固有振动频率,当阻尼很小时,应使其固有振动频率远离强迫振动频率。

②消除或减少强迫振动振源的干扰作用。构成主轴部件的主要零部件均应进行静态和动态平衡,选用传动平稳的传动件、对轴承进行合理预紧等。

③采用吸振、隔振和消振装置。

另外,还应采取温度控制,以减少主轴部件热变形的影响。如合理选用轴承类型和精度,并提高相关制造和装配的质量;采取适当的润滑方式可降低轴承的温升;采用热隔离、热源冷却和热平衡方法以降低温度的升高,防止主轴部件的热变形。

4.3 支承件设计

4.3.1 支承件设计应满足的基本要求

支承件是机床中的重要基本构件之一,主要包括床身、立柱、横梁、底座、工作台箱体及升降台等大件。机床中的支承件有的相互固连在一起,有的可沿导轨做相对运动。支承件的作用是支撑其他零部件,使它们之间保持正确的相互位置和相对运动;支承件还承受各种作用力,如车床床身支撑着主轴箱、进给箱、溜板箱、刀架、光杠和丝杠等,它不仅承受重力,还承受切削力、摩擦力、夹紧力等。除了可在支承件上安装多种零件外,有些支承件的内部空间较大,常作为切削液、润滑液的储存器或液压油油箱,有时,也可将变速箱、电动机和电气箱等部件放在其中。

支承件在机床工作过程中会产生变形和振动,这将直接影响机床的工作性能,因此,正确设计支承件的结构、尺寸,正确选择材料及合理布局十分重要。

机床中的支承件种类很多,它们的结构、尺寸、材料和布局多种多样,均应满足以下基本要求:

①在额定载荷作用下,支承件应具有足够的抵抗变形的能力(即刚度)。

②支承件应具有足够大的抵抗受迫振动和自激振动的能力(即抗振性),这就要求支承件具有良好的动态特性。

③支承件应具有良好的热稳定性,避免或减少热变形对机床工作精度的影响。

④支承件应具有良好的结构工艺性,并注意合理选材,以减少其内应力。

⑤设计支承件时还应保证加工和装配工艺性要好、吊运安全、操作方便、排屑通畅等。

支承件对机床的性能影响很大,且其质量可占总质量的 80% 以上,所以支承件的设计是一项很重要的工作。目前主要是根据同类机型上的支承件进行类比设计,并对主要支承件进行相应的验证和试验,使其满足实际需要,在此前提下减轻质量、节省材料、降低能耗。

4.3.2　机床的承载类型和支承件的形状

支承件是机床的一部分,因此设计支承件时,应首先考虑机床所属的承载类型和常用支承件的形状。在满足机床工作性能的前提下,综合考虑其工艺性。还要根据其使用要求,进行受力和变形分析,再根据所受的力和其他要求(如排屑、吊运、安装其他零件等)进行结构设计,初步确定其形状和尺寸。然后,可以利用计算机进行有限元计算,求出其静态刚度和动态特性,再对设计进行修改和完善,选出最佳结构形式,既能保证支承件具有良好的性能,又能尽量减轻质量,节约材料。

1.机床的承载类型

机床根据所受外载荷的特点,可分为以下三类:

①以切削力为主的中小型机床。这类机床的外载荷以切削力为主,工件的重力、移动部件(如车床的刀架)的重力等相对较小,在进行受力分析时可忽略不计。例如,车床的刀架从床身的一端移至床身的中部时引起床身弯曲变形可忽略不计。

②以移动件的重力和热应力为主的精密和高精密机床。这类机床以精加工为主,切削力很小。外载荷以移动部件的重力以及切削产生的热应力为主。如双柱立式坐标镗床,在分析横梁受力和变形时,主要考虑主轴箱从横梁一端移至中部时,引起的横梁的弯曲和扭转变形。

③重力和切削力必须同时考虑的大型和重型机床。这类机床工件较重,移动件的重力较大,切削力也很大,因此,受力分析时必须同时考虑工件重力、移动件重力和切削力等载荷,如重型车床、落地镗铣床及龙门式机床等。

2.支承件的形状

支承件的形状基本上可以分为以下三类:

①箱形类。支承件在三个方向的尺寸都相差不大,如各类箱体、底座、升降台等。

②板块类。支承件在两个方向的尺寸比第三个方向的大得多,如工作台、刀架等。

③梁类。支承件在一个方向的尺寸比另两个方向的大得多,如立柱、横梁、摇臂、滑枕、床身等。

4.3.3　支承件的结构设计

支承件的变形通常包括三部分:自身变形、局部变形和接触变形。对于机床床身,载荷是通过导轨面作用到床身上的,故变形包括床身自身的变形、导轨的局部变形和导轨表面的接触变形。局部变形和接触变形有时可以忽略,但在某些情况下,它们可能成为支承件变形的主要根源。设计时,必须注意这三类变形之间的匹配,并针对其薄弱环节,加强刚度。

1.支承件的自身刚度

支承件抵抗自身变形的能力称为支承件的自身刚度,它与支承件的材料、形状、尺寸及肋板的布置等因素有关。在进行支承件设计时,为提高支承件的自身刚度,可采取以下措施。

（1）支承件的横截面形状选择

支承件受到的载荷主要有拉压、弯曲及扭转，通常以弯曲和扭转为主要载荷，产生的变形主要是弯、扭变形。因此，对于支承件的自身刚度，主要应考虑其抗弯刚度和抗扭刚度。在其他条件相同时，抗弯刚度、抗扭刚度与截面的惯性矩有关。对于同一材料，截面面积相同而尺寸不同，它们的截面惯性矩可能会相差很多。合理地选择截面的形状和尺寸可提高支承件自身刚度。表 4-7 列出了横截面面积皆近似为 $10000\ mm^2$ 的八种不同横截面形状的抗弯截面系数和抗扭截面系数的比较。

表 4-7　不同截面形状的抗弯截面系数和抗扭截面系数

序号	截面形状尺寸/mm	截面系数计算值/mm⁴		序号	截面形状尺寸/mm	截面系数计算值/mm⁴	
		抗弯	抗扭			抗弯	抗扭
1	φ113	$\dfrac{800}{1.0}$	$\dfrac{1600}{1.0}$	5	100×100	$\dfrac{833}{1.04}$	$\dfrac{1400}{0.88}$
2	φ113 φ160 23.5	$\dfrac{2412}{3.02}$	$\dfrac{4824}{3.02}$	6	100×100 142×142	$\dfrac{2555}{3.19}$	$\dfrac{2040}{1.27}$
3	φ160 φ196 18	$\dfrac{4030}{5.04}$	$\dfrac{8060}{5.04}$	7	50×200	$\dfrac{3333}{4.17}$	$\dfrac{680}{0.43}$
4	φ160 φ196 18	$\dfrac{108}{0.07}$		8	85 50 200×235	$\dfrac{5860}{7.325}$	$\dfrac{1316}{0.82}$

从表 4-7 中比较可知：

①无论是正方形、圆形还是矩形，空心截面的刚度都比实心截面的大，而且同样的横截面形状和相同大小的面积，外形尺寸大而壁薄的横截面，比外形尺寸小而壁厚的横截面的抗弯刚度和抗扭刚度都高。所以为提高支承件刚度，支承件的横截面应设计成中空形状，且尽可能加大横截面尺寸，在工艺可能的前提下壁厚尽量薄一些。当然壁厚不能太薄，以免出现薄壁振动。

②圆(环)形横截面的抗扭刚度比正方形的好，而抗弯刚度比正方形的低。因此，以承受弯矩为主的支承件的横截面形状应取矩形，并以其高度方向为受弯方向；以承受扭矩为主的支承件的横截面形状应取圆(环)形。

③封闭横截面的刚度远远大于开口横截面的刚度，特别是抗扭刚度。设计时应尽可能把支承件的横截面做成封闭形状。但是为了排屑和在床身内安装一些机构的需要，有时不能做成全封闭形状。

图 4-39 所示为机床床身横截面图，均为空心矩形横截面。图 4-39(a)所示为典型的车床类床身横截面，工作时承受弯曲载荷和扭转载荷，并且床身上需有较大空间排除大量切屑和切削液。图 4-39(b)所示为镗床、龙门刨床类机床的床身横截面，主要承受弯曲载荷，由于切屑不需要从床身排除，所以顶面多采用封闭的结构，台面不太高，以便于工件的安装调整。图 4-39(c)所示为大型和重型机床类床身的横截面，采用三道壁。重型机床还可采用双层壁结构床身，以便进一步提高刚度。

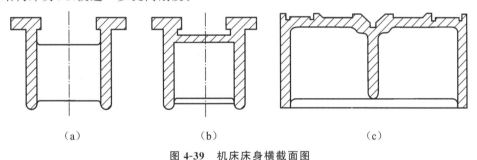

（a）　　　　　　（b）　　　　　　（c）

图 4-39　机床床身横截面图

(a)车床类床身；(b)镗床、龙门刨床类床身；(c)大型和重型机床类床身

(2)支承件肋板和肋条的布置

肋板又称隔板，肋条又称加强肋。肋板和肋条的作用是将作用于支承件局部的载荷通过它们传递给其他部分，从而使整个支承件承受载荷，提高支承件的自身刚度。对于薄壁封闭截面的支承件、非全封闭截面的支承件或当支承件截面形状或尺寸受到结构上的限制时，在支承件上增加肋板或肋条来提高刚度，其效果比增加壁厚更为显著。

①肋板是指在支承件两壁之间起连接作用的连接板。纵向肋板的作用是提高抗弯刚度。横向肋板的主要作用是增加抗扭刚度。斜向肋板兼有提高抗弯刚度和抗扭刚度的作用。

为了有效地提高抗弯刚度，纵向肋板应布置在弯曲平面内，如图 4-40(a)所示，此时肋板相对于 x 轴的惯性矩为 $H^3b/12$；当布置在与弯曲平面相垂直的平面内[图 4-40(b)]时，则惯性矩为 $Hb^3/12$，两者之比为 H^2/b^2。可见，前者抗弯刚度明显大于后者的。

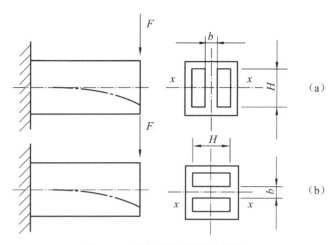

图 4-40 纵向肋板对刚度的影响

空心零件在扭转时常出现壁的翘曲现象,引起截面畸变。增加横向肋板后,如图 4-41 中 No.1、No.2、No.3 所示,畸变几乎消失,同时端部位移大大减小。一般取 $l=(0.865\sim 1.310)h$。图 4-41 中实线表示加肋板后与不加肋板时端部位移的比值,虚线表示变形相同时材料消耗的比值。

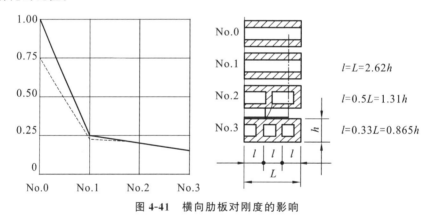

图 4-41 横向肋板对刚度的影响

②肋条的作用与肋板相同,一般配置在支承件的内壁上,以提高壁板的抗弯刚度,减少局部变形。当壁板面积大于 400 mm 时,在支承件的内壁上增加肋条可避免出现薄壁振动现象。

肋条可设计成纵向、横向及斜向的。图 4-42(a)所示的直形肋条最简单,制造也容易,可用于窄壁及受载较小的支承件壁上。图 4-42(b)所示的纵横肋条直角相交,制造较简单,但相交处易产生内应力,多用于箱形截面的支承件及平板上。图 4-42(c)所示的肋条在壁上呈三角形分布,可保证足够的刚度,常用在矩形截面支承件的宽壁处。图 4-42(d)所示为斜肋条交叉布置,有时与支承件壁上的横肋板结合在一起使用,可显著提高刚度,常用于重要支承件的宽壁及平板上。图 4-42(e)所示的蜂窝形肋条常用于平板上,由于在肋条连接处不堆积金属,在各方向能均匀收缩,所以内应力很小。图 4-42(f)所示的米字形肋条铸造困难,且在肋条连接处易产生内应力。例如,铸铁床身一般用井字形肋条,焊接床身用米字形肋条。图 4-42(g)所示的井字形肋条,其单元壁板的抗弯刚度接近米字形肋条。肋条的高度一般不大于支承件壁厚的 5 倍,其厚度一般取支承件壁厚的 0.8~1.0 倍。

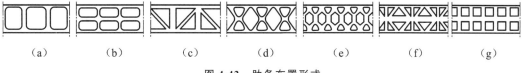

图 4-42　肋条布置形式

③合理开孔和加盖。为了安装机件或清砂、减轻质量及造型等的需要,往往需要在支承件的壁上开窗孔。窗孔对支承件刚度的影响取决于它的大小和位置。在与弯曲平面垂直的壁上开窗孔后,因减少了壁上受拉、受压的面积,所以会严重地削弱支承件的抗弯刚度。在较窄壁上开窗孔比在较宽壁上开窗孔对支承件的抗扭刚度的影响要严重。图 4-43(a)所示为在立柱上开孔对支承件抗扭刚度的影响。图中 $b/h=1,L/b=3,\phi_0/\phi$ 为开孔前后扭转角之比,实线表示在前壁上开一孔的情况,虚线表示前、后壁各开一孔的情况。当 $b_0/b<0.2$、$L_0/L<0.2$ 时,立柱的抗扭刚度降低不大;当开孔面积 $b_0L_0>0.2bL$ 时,抗扭刚度下降得很大。前、后壁各开一孔与仅在前壁上开一孔相比,抗扭刚度降低不超过 20%。对于矩形截面的立柱,窗孔的宽度一般不宜超过立柱空腔宽度的 70%,高度不超过空腔宽度的 1.1~1.2 倍。

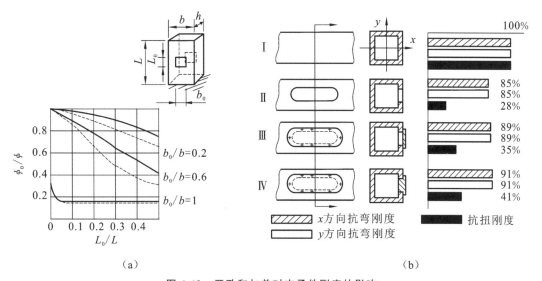

图 4-43　开孔和加盖对支承件刚度的影响

开孔对支承件的抗弯刚度影响较小,而对抗扭刚度的影响较大,如图 4-43(b)所示。若在开孔处加盖并拧紧螺钉,支承件的抗弯刚度可恢复到接近未开孔时的程度。另外,用嵌入式盖比面覆式盖的效果好。由图 4-43(b)可以看出:加盖后支承件的抗扭刚度可恢复到未开孔时的 35%~41%。

2.支承件的连接刚度和局部刚度

支承件在连接处抵抗变形的能力称为支承件的连接刚度。连接刚度不仅取决于连接处的材料、几何形状与尺寸,还与接触面硬度及表面粗糙度、几何精度和加工方法等因素有关。

当支承件以凸缘连接时,连接刚度取决于螺钉刚度、凸缘刚度和接触刚度。为了保证支承件具有一定的接触刚度,接合面上的压力应不小于 1.5~2.0 MPa,接合面处的表面粗糙

度 Rz 应达到 8 μm。选择合适的螺钉尺寸及合理布置螺钉位置可以提高支承件的接触刚度。从提高抗弯刚度方面考虑,螺钉最好较集中地布置在支承件受拉的一侧。从提高抗扭刚度方面考虑,螺钉应均匀分布在四周。在连接螺钉轴线的平面内布置肋条也能适当地提高接触刚度。

支承件的连接刚度与凸缘的结构有关。在图 4-44 所示的三种凸缘连接形式中,图 4-44(a)的刚度较低,图 4-44(b)的刚度较高,图 4-44(c)的刚度最高。图 4-45 所示为在两种不同的连接设计中,受载时 E 点在 y 方向上的变形量。

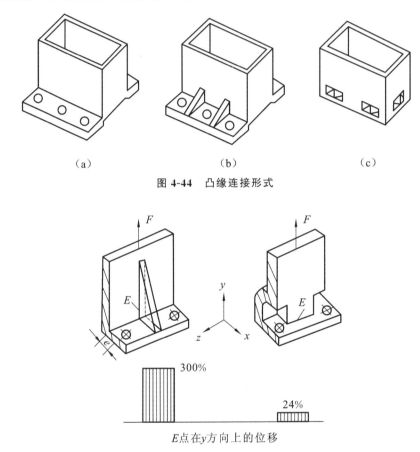

（a）　　　　　　　　　　（b）　　　　　　　　　　（c）

图 4-44　凸缘连接形式

E点在y方向上的位移

图 4-45　不同凸缘形式的刚度比较

4.3.4　支承件的材料

支承件常用的材料有铸铁、钢板和型钢、铝合金、预应力钢筋混凝土、非金属等。其中主要材料为铸铁和钢。

1.铸铁

一般支承件用灰铸铁制成,在铸铁中加入少量合金元素可提高其耐磨性。如果导轨与支承件铸为一体,则铸铁的牌号根据导轨的要求选择。如果导轨是镶装上去的或者支承件上没有导轨,则支承件的材料一般可用 HT100、HT150、HT200、HT250、HT300 等,还可用球墨铸铁 QT450-10、QT800-02 等。

铸铁铸造性能好,容易获得复杂结构的支承件。同时铸铁的内摩擦力大,阻尼系数大,使振动衰减性能好、成本低。但铸铁需做型模,制造周期长,仅适于成批生产。在铸造或者焊接中的残余应力,会使支承件产生蠕变,因此,必须进行时效处理。时效处理最好在粗加工后进行。铸铁在 450 ℃ 以上在内应力的作用下开始变形,超过 550 ℃ 则硬度会降低。因此,热时效处理应在 530～550 ℃ 进行,这样既能消除内应力,又不降低硬度。

2.钢板和型钢

用钢板和型钢等焊接的支承件,其制造周期短,可做成封闭件,不像铸件那样要留出沙孔,而且可根据受力情况布置肋板和肋条来提高抗扭和抗弯刚度。由于钢的弹性模量约为铸铁的两倍,当刚度要求相同时,钢焊接件的壁厚仅为铸件的一半,使质量减小,固有频率提高。如果发现结构有缺陷(如发现刚度不够),钢焊接件可以补救。但钢焊接件在成批生产时,成本比铸铁高。因此,钢焊接件多用在大型、重型机床及自制设备等小批生产中。

钢焊接件的缺陷是钢板材料内摩擦阻尼约为铸铁的 1/3,抗振性较铸铁差,为提高机床抗振性能,可采用提高阻尼的方法来改善钢焊接件的动态性能。

钢焊接件的时效处理温度较高,为 600～650 ℃。普通精度机床的支承件进行一次时效处理就可以了,精密机床最好进行两次,即粗加工前、后各一次。

3.铝合金

铝合金的密度只有铁的 1/3,有些铝合金还可以通过热处理进行强化,提高铝合金的力学性能。对于有些对总体质量要求较小的设备,为了减小其质量,它的支承件可考虑使用铝合金,常用的牌号有 ZAlSi7Mg、ZAlSi2Cu2Mgl 等。

4.预应力钢筋混凝土

预应力钢筋混凝土支承件(主要为床身、立柱、底座等)的特点是刚度高、阻尼比大、抗振性能好、成本低。据国外机床公司的介绍,车身内有三个方向都要配置钢筋,总预拉力为 120～150 kN。其缺点是脆性大、耐蚀性差,为了防止油对混凝土的侵蚀,表面应喷涂塑料或喷漆处理。

5.非金属

非金属材料主要有混凝土、天然花岗岩等。

混凝土刚度高,具有良好的阻尼性能,阻尼比是灰铸铁的 8～10 倍,抗振性好,弹性模量是钢的 1/15～1/10,热容量大、热传导率低,导热系数是铸铁的 1/40～1/25,热稳定性高,其构件热变形小;密度是铸铁的 1/3,可获得良好的几何形状精度,表面粗糙,成本低。其缺点是力学性能差,但可以预埋金属或添加加强纤维,适用于受载面积大、抗振要求较高的支承件。

天然花岗岩导热系数和热膨胀系数小,精度保持性好,抗振性好,阻尼系数比钢大 15 倍,耐磨性比铸铁高 5～6 倍,热稳定性好,抗氧化性强,不导电,抗磁,与金属不黏合,加工方便,通过研磨和抛光容易得到较高的精度和很低的表面粗糙度。

4.3.5　提高支承件结构性能的措施

1.提高支承件的静刚度和固有频率

提高支承件的静刚度和固有频率的主要方法是:根据支承件受力情况,合理地选择支承件的材料、截面形状和尺寸、壁厚,合理地布置肋板和肋条,以提高结构整体和局部的抗弯刚度和抗扭刚度;可以用有限元方法进行定量分析,以便在较小质量下得到较高的静刚度和固有频率;在刚度不变的前提下,减小质量可以提高支承件的固有频率,改善支承件间的接触刚度以及支承件与地基连接处的刚度。

图 4-46 所示为数控车床的床身断面图。床身采用倾斜式空心封闭箱形结构,排屑方便、抗扭刚度高。图 4-47 所示为加工中心床身断面图,采用三角形肋板结构,抗扭刚度、抗弯刚度均较高。图 4-48 所示为滚齿机大立柱和床身截面的立体示意图,采用双层壁加强肋的结构,其内腔设计成供液压油循环的通道,使床身温度场一致,防止热变形;立柱设计成双重臂加强肋的封闭式框架结构,刚度较高。

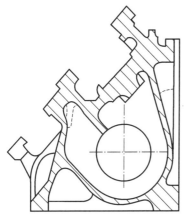

图 4-46　数控车床的床身断面图

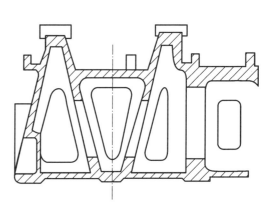

图 4-47　加工中心床身断面图

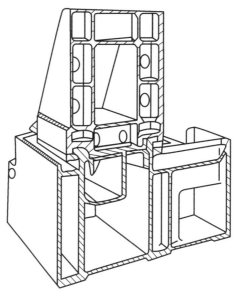

图 4-48　滚齿机大立柱和床身截面的立体示意图

2.提高支承件的动态特性

对于铸铁支承件,保留铸件内砂芯,或在支承件中充填型砂或混凝土等阻尼材料,可以起到减振作用。图 4-49 所示的车床床身,为增大阻尼、提高动态特性,将铸造砂芯封装在箱内。

对于焊接支承件,除了可以在内腔中填充混凝土减振外,还可以充分利用接合面间的摩擦阻尼来减小振动。即两焊接件之间留有贴合而未焊死的表面,在振动过程中,两贴合面之间产生的相对摩擦起阻尼作用,使振动减小。间断焊缝虽使静刚度有所下降,但阻尼比大为增加,动刚度大幅度增大。

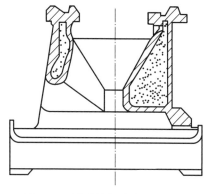

图 4-49　封沙结构的床身断面图

3.提高热稳定性

机床热变形是影响加工精度的重要因素之一,应设法减少热变形,特别是不均匀的热变形,以降低热变形对精度的影响。主要方法有:

(1)控制温升

机床运转时,产生各种机械摩擦,电动机、液压系统都会发热。如果能适当地加大散热面积,采取加设散热片、设置风扇等措施改善散热条件,迅速将热量散发到周围空气中,则机床的温升不会很高。此外,还可以采用分离或隔绝热源的方法,如把主要热源(液压油箱、变速箱、电动机)移到与机床隔离的地基上;在支承件中布置隔板来引导气流经过大件内温度较高的部位,将热量带走;在液压马达、液压缸等热源外面加隔热罩,以减少热源热量的辐射;采用双层壁结构,其中间有空气层,既能使外壁温升较小,又能限制内壁的热胀作用。

(2)采用热对称结构

所谓热对称结构,是指在发生热变形时,其工件或刀具回转中心线的位置基本不变,因而减小了对加工精度的影响。图 4-50 所示的双立柱结构的加工中心或卧式坐标镗床,其主轴箱装在框式立柱内,且以左、右两立柱的侧面定位。由于两侧热变形的对称性,主轴轴线的升降轨迹不会因立柱热变形而左右倾斜,保证了定位精度。

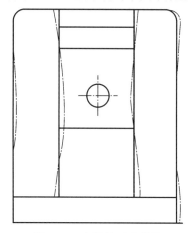

图 4-50　立柱热对称结构

(3)采用热补偿装置

采用热补偿的基本方法是:在热变形的相反方向上采取措施,产生相应的反方向热变形,使两者之间的影响相互抵消,减少综合热变形。

目前,国内外都已能利用计算机和检测装置进行热位移补偿。先预测热变形规律,然后建立数学模型存入计算机中进行实时处理,进行热补偿。现在,国外已把热变形自动补偿修正装置作为产品生产和销售。

4.4 导轨设计

4.4.1 导轨的功用和分类

导轨的功用是承受载荷和引导运动部件沿一定的方向运动。在导轨副中,运动的一方称为运动导轨,不动的一方称为支承导轨。运动导轨相对于支承导轨的运动,通常是直线运动或回转运动。

导轨可按下列性质进行分类。

1.按运动性质划分

①主运动导轨,即动导轨是做主运动的。

②进给运动导轨,即动导轨是做进给运动的,机床中大多数导轨属于进给导轨。

③移置导轨,这种导轨只用于调整部件之间的相对位置,在加工时没有相对运动。

2.按摩擦性质划分

(1)滑动导轨

两导轨面间的摩擦性质是滑动摩擦,如图 4-51(a)所示。按摩擦状态划分,滑动导轨又可分为以下四类:

①液体静压导轨。两导轨面间具有一层静压油膜,相当于静压滑动轴承,摩擦性质属于纯液体摩擦,主运动导轨和进给运动导轨都能应用,多用于进给运动导轨。

②液体动压导轨。当导轨面间的相对滑动速度达到一定值后,液体动压效应使导轨油囊处出现压力油楔,把两导轨面分开,从而形成液体摩擦,相当于动压滑动轴承,这种导轨只能用于高速场合,故仅用作主运动导轨。

③混合摩擦导轨。在导轨面间虽有一定的动压效应或静压效应,但由于速度还不够高,油楔所形成的压力油还不足以隔开导轨面,导轨面仍处于直接接触状态,大多数导轨属于这一类。

④边界摩擦导轨。在滑动速度很低时,导轨面间不足以产生动压效应。

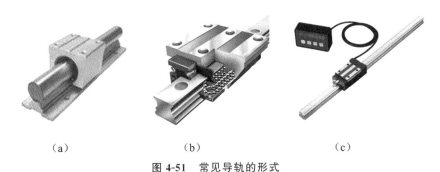

（a）　　　　　　　　　（b）　　　　　　　　　（c）

图 4-51　常见导轨的形式

(a)滑动导轨;(b)滚动导轨;(c)电驱动导轨

(2)滚动导轨

在两导轨副接触面间装有球、滚子和滚针等滚动元件,具有滚动摩擦性能,如图4-51(b)

所示。滚动导轨广泛应用于进给运动和旋转运动中。

（3）电驱动导轨

电驱动导轨是由直线电动机驱动的。通过改变直线电动机初级绕组的通电相序，改变电动机运动的方向，可使直线电动机做往复直线运动。电驱动导轨外形如图 4-51(c) 所示。

3.按结构形式划分

导轨按结构形式可以分为开式导轨和闭式导轨。开式导轨是指在部件自重和外载作用下，运动导轨和支承导轨的工作面[图 4-52(a)中 c 面和 d 面]始终保持接触、贴合。其特点是结构简单，但不能承受较大颠覆力矩的作用。

闭式导轨借助于压板使导轨能承受较大的颠覆力矩作用。例如，车床床身和床鞍导轨，如图 4-52(b)所示。当颠覆力矩 M 作用在导轨上时，仅靠自重已不能使主导轨面 e、f 始终贴合，需用压板 1 和 2 形成辅助导轨面 g 和 h，保证支承导轨与运动导轨的工作面始终保持可靠的接触。

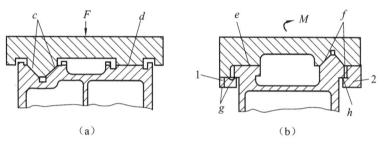

图 4-52　开式和闭式导轨
(a)开式导轨；(b)闭式导轨
1、2—压板

4.4.2　导轨设计应满足的基本要求

导轨是机床的关键部件之一，其性能的好坏，将直接影响机床的加工精度、承载能力和使用寿命。因此，它必须满足下列基本要求：

①导向精度。导向精度是指导轨运动轨迹的准确度，它是保证导轨工作质量的前提。影响导向精度的因素有：导轨的结构类型，导轨的几何精度和接触精度，导轨和基础件的刚度，导轨的油膜厚度和油膜刚度，导轨和基础件的热变形等。

②精度保持性。精度保持性是指长期保持原始精度的能力，影响精度保持性的因素主要是磨损，此外还有导轨材料、受力情况等。

③低速运动平稳性。低速运动平稳性是指保证导轨在做低速运动或微量位移时不出现爬行现象。影响低速运动平稳性的因素有：导轨的结构和润滑；动、静摩擦系数的差值；传动导轨运动的传动系统的刚度等。

④刚度。足够的刚度可以保证在额定载荷作用下，导轨的变形在允许范围内。影响刚度的因素有：导轨的结构形式、尺寸及基础部件的连接方式、受力情况等。

⑤结构简单、工艺性好。设计时要注意使导轨的制造和维护方便,刮研量少。对于镶装导轨,应更换容易。

4.4.3　导轨横截面形状的选择

1.直线运动导轨的横截面形状

直线运动导轨的截面形状主要有四种:矩形、三角形、燕尾形和圆柱形,并可互相组合,每种导轨副之中还有凸凹之分。

①矩形导轨。如图 4-53(a)所示,上图是凸型,下图是凹型。凸型导轨容易清除掉切屑,但易存留润滑油;凹型导轨则相反。矩形导轨具有承载能力大、刚度高、制造简便、检验和维修方便等优点,但存在侧向间隙,需用镶条调整,导向性差,适用于载荷较大而导向性要求略低的机床。

②三角形导轨。如图 4-53(b)所示,三角形导轨面磨损时,运动导轨会自动下沉,自动补偿磨损量,不会产生间隙。三角形导轨的顶角在 $90°\sim120°$ 变化,α 角越小,导向性越好,但摩擦力也越大。所以,小顶角用于轻载精密机械,大顶角用于大型或重型机床。三角形导轨结构有对称式和不对称式两种。当水平力大于垂直力、两侧压力分布不均时,采用不对称导轨。

③燕尾形导轨。如图 4-53(c)所示,燕尾形导轨可以承受较大的颠覆力矩,导轨的高度较小,结构紧凑,间隙调整方便,但是刚度较差,加工、检验维修都不大方便,适用于受力小、层次多、要求间隙调整方便的部件。

④圆柱形导轨。如图 4-53(d)所示,圆柱形导轨制造方便、工艺性好,但磨损后较难调整和补偿间隙。主要用于受轴向负荷的导轨,应用较少。

上述四种截面的导轨尺寸已经标准化,可参考有关机床标准。

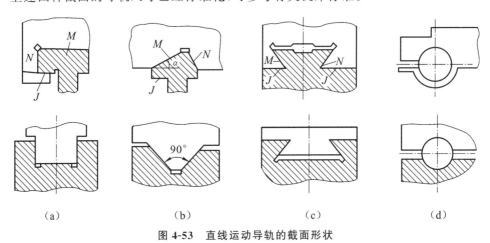

图 4-53　直线运动导轨的截面形状

(a)矩形导轨;(b)三角形导轨;(c)燕尾形导轨;(d)圆柱形导轨

2.回转运动导轨的横截面形状

回转运动导轨的截面形状有三种:平面环形、锥面环形和双锥面,如图 4-54 所示。

①平面环形导轨。如图 4-54(a)所示,平面环形导轨结构简单、制造方便,能承受较大的进给力,但不能承受背向力,因而必须与主轴联合使用,由主轴来承受径向载荷。其摩擦小、精度高,适用于由主轴定心的各种回转运动导轨的机床,如高速大载荷立式车床、齿轮机床等。

②锥面环形导轨。如图 4-54(b)所示,锥面环形导轨除能承受轴向载荷外,还能承受一定的径向载荷,但不能承受较大的颠覆力矩。其导向性比平面环形导轨好,制造较难。

③双锥面导轨。如图 4-54(c)所示,双锥面导轨能承受较大的背向力、进给力和一定的颠覆力矩,制造研磨均较困难。

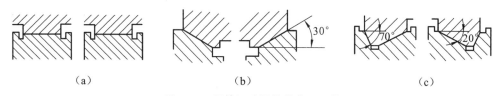

图 4-54 回转运动导轨的截面形状
(a)平面环形导轨;(b)锥面环形导轨;(c)双锥面导轨

3.导轨的组合形式

机床直线运动导轨通常由两条导轨组合而成,根据不同要求,机床导轨主要有如下形式的组合。

①双三角形导轨。如图 4-55(a)所示,双三角形导轨不需要镶条调整间隙,接触刚度好,导向性和精度保持性好,但是工艺性差,加工、检验和维修不方便,多用在精度要求较高的机床中,如丝杠车床、导轨磨床、齿轮磨床等。

②双矩形导轨。如图 4-55(b)所示,双矩形导轨承载能力大,制造简单,多用在普通精度机床和重型机床中。双矩形导轨的侧导向面需用镶条调整间隙。

③矩形和三角形组合导轨。如图 4-55(c)所示,矩形和三角形组合导轨的导向性好、刚度高,制造方便,应用最广,如车床、磨床、龙门铣床的床身导轨。

④矩形和燕尾形导轨的组合。它能承受较大力矩,调整方便,多用在横梁、立柱、摇臂导轨中。

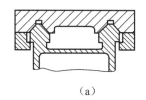 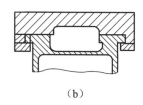 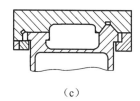

图 4-55 导轨的组合形式
(a)双三角形导轨;(b)双矩形导轨;(c)矩形和三角形组合导轨

4.4.4 导轨间隙的调整

导轨面间的间隙对机床工作性能有直接影响,如果间隙过大,将影响运动精度和平稳性;间隙过小,运动阻力大,导轨的磨损加快。因此,必须保证导轨具有合理的间隙,磨损后又能方便地调整。导轨间隙常用压板、镶条来调整。

1.压板

压板用来调整辅助导轨面的间隙和承受颠覆力矩。图 4-56 所示为矩形导轨的三种压板结构:图 4-56(a)通过磨或刮压板的 e 面和 d 面来调整间隙;图 4-56(b)通过改变垫片 1 的厚度来调整间隙;图 4-56(c)通过压板螺钉和压条螺钉 2 来调整间隙。

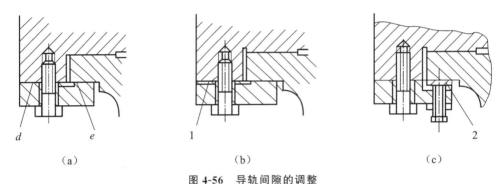

(a)　　　　　　　　　(b)　　　　　　　　　(c)

图 4-56　导轨间隙的调整

(a)磨刮压板;(b)改变垫片厚度;(c)用螺钉调整间隙

1—垫片;2—压条螺钉

2.镶条

镶条用来调整矩形导轨和燕尾形导轨侧向间隙。镶条应放在导轨受力较小的一侧。常用的镶条有平镶条和斜镶条两种。导轨镶条如图 4-57 所示。

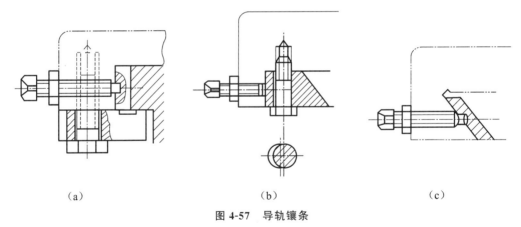

(a)　　　　　　　　　(b)　　　　　　　　　(c)

图 4-57　导轨镶条

(a)矩形截面平镶条;(b)梯形镶条;(c)平行四边形镶条

平镶条横截面为矩形或平行四边形,其厚度全长均匀相等。平镶条由全长上的几个调整螺钉进行间隙调整,因只是几点上受力,易变形、刚度较低,应用得较少。

斜镶条的斜度为 1∶(40～100)。斜镶条两个面分别与运动导轨和支承导轨均匀接触,刚度高。通过调节螺钉或修磨垫的方式轴向移动镶条,以调整导轨的间隙。图 4-58 所示的镶条是用修磨垫的办法调整间隙。这种办法虽然麻烦,但导轨移动时镶条不会移动,可保持间隙恒定。斜镶条由于厚度不等,在加工后应力分布不均,容易弯曲,在调整、压紧或在机床工作状态下也会弯曲。对于两端用螺钉调整的镶条,更易弯曲。因此,镶条在导轨间沿全长的弹性变形和比压是不均匀的。镶条斜度和厚度增加时,不均匀度将显著增加。为了增加镶条柔度,应选用小的厚度和斜度。当镶条尺寸较大时,可在中部削低下去一段,使镶条两端保持良好接触,并可减小刮研面积,或者在其上开横向槽,增加镶条柔度,如图 4-59 所示。

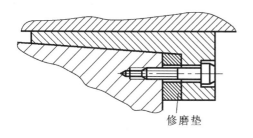

图 4-58　斜镶条的间隙调整

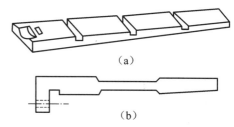

图 4-59　增加镶条柔度的结构
(a)开横向槽;(b)中部削低

3.导向调整板

图 4-60 所示为装有导向调整板的机床工作台和滑座横截面。工作台 2 与双矩形导轨间侧向间隙由导向调整板 4 进行调整。床身导轨接触面上贴有塑料软带 3,以改善摩擦润滑性能。

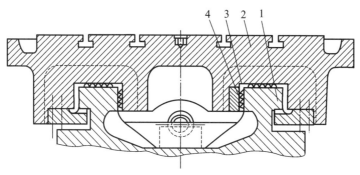

图 4-60　装有导向调整板的机床工作台和滑座横截面
1—导轨;2—工作台;3—塑料软带;4—导向调整板

图 4-60 中用的导向调整板是一种新型镶条,其调整原理如图 4-61 所示。工作台导向面的一侧两端各装有一个导向调整板 4,在导向调整板 4 上开了许多横向窄槽。导向调整板用调整螺钉 6 固定在支承板 2 上,支承板 2 用螺钉 3 固定在工作台上。当拧紧调整螺钉 6 时,导向调整板产生横向变形,厚度增加(增加度可达 0.2 mm),对导轨间隙进行调整。当导向调整板变形时,由窄槽分隔开的各个导向面会产生微小倾斜,有利于润滑油膜形成,提高导轨的润滑效果。如果导轨不长,中间可以用一块支承板,两端各装一块导向调整板;如果导轨较长,可以两端各装一块支承板和一块导向调整板。采用导向调整板调整间隙,调整方便、接触良好、磨损小。

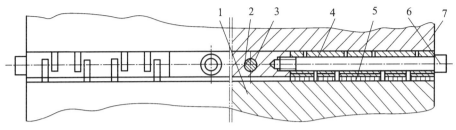

图 4-61 导向调整板

1—滑座；2—支承板；3—螺钉；4—导向调整板；5—塑料软带；6—调整螺钉；7—工作台

4.4.5 导轨的结构类型及特点

1.滑动导轨

从摩擦性质来看，滑动导轨摩擦属于具有一定动压效应的混合摩擦。导轨的动压效应主要与导轨的滑动速度、润滑油黏度、导轨面的油沟尺寸和形式等有关。速度较高的主运动导轨，如立式车床的工作台导轨，应合理地设计油沟形式和尺寸，选择合适的润滑油，以产生较好的动压效果。滑动导轨的优点是结构简单、制造方便和抗振性良好，缺点是磨损快。为了提高耐磨性，国内外广泛采用塑料导轨和镶钢导轨。塑料导轨是将塑料用黏结法或喷涂法覆盖在导轨面上，通常对长导轨喷涂，对短导轨用黏结方法。

（1）粘贴塑料软带导轨

采用较多的粘贴塑料软带是以聚四氟乙烯为基体，添加各种无机物和有机粉末等填料制成的。其特点是：摩擦因数小，耗能低；动、静摩擦因数接近，低速运动平稳性好；阻尼特性好，能吸收振动，抗振性好；耐磨性好，有自身润滑作用，没有润滑油也能正常工作，使用寿命长；结构简单，维护修理方便，磨损后容易更换，经济性好。但是，其刚度较低，受力后会产生变形。

粘贴塑料软带一般粘贴在较短的运动导轨上，在软带表面常开出直线形或三字形油槽。配对金属导轨面的表面粗糙度值要求在 $0.4\sim0.8\ \mu m$、硬度在 25 HRC 以上。

（2）金属塑料复合导轨板

金属塑料复合导轨板有三层，内层为钢板，它保证导轨板的机械强度和承载能力。钢板上烧结一层多孔青铜，形成多孔中间层，在青铜间隙中压入聚四氟乙烯及其他填料，如图 4-62 所示。它可以提高导轨板的导热性，当青铜与配合面摩擦发热，线膨胀系数远大于金属的聚四氟乙烯及其他填料从多孔层的孔隙中挤出，向摩擦表面转移补充，形成厚度为 $0.01\sim0.05$ mm 的表面自润滑塑料层。

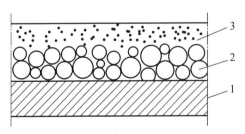

图 4-62 金属塑料复合导轨板

1—钢板；2—多孔青铜颗粒；3—聚四氟乙烯层

这种复合板与铸铁导轨组合，静摩擦因数小（$0.04\sim0.06$），摩擦阻力显著降低，具有良好的摩擦阻尼特性及低速平稳性,成本低、刚度高。

（3）塑料涂层导轨

应用较多的有环氧涂层、含氟涂层和 HNT 耐磨涂层。它们以环氧树脂为基体,加固体润滑剂二硫化钼和胶体石墨及其他铁粉填充剂而成。这种涂层有较高的耐磨性、硬度、强度和热导率;在无润滑油情况下,能防止爬行,改善导轨的运动特性,特别是低速平稳性。

（4）镶钢导轨

镶钢导轨是将淬硬的碳素钢或合金钢导轨,分段地镶装在铸铁或钢制的床身上,以提高导轨的耐磨性。在铸铁床身上镶装钢导轨时常用螺钉或楔块挤紧固定,如图 4-63 所示。在钢制床身上镶装导轨一般用焊接方法连接。

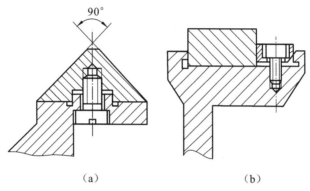

图 4-63　镶钢导轨与铸铁床身固定

（a）用螺钉固定;（b）用楔块挤紧

2.静压导轨

静压导轨的工作原理与静压轴承相同。在导轨的油腔中注入具有一定压强的润滑油,就能使运动导轨（如工作台）微微抬起,在导轨面间充满润滑油所形成的油膜,使导轨处于纯液体摩擦状态,这种导轨就是静压导轨。

静压导轨的优点如下:

①静压油膜使导轨面分开,导轨即使在起动和停止阶段也没有磨损,精度保持性好。

②静压导轨的油膜较厚,有均化误差的作用,可以提高精度。

③摩擦因数很小,大大降低传动功率,减少摩擦发热。

④低速移动准确、均匀,运动平稳性好。

⑤与滚动导轨相比,静压导轨具有吸振作用。

静压导轨的缺点是:结构比较复杂,增加了一套液压设备,调整比较麻烦。因此,静压导轨多用于精密级和高精度级机床的进给运动和低速运动导轨。

静压导轨按结构形式分为开式静压导轨和闭式静压导轨两类;按供油情况分为定压式静压导轨和定量式静压导轨。定压式静压导轨节流器进口处的压强 p 为一定值,目前应用较多。定压式静压导轨可以用固定节流器,也可用可变节流器。

图 4-64 所示为能承受载荷 F_p 与颠覆力矩 T_p 的液体静压导轨原理图。当工作台受集中力 F_p（外力和工作台重力）作用而下降时,间隙 h_1、h_2 减小,h_3、h_4 增大,则流经节流器 1、2

的流量减小,其压力降也相应减少,使油腔压力 p_1、p_2 升高。流经节流器 3、4 的流量增大,p_3、p_4 则降低。四个油腔所产生的向上的支承合力与力 F_p 达到平衡状态,使工作台稳定在新的平衡位置。若工作台受水平外力 F 作用,则 h_5 减小、h_6 增大,左、右油腔产生的压力 p_5、p_6 的合力与水平外力 F 处于平衡状态。当工作台受到颠覆力矩 T 作用时,会使 h_1、h_4 减小,h_2、h_3 增大,则四个油腔产生反力矩与颠覆力矩处于平衡状态。上述力(或力矩)的变化都会使工作台重新稳定在新的平衡位置。如果仅有油腔 1、2,则成为开式静压导轨,它不能承受颠覆力矩和水平方向的作用力。

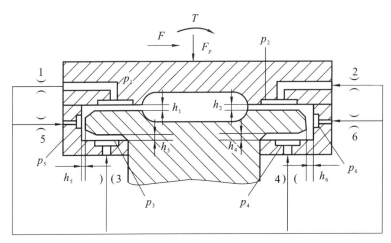

图 4-64　闭式液体静压导轨原理图

　　要提高静压导轨的刚度,可提高供油(或气)的系统压力 p,加大油(气)腔受力面积,减小导轨间隙。一般情况下,气体静压导轨的刚度比液体静压导轨的刚度低。

　　要提高静压导轨的导向精度,必须提高导轨表面加工的几何精度和接触精度,进入节流器的精滤过的油液中的杂质微粒的最大尺寸应小于导轨间隙。静压导轨上的油腔形状有口字形、工字形和王字形。节流器的种类除毛细管式固定节流器外,还有薄膜反馈式可变节流器,目的是增大或调节流体阻力。

　　3.卸荷导轨

　　卸荷导轨用来降低导轨面的压力,减少摩擦阻力,从而提高导轨的耐磨性和低速运动的平稳性。尤其是对大型、重型机床来说,工作台和工件的重力很大,导轨面上的摩擦阻力很大,常采用卸荷导轨。

　　导轨的卸荷方式有机械卸荷、液压卸荷和气压卸荷。

　　(1)机械卸荷导轨

　　图 4-65 所示为常用的机械卸荷导轨,导轨上的一部分载荷由支承在辅助导轨面 a 上的滚动轴承 3 承受,从而改善主导轨的负载条件,以提高耐磨性和低速运动的稳定性。卸荷力的大小通过螺钉 1 和碟形弹簧 2 调节。卸荷点的数目由运动导轨上的载荷和卸荷系数决定。

　　(2)液压卸荷导轨

　　液压卸荷导轨是将高压油压入工作台导轨上的一串纵向油槽,产生向上的浮力,分担工作台的部分外载,起到卸荷的作用。如果工作台上工件的重力变化较大,可采用类似静压导轨的节流阀调整卸荷压力。如工作台全长上受载不均匀,可用节流阀调整各段导轨的卸荷压力,以保证导轨全长保持均匀的接触压力。带节流阀的液压卸荷导轨与静压导轨不同之处是:后者的上浮力足以将工作台全部浮起,形成纯流体摩擦;而前者的上浮力不足以将工作台全部浮起。但由于介质的黏度较高,由动压效应产生的干扰较大,难以保持摩擦力基本恒定。

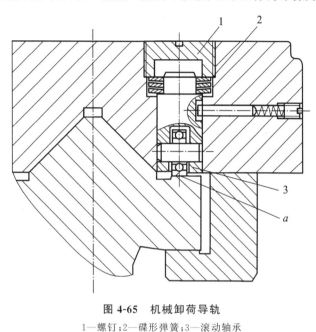

图 4-65　机械卸荷导轨

1—螺钉;2—碟形弹簧;3—滚动轴承

(3)气压卸荷导轨

气压卸荷导轨的基本原理如图 4-66 所示。压缩空气进入工作台的气囊,经导轨面间由表面粗糙度而形成的微小沟槽流入大气,导轨间的气压呈梯形分布,形成一个气垫,产生的上浮力对导轨进行卸荷。气垫的数量根据工作台的长度和刚度而定,长度较短或刚度较高时,气垫数量可取少些,每个导轨面至少应有两个气垫。

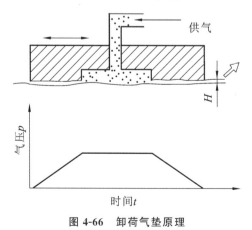

图 4-66　卸荷气垫原理

气压卸荷导轨以压缩空气作为介质,无污染、无回收问题,且黏度低,动压效应影响小。但由于气体的可压缩性,气体静压导轨的刚度不如液体静压导轨。为了兼顾精度和阻尼的要求,应使摩擦力基本保持恒定,即卸荷压力应随外载荷变化能自动调节,出现了自动调节气压卸荷导轨,也称半气浮导轨。

4.滚动导轨

在两导轨之间放置滚珠、滚柱或滚针等滚动体,使导轨面之间的摩擦具有滚动摩擦的性质,这种导轨称为滚动导轨。

(1)滚动导轨的特点

滚动导轨的特点如下:

①运动灵敏度高,牵引力小,移动轻便。

②定位精度高。

③磨损小,精度保持性好。

④润滑系统简单,维修方便。

⑤抗振性较差,一般滚动体和导轨需用淬火钢制成,对防护要求也较高。

⑥导向精度低。

⑦结构复杂,制造困难,成本较高。

(2)滚动导轨的结构形式

按滚动体的类型,滚动导轨可分为滚珠导轨、滚柱导轨、滚针导轨等。

①滚珠导轨。滚珠导轨结构紧凑、制造容易、成本较低,但由于接触面积小、刚度低,因而承载能力较小。滚珠导轨适用于运动部件质量不大(小于 200 kg)、切削力和颠覆力矩都较小的机床,如图 4-67(a)所示。

②滚柱导轨。滚柱导轨的承载能力和刚度都比滚珠导轨的大,它适用于载荷较大的机床,是应用最广泛的一种滚动导轨,如图 4-67(b)所示。

③滚针导轨。滚针导轨比滚柱导轨的长径比大,因此滚针导轨的尺寸小,结构紧凑,用在尺寸受限制的地方,如图 4-67(c)所示。

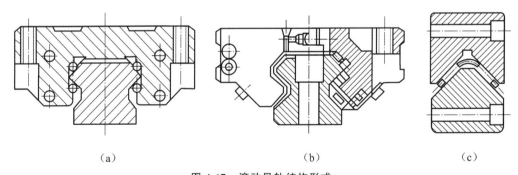

（a）   （b）   （c）

图 4-67　滚动导轨结构形式

(a)滚珠导轨;(b)滚柱导轨;(c)滚针导轨

(3)滚动导轨预紧

无预紧的滚动导轨与混合摩擦滑动导轨相比,刚度低 25%～50%。预紧可以提高滚动导轨的刚度。一般来说,有预紧的滚动导轨相比无预紧的滚动导轨,刚度可以提高 3 倍以上。

　　有预紧的燕尾形和矩形的滚动导轨刚度最高。与混合摩擦滑动导轨相比,滚动导轨在预紧力方向的刚度可提高 10 倍以上,其他方向也可提高 3~5 倍。在有预紧的滚动导轨中,滚珠导轨的刚度最差,但是在预紧力方向上与混合摩擦滑动导轨相比,刚度也可提高 3~4 倍,在其他方向上则与混合摩擦滑动导轨大致相同。十字交叉滚柱导轨的刚度比滚珠导轨的刚度高些。

　　滚动导轨通常在下列情况下应该预紧:当颠覆力矩较大,即 $M/(F_L) \geqslant 1/6$ 时,为的是防止滚动导轨的翻转;在高精度机床上为的是提高接触刚度和消除间隙;在立式滚动导轨上为的是防止滚动体脱落和歪斜。有些质量较轻的部件(如砂轮修整器)的滚动导轨,为防止在外力的作用下导轨面与滚动体脱开而获得必要的刚度及移动精度,也应进行预紧。

　　预紧力可根据下列原则选择。如图 4-68 所示,装配前,滚动体母线之间的距离为 A,压板与溜板间所形成的包容尺寸为 $A-\delta$,装配后,δ 就是过盈量。由此而产生的上、下滚动体与导轨面间的弹性变形各为 $\delta/2$,预紧力各为 F_p。当载荷 F_L 作用于溜板时,上面的滚子受的力增大为 F_p+F_L,下面的滚子受的力减小为 F_p-F_L。当 $F_p=F_L$ 时,下面滚子的弹性变形为零,不再受力;上面的滚子受力为 $F_p+F_L=2F_L$。因此,预紧力应大于载荷,使与受力方向相反一侧的滚子与导轨间不出现间隙;同时,预紧力与载荷之和不得超过受力侧滚动体的许用承载力。设计时,可使分摊到每个滚动体上的预紧力小于滚动体许用承载力的一半,又大于每个滚动体的载荷。

　　预紧的办法一般有以下两种:

　　①采用过盈配合,如图 4-68(a)所示。试验表明,随着过盈量的增加,一方面导轨的接触刚度开始急剧增加,到一定值后,刚度的增加就慢下来了;另一方面,牵引力也在增加,开始时牵引力增加得不大,当 δ 超过一定值后,牵引力便急剧增加。由此过盈量有个最佳值,它既可使导轨的接触刚度较高,又使牵引力不太大,一般取过盈量 $\delta=5\sim6\ \mu m$。中等尺寸的机床也可用测牵引力的办法来判断预紧是否合适。导轨上的牵引力,一般不超过 30~50 N。滚动导轨支承用于数控机床时的过盈量,滚珠导轨支承取 0.03 mm,滚柱导轨支承取 0.02 mm。

　　②采用调整元件,如图 4-68(b)所示。调整原理和调整方法与滑动导轨调整间隙的办法相同。它们采用调整斜镶条 2、3 和调节螺钉 1 的办法进行预紧。

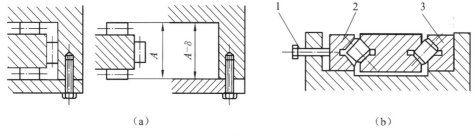

（a）　　　　　　　　　　　　　　　　　　　　（b）

图 4-68　滚动导轨预紧

（a）过盈预紧;（b）采用调整元件预紧

5.导轨的设计

导轨的设计应先确定导轨的结构形式和尺寸,然后进行验算。

(1)滑动导轨的设计

滑动导轨的设计主要有如下内容:

①选择滑动导轨的类型和截面形状。

②根据机床工作条件、使用性能,选择出合适的导轨类型。依照导向精度和定位精度、加工工艺性、要保证的结构刚度,确定出导轨的截面形状。

③选择合适的导轨材料、热处理方法,保证导轨的耐磨性和使用寿命。

④进行滑动导轨的结构设计和计算。主要有导轨受力分析、压强计算、验算磨损量和确定合理的结构尺寸(可查阅有关设计手册)。

⑤设计导轨调整间隙装置和补偿方法。

⑥设计润滑、防护系统装置。

⑦制定出导轨制造加工、装配的技术要求。

(2)滚动导轨的设计

目前,直线滚动导轨副和滚动导轨块基本上已系列化、规格化和模块化,有专门制造厂生产,用户可根据需要外购。如国产的 GGB 型直线滚动导轨是四方向等载荷型,有 AA、AB 两种尺寸系列,以导轨条的宽度 B 表示规格大小,每个系列中,有 16～65 共 9 种规格。滚动导轨块有 HJK-K 和 6192 型两种系列产品。国外的直线滚动导轨副,如日本的 IKO 直线运动系列中,滚珠、滚子导轨副有预压调整型、高刚度型、模组型、微小型等多种类型,供用户选择使用。

因此,滚动导轨的设计,主要是根据导轨的工作条件、受力情况、使用寿命等要求,选择直线滚动导轨副或滚动导轨块的型号、数量,并进行合理的配置。设计时,先要计算直线滚动导轨副或滚动导轨块的受力,再根据导轨的工作条件和寿命要求计算动载荷,依此选择出直线滚动导轨副或滚动导轨块的型号,再验算寿命是否符合要求,最后进行导轨的结构设计。滚动导轨的计算可查阅有关设计手册。

(3)导轨的验算

①设计计算

导轨的主要失效形式为磨损,而导轨的磨损又与导轨副表面的压强有密切关系,随着压强的增加,导轨的磨损量也增加。

验算滑动导轨,主要验算导轨的压强和压强分布。压强大小直接影响导轨表面的耐磨性,压强的分布影响磨损的均匀性。通过压强分布还可以判断是否应采用压板,即导轨应是开式还是闭式的。

验算滑动导轨的步骤大致如下:

A.受力分布。导轨上所受的外力一般包括切削力、工件和夹具的质量、运动导轨所在部件的质量和牵引力。这些外力使各导轨面产生支反力和支反力矩。牵引力、支反力、支反力矩都是未知力,一般可用静力平衡方程式求出。当出现超静定时,可根据接触变形的条件建立附加方程式求解各力。首先建立外力矩方程式,然后依次求牵引力、支反力和支反力矩。

B.计算导轨的压强。通过受力分析求出各力后,每个导轨上都归结为一个支反力和支反力矩。根据支反力可求出导轨的平均压强,加入支反力矩的影响后,就可求出导轨的最大压强。

C.判断设计的可行性。按许用压强判断导轨设计是否可行。

D.判断是否需用压板。根据压强分布情况,判断是否需用压板。

②比压分布

当导轨本身变形远小于导轨面间的接触变形时,可只考虑接触变形对压强分布的影响。这时沿导轨长度上的接触变形和压强,都可视为按线性分布,在宽度上可视为均布。每个导轨面上所受的载荷都可以简化为一个集中力 F 和一个颠覆力矩 M 的作用,如图 4-69 所示。

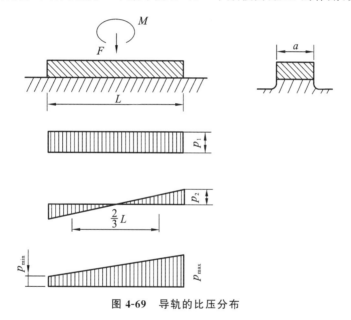

图 4-69 导轨的比压分布

由 F 和 M 在运动导轨上引起的压强为

$$p_F = \frac{F}{aL}$$

由此,得

$$M = \frac{1}{2} p_M \times \frac{aL}{2} \times \frac{2}{3} L = \frac{p_M a L^2}{6}$$

所以,有

$$p_M = \frac{6M}{a L^2} \tag{4-6}$$

式中 F——导轨所受的集中力,N;

M——导轨所受的颠覆力矩，N·mm；

p_M——由颠覆力矩 M 引起的最大压强，MPa；

p_F——由集中力 F 引起的压强，MPa；

a——导轨宽度，mm；

L——运动导轨的长度，mm。

导轨所受最大压强、最小压强和平均压强分别为

$$p_{\max} = p_F + p_M = \frac{F}{aL}\left(1 + \frac{6M}{FL}\right)$$

$$p_{\min} = p_F - p_M = \frac{F}{aL}\left(1 - \frac{6M}{FL}\right)$$

$$p_{平均} = (p_F + p_M) = \frac{F}{aL}$$

从以上式子可以得出以下结论：

当 $\frac{6M}{FL} = 0$，即 $M = 0$ 时，$p = p_{\max} = p_{\min} = p_{平均}$，压强按矩形分布，这时导轨的受力情况最好，但是这种情况几乎不存在。

当 $\frac{6M}{FL} \neq 0$，即 $M \neq 0$ 时，由于颠覆力矩的作用，使导轨的压强不按矩形分布，它的合力作用点偏离导轨的中心。

当 $\frac{6M}{FL} < \frac{1}{6}$，即 $M < \frac{1}{6}$ 时，$p_{\min} > 0$，$p_{\max} < 2p_{平均}$，压强按梯形分布，设计时应尽可能保证这种情况。

当 $\frac{6M}{FL} = 1$，即 $M = 1/6$ 时，$p_{\min} > 0$，$p_{\max} < 2p_{平均}$，压强按三角形分布，压强相差虽然较大，但仍可使导轨面在全长上接触，是一种临界状态。

当 $\frac{6M}{FL} \leqslant \frac{1}{6}$ 时，可采用无压板的开式导轨。

当 $\frac{6M}{FL} > \frac{1}{6}$，即 $M > \frac{1}{6}$ 时，主导轨面上将有一段长度出现不接触。这时必须安装压板，形成辅助导轨面。

③导轨的许用压强

导轨的许用压强是影响导轨耐磨性的主要因素之一。不同工作条件下的导轨压强许用值见表 4-8。设计导轨时，若将压强取得过大，则会加剧导轨的磨损；若取得过小，又会增大导轨的尺寸。因此，应根据具体情况，适当地选择压强的许用值。重型机床由于尺寸大、加工不易、修理费事费时，压强可取得小些；精密机床为保持高精度，压强也应取得小些；中等尺寸的普通机床，压强可取较大值。如果是专用机床，由于经常处于固定的切削条件下工作，负荷比通用机床的大，许用压强可比表 4-8 中的数值减小 25％～30％。运动导轨上镶装

以聚四氟乙烯为基体的导轨板时，在正常连续使用的工作条件下，取许用压强$[p] \leqslant 0.35$ MPa；如果间断使用，取许用压强$[p] \leqslant 1.75$ MPa；短暂使用时取许用压强$[p] \leqslant 3.5$ MPa。

表 4-8　导轨许用压强

单位：MPa

导轨种类			平均压强	最大压强
直线运动导轨	主运动导轨和滑动速度较大的进给运动导轨	中型机床	0.4～0.5	0.9～1.0
		重型机床	0.2～0.3	0.4～0.6
	滑动速度低的进给运动导轨	中型机床	1.2～1.5	2.5～3.0
		重型机床	0.5	1.0～1.5
		磨床	0.025～0.04	0.05～0.08
主运动和滑动移动速度较大的圆运动导轨直径 D/mm		$D < 3000$	0.4	
		$D > 3000$	0.2～0.3	
		环状	0.15	

在实际设计时，只需保证导轨面上的平均压强 p 值不超过许用压强$[p]$值，而最大压强也必然不会超过许用最大压强。

$$p = \frac{F}{A} \leqslant [p]$$

式中　F——导轨所受的集中力，N；

　　　A——导轨副的接触面积，m^2；

　　　$[p]$——许用压强，MPa。

4.4.6　提高导轨工作性能的措施

1.合理选择导轨的材料和热处理方法

导轨材料和热处理方法对导轨性能、精度有直接影响，要合理地选择，以便降低摩擦因数，提高导轨的耐磨性，降低成本。

导轨的材料有铸铁、钢、非铁金属、塑料等。

（1）铸铁导轨

铸铁导轨有良好的抗振性、工艺性和耐磨性，因此应用最广泛。灰铸铁、孕育铸铁常进行表面淬火来提高硬度，如高频感应淬火、电接触淬火硬度为 50～55 HRC，耐磨性提高 1～2 倍。铸铁导轨常用在车床、铣床、磨床上。为提高导轨的力学性能和耐磨性，可在铸铁中加入不同合金元素，生成高磷铸铁、磷铜钛铸铁、钒钛铸铁等，它们具有良好的力学性能和耐磨性，多用在精密机床（如坐标镗床和螺纹磨床）上。

（2）镶钢导轨

为提高导轨的耐磨性，采用淬火钢和氮化钢的镶钢支承导轨，抗磨损能力比灰铸铁导轨提高 5～10 倍。

（3）有色金属导轨

采用有色金属材料,如锡青铜和铝青铜镶装在重型机床、数控机床的运动导轨上,可以防止撕伤,保证运动的平稳性和提高运动精度。

（4）塑料导轨

塑料导轨具有摩擦因数低、耐磨性高、抗撕伤能力强、低速不易爬行、运动平稳、工艺简单、化学性能好、成本低等特点,在各类机床都有应用,特别是用在精密、数控、大型、重型机床运动导轨上。

为提高导轨耐磨性和防止撕伤,在导轨副中,运动导轨和支承导轨应分别采用不同的材料。如果采用相同的材料,也应采用不同的热处理方法,使两者具有不同的硬度。滑动导轨中,一般运动导轨采用粘贴氟塑料软带,支承导轨用淬火钢或淬火铸铁;或者运动导轨采用铸铁,不淬火,支承导轨采用淬火钢或淬火铸铁。

2.对导轨进行适当的预紧

对于精度要求较高、受力大小和方向变化较大的场合,滚动导轨应预紧。合理地将滚动导轨预紧,可以提高其承载能力、运动精度和刚度。

3.对导轨采取良好润滑和可靠防护

导轨的良好润滑和可靠防护,可以降低摩擦力,减少磨损,降低温度和防止锈蚀,延长寿命。因此,必须有专门的供油系统,采用自动和强制润滑。根据导轨工作条件和润滑方式,选择合适黏度的润滑油。

4.争取导轨不磨损、少磨损、均匀磨损

磨损是导轨接合面在一定压力作用下直接接触并产生相对运动而造成的。因此,争取不磨损的条件是让接合面在运动时不接触。方法是保证完全的液体润滑,用油膜隔开相接触的导轨面,如采用静压导轨。

争取少磨损,可采用加大导轨接触面和减轻负荷的办法来降低导轨面的压强。采用卸荷导轨是减轻导轨负荷、降低压强的好方法,尤其是采用自动调节气压卸荷导轨可以使摩擦力基本保持恒定,卸荷力能随外载荷变化而自动调节。

争取均匀磨损,要使摩擦面上压力分布均匀,尽量减少扭转力矩和颠覆力矩,导轨的形状尺寸要尽可能使集中载荷对称。磨损后间隙变大,设计时要考虑如何补偿、调整间隙,如采用可以自动调节间隙的三角形导轨,采用镶条、压板结构,定期调整、补偿。

习题与思考

4-1　变速箱的变速通常分为哪两大类？各有什么特点？

4-2　主轴部件设计应满足哪些基本要求？

4-3　主轴的传动有哪几种方式？各有什么特点？

4-4　主轴轴向定位方式有哪几种？各有什么特点？适用于哪些场合？

4-5　滚动轴承有哪些优缺点？滚动轴承的选用通常考虑哪些条件？

4-6　液压轴承、气压轴承和磁悬浮轴承的基本原理是什么？各有什么特点？

4-7　试分析图 4-70 所示的三种主轴轴承配置形式的特点和使用场合。

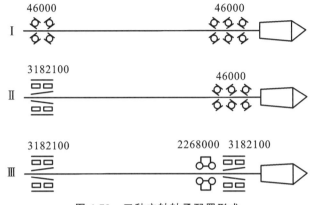

图 4-70　三种主轴轴承配置形式

4-8　试检查图 4-71 所示的主轴部件是否有错误。若有，请指出错在哪里，应怎样改正。请画出正确简图表示。

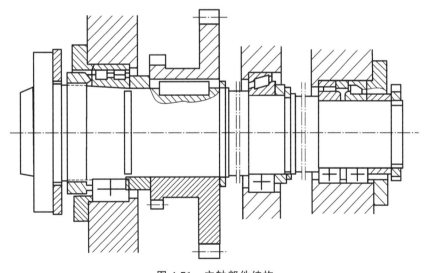

图 4-71　主轴部件结构

4-9　有一卧式车床，电动机功率为 5.5 kW，主轴部件采用三支承结构，以前中为主。前支承各采用一个 2007100 系列轴承，后支承采用一个 200 系列轴承。主轴孔径为 52 mm，前端伸出为 100 mm。试初选主轴直径和跨距的尺寸以及轴承的精度等级。

4-10　支承件设计应满足哪些基本要求？

4-11　支承件常用的材料有哪些？有什么特点？

4-12 根据什么原则选择支承件的截面形状？如何布置支承件上的肋板和肋条？

4-13 提高支承件结构刚度和动态性能有哪些措施？

4-14 导轨设计应满足哪些基本要求？

4-15 导轨常用什么方法调整间隙？

4-16 直线运动导轨有哪几种结构形式？各有何优缺点？

4-17 导轨的卸荷方式有哪几种？各有什么特点？

4-18 提高导轨的耐磨性有哪些措施？

5　机床夹具设计

5.1　概　述

5.1.1　机床夹具的功能

机床夹具是在机床上装夹工件的一种工艺装备,其作用是使工件相对于机床和刀具有一个正确的位置,并在加工过程中保持这个位置不变。

机床夹具的主要功能如下:

①保证加工质量。使用机床夹具的首要任务是保证加工精度,特别是保证被加工工件的加工面与定位面之间以及待加工表面相互之间的位置精度。在使用机床夹具后,这种精度主要依靠夹具和机床来保证,而不再依赖于工人的技术水平。

②提高生产效率,降低生产成本。使用夹具后可减少画线、找正等辅助时间,且易实现多件、多工位加工。在现代机床夹具中,广泛采用气动、液动等机动夹紧装置,可使辅助时间进一步减少。

③扩大机床工艺范围。在机床上使用夹具可使加工变得方便,并可扩大机床的工艺范围。例如,在车床或钻床上使用镗模,可以代替镗床镗孔;又如,使用靠模夹具,可在车床或铣床上进行仿形加工。

④减轻工人劳动强度,保证安全生产。

5.1.2　机床夹具设计应满足的基本要求

机床夹具设计的基本要求可以概括为如下几个方面:

①保证工件加工精度。这是夹具设计的最基本要求,其关键是正确地确定定位方案、夹紧方案、刀具导向方式及合理确定夹具的技术要求。必要时应进行误差分析与计算。

②夹具结构方案应与生产纲领相适应。在大批量生产时应尽量采用快速高效的夹具结构,如多件夹紧、联动夹紧等,以缩短辅助时间;对于中、小批量生产,则要求在满足夹具功能的前提下,尽量使夹具结构简单、制造方便,以降低夹具的制造成本。

③操作方便、安全、省力。如采用气动、液压等夹紧装置,以减轻工人劳动强度,并可较好地控制夹紧力。夹具操作位置应符合工人操作习惯,必要时应有安全防护装置,以确保使用安全。

④便于排屑。切屑积集在夹具中,会影响工件的正确定位;切屑带来的大量热量会引起夹具和工件的热变形;切屑的清理又会增加辅助时间。切屑积集严重时,还会损伤刀具甚至

引发工伤事故。故排屑问题在夹具设计中必须给以充分注意,在设计高效机床和自动线夹具时尤为重要。

⑤有良好的结构。设计的夹具要便于制造、检验、装配、调整和维修等。

5.1.3　机床夹具的组成

图 5-1 所示为一个在铣床上使用的夹具。其中图 5-1(a)所示为在该夹具上加工的连杆零件工序图,图 5-1(b)为夹具装配图。工序要求工件以一面两孔定位,分四次安装铣削大头孔两端面处的共八个槽。工件以端面安放在夹具底板 4 的定位面 N 上,大、小孔分别套在圆柱销 5 和菱形销 1 上,并用两个压板 7 压紧。夹具通过两个定向键 3 在铣床工作台上定位,并通过夹具底板 4 上的两个 U 形槽,用 T 形槽螺栓和螺母紧固在工作台上。铣刀相对于夹具的位置则用对刀块 2 调整。为防止夹紧工件时压板转动,在压板的一侧设置了止动销 11。

由图 5-1 可以看出机床夹具的基本组成部分,主要有:

①定位元件或装置。用以确定工件在夹具上的位置,如图 5-1 中的夹具底板 4(顶面 N)、圆柱销 5 和菱形销 1。

②夹紧元件或装置。用以夹紧工件,如图 5-1 中的压板 7、螺母 9、螺栓 10 等。

③刀具导向元件或装置。用以引导刀具或调整刀具相对于夹具定位元件的位置,如图 5-1 所示的对刀块 2。

④连接元件。用以确定夹具在机床上的位置并与机床相连接,如图 5-1 所示的定向键 3 等。

⑤夹具体。用以连接夹具各元件或装置,使之成为一个整体,并通过它将夹具安装在机床上,如图 5-1 所示的夹具底板 4。

⑥其他元件或装置。除上述①～⑤以外的元件或装置,如某些夹具上的分度装置、防错(防止工件错误安装)装置、安全保护装置,为便于卸下工件而设置的顶出器等。图 5-1 中的止动销 11 也属于此类元件。

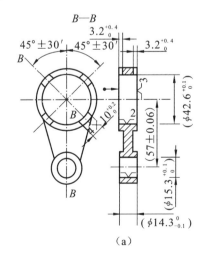

（a）

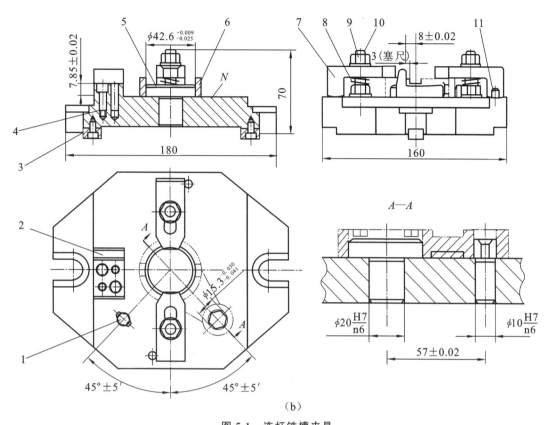

（b）

图 5-1　连杆铣槽夹具

1—菱形销；2—对刀块；3—定向键；4—夹具底板；5—圆柱销；6—工件；
7—压板；8—弹簧；9—螺母；10—螺栓；11—止动销

5.1.4　机床夹具的分类

机床夹具可以有多种分类方法。通常按机床夹具的使用范围,可分为以下五种类型。

（1）通用夹具

如在车床上常用的自定心卡盘、单动卡盘、顶尖,铣床上常用的机用平口钳、分度头、回转工作台等均属于此类夹具。该类夹具由于具有较大的通用性,故得其名。通用夹具一般已标准化,并由专业工厂(如机床附件厂)生产,常作为机床的标准附件提供给用户。

（2）专用夹具

这类夹具是针对某一工件的某一工序而专门设计的,因其用途专一而得名。图 5-1 所示的连杆铣槽夹具就是一个专用夹具。专用夹具广泛用于批量生产中。

（3）可调整夹具和成组夹具

这类夹具的特点是夹具的部分元件可以更换,部分装置可以调整,以适应不同零件的加工。用于相似零件成组加工的夹具,通常称为成组夹具。与成组夹具相比,可调整夹具的加工对象不很明确,适用范围更广一些。

(4)组合夹具

这类夹具由一套标准化的夹具元件,根据零件的加工要求拼装而成。就好像搭积木一样,不同元件的不同组合和连接可构成不同结构和用途的夹具。夹具用完以后,元件可以拆卸重复使用。这类夹具特别适合于新产品试制和小批量生产。

(5)随行夹具

这是一种在自动线或柔性制造系统中使用的夹具。工件安装在随行夹具上,除完成对工件的定位和夹紧外,还载着工件由输送装置送往各机床,并在各机床上被定位和夹紧。

机床夹具也可以按照加工类型和机床类型来分类,可分为车床夹具、铣床夹具、钻床夹具、镗床夹具、磨床夹具和数控机床夹具等。机床夹具还可以按其夹紧装置的动力源来分类,可分为手动夹具、气动夹具、液动夹具、电磁夹具和真空夹具等。

5.2　工件在夹具上的定位

工件在机床上的定位实际包括工件在夹具上的定位和夹具在机床上的定位两个方面。本节只讨论工件在夹具上的定位问题。至于夹具在机床上的定位,其原理与工件在夹具上的定位相同,具体内容可参考 5.4 节。

5.2.1　工件的定位

1.六点定位原理

一个物体在空间可以有六个独立的运动,以图 5-2 所示的长方体自由度为例,它在直角坐标系中可以有三个方向的直线移动和绕三个方向的转动。三个方向的直线移动分别是沿 x、y、z 轴的平移,记为 $\vec{x},\vec{y},\vec{z}$;三个方向的转动分别是绕 x、y、z 轴的旋转,记为 $\hat{x},\hat{y},\hat{z}$。通常把上述六个独立运动称为六个自由度。

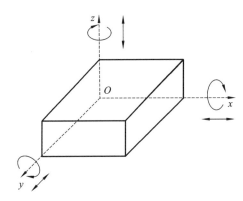

图 5-2　自由度示意图

工件的定位就是采取一定的约束措施来限制自由度,通常可用约束点和约束点群来描述,而且一个自由度只需要一个约束点来限制。例如,一个长方体工件在定位时(图 5-3),可在其底面布置三个不共线的约束点 1、2、3,在侧面布置两个约束点 4、5,并在端面布置一个约束点 6,则约束点 1、2、3 可以限制 $\vec{z}$、$\hat{x}$ 和 $\hat{y}$ 三个自由度,约束点 4、5 可以限制 $\vec{x}$ 和 $\hat{z}$ 两个自由度,约束点 6 可以限制 $\vec{y}$ 一个自由度,从而完全限制了长方体工件的六个自由度,这时工件被完全定位。

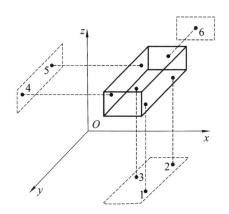

图 5-3　长方体工件的六点定位

采用六个按一定规则布置的约束点来限制工件的六个自由度,实现完全定位,称为六点定位原理。

2.工件的实际定位

在实际定位中,通常用接触面积很小的支承钉作为约束点,如图 5-4 所示。

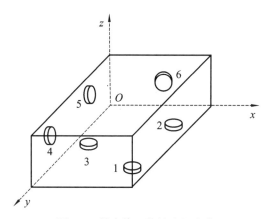

图 5-4　长方体工件的实际定位

由于工件的形状是多种多样的,都用支承钉来定位显然不合适,因此,更可行的是用支承板、圆柱销、心轴、V 形块等作为约束点群来限制工件的自由度。表 5-1 总结了典型定位元件的定位分析。

表 5-1　典型定位元件的定位分析

工件的定位面		夹具的定位元件		
平面	支承钉	定位情况	一个支承钉	两个支承钉	三个支承钉
		图示	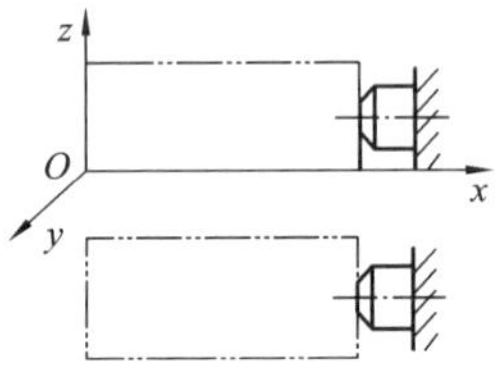	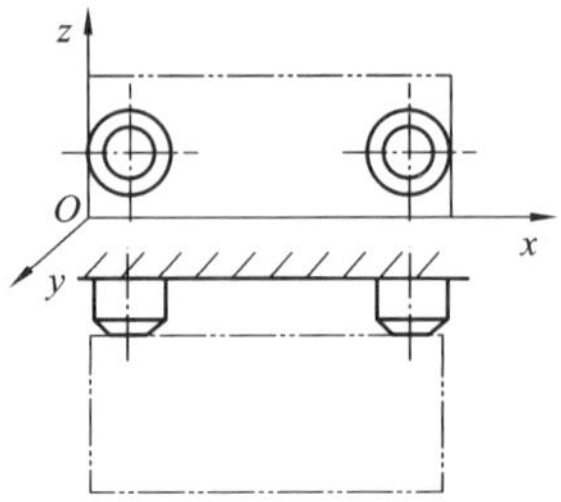	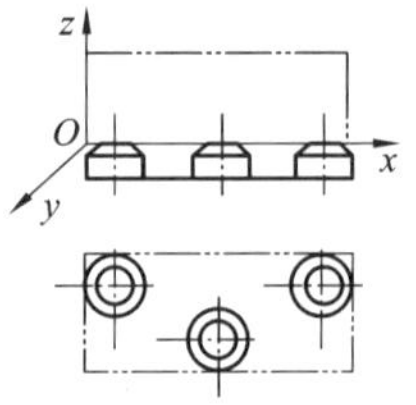
		限制的自由度	$\vec{x}$	$\vec{y}\ \hat{y}$	$\vec{z}\ \hat{x}\ \hat{y}$
	支承板	定位情况	一块条形支承板	两块条形支承板	一块大面积支承板
		图示	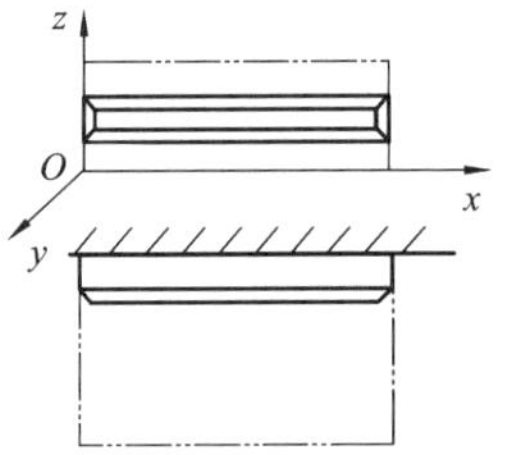	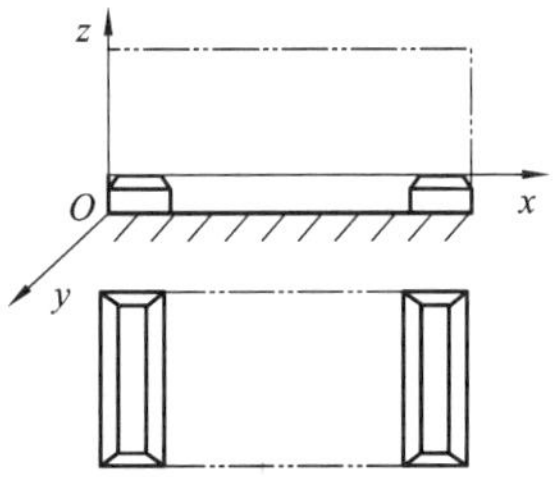	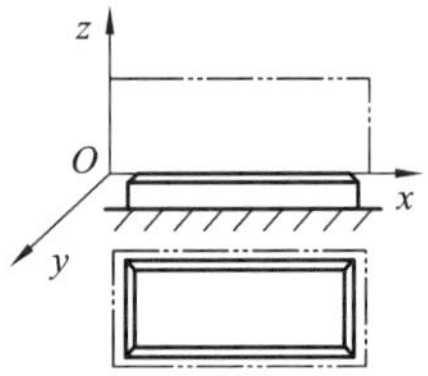
		限制的自由度	$\vec{y}\ \vec{z}$	$\vec{z}\ \hat{x}\ \hat{y}$	$\vec{z}\ \hat{x}\ \hat{y}$
圆孔	圆柱销	定位情况	短圆柱销	长圆柱销	两段短圆柱销
		图示	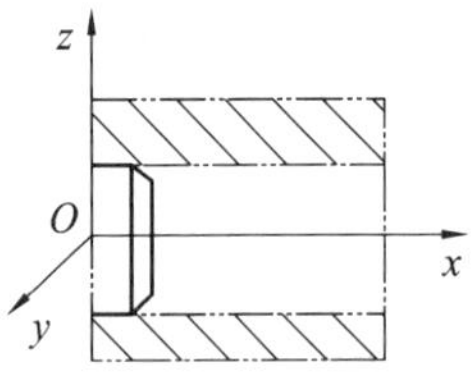	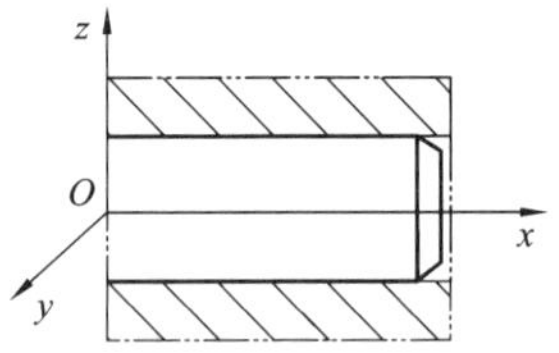	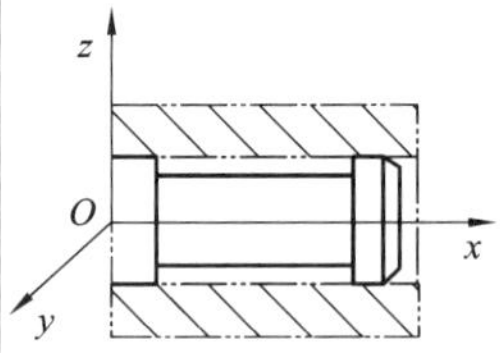
		限制的自由度	$\vec{y}\ \vec{z}$	$\vec{y}\ \vec{z}\ \hat{y}\ \hat{z}$	$\vec{y}\ \vec{z}\ \hat{y}\ \hat{z}$

工件的定位面	夹具的定位元件			
	圆孔	圆柱销	定位情况	菱形销	长销小平面组合	短销大平面组合

工件的定位面			夹具的定位元件		
圆孔	**圆柱销**	定位情况	菱形销	长销小平面组合	短销大平面组合
		图示	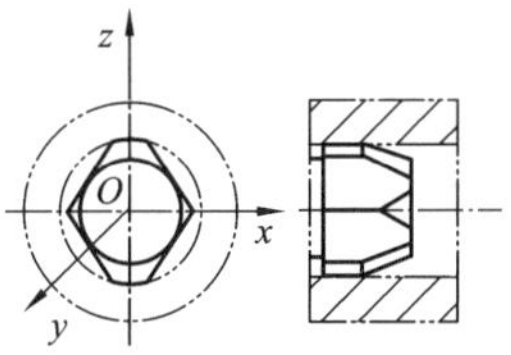	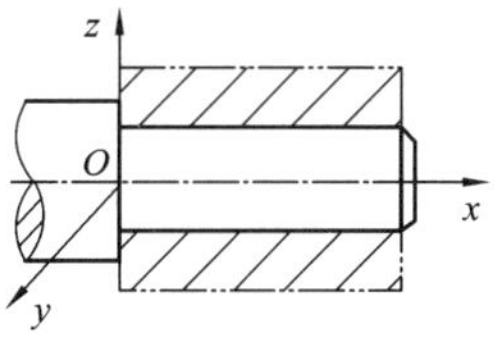	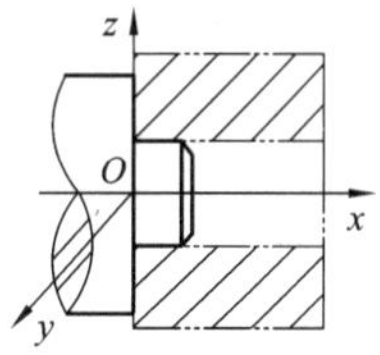
		限制的自由度	$\vec{z}$	$\vec{x}\ \vec{y}\ \vec{z}\ \hat{y}\ \hat{z}$	$\vec{x}\ \vec{y}\ \vec{z}\ \hat{y}\ \hat{z}$
	圆锥销	定位情况	固定锥销	浮动锥销	固定锥销与浮动锥销组合
		图示	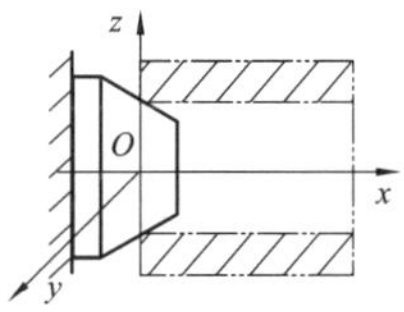	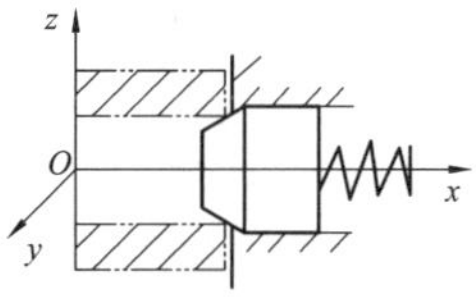	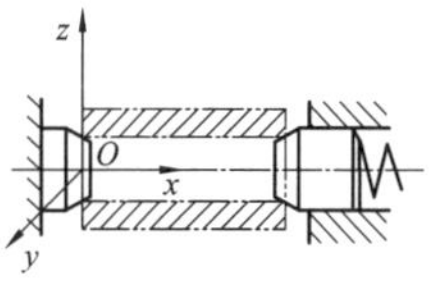
		限制的自由度	$\vec{x}\ \vec{y}\ \vec{z}$	$\vec{y}\ \vec{z}$ 或 $\hat{y}\ \hat{z}$	$\vec{x}\ \vec{y}\ \vec{z}\ \hat{y}\ \hat{z}$
	心轴	定位情况	长圆柱心轴	短圆柱心轴	小锥度心轴
		图示	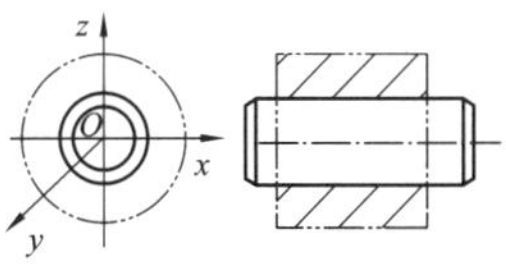	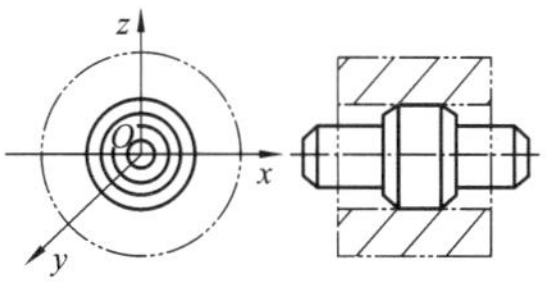	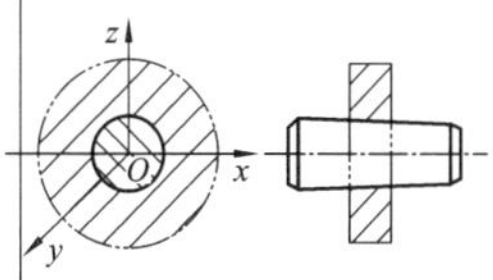
		限制的自由度	$\vec{x}\ \vec{z}\ \hat{x}\ \hat{z}$	$\vec{x}\ \vec{z}$	$\vec{x}\ \vec{z}$

续表 5-1

工件的定位面		夹具的定位元件		
外圆柱面	V形块	定位情况	一块短 V 形块	两块短 V 形块	一块长 V 形块
		图示			
		限制的自由度	$\vec{x}\ \vec{z}$	$\vec{x}\ \vec{z}\ \hat{x}\ \hat{z}$	$\vec{x}\ \vec{z}\ \hat{x}\ \hat{z}$
	定位套	定位情况	一个短定位套	两个短定位套	一个长定位套
		图示			
		限制的自由度	$\vec{x}\ \vec{z}$	$\vec{x}\ \vec{z}\ \hat{x}\ \hat{z}$	$\vec{x}\ \vec{z}\ \hat{x}\ \hat{z}$
圆锥孔	锥顶尖和锥度心轴	定位情况	固定顶尖	浮动顶尖	锥度心轴
		图示			
		限制的自由度	$\vec{x}\ \vec{y}\ \vec{z}$	$\vec{y}\ \vec{z}$ 或 $\hat{y}\ \hat{z}$	$\vec{x}\ \vec{y}\ \vec{z}\ \hat{y}\ \hat{z}$

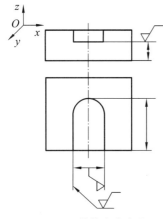

图 5-5　工件的完全定位

3.完全定位和不完全定位

工件定位时,要根据被加工面的尺寸、形状和位置要求来决定,有的需要限制六个自由度,有的不需要将六个自由度均限制住。

（1）完全定位

完全定位需限制六个自由度。图 5-5 所示是在一个长方体工件上加工一个不通槽,槽要对中,故要限制 $\vec{x}$、$\hat{z}$ 两个自由度;槽有深度要求,故要限制 $\vec{z}$ 一个自由度;不通槽有一定长度,故要限制 $\vec{y}$ 一个自由度;同时,槽底要与其工件底面平行,故要限制 $\hat{x}$、$\hat{y}$ 两个自由度,因此一共要限制六个自由度,即为完全定位。

（2）不完全定位

不完全定位仅需限制一至五个自由度。图 5-6 所示为工件的不完全定位。图 5-6(a)所示为在一个球体上加工一个平面，因其只有高度尺寸要求，因此只需限制 $\vec{z}$ 一个自由度。图 5-6(b)所示为在一个球体上加工一个通过球心的径向孔，由于需要通过球心，故需限制 $\vec{x}$、$\vec{y}$ 两个自由度。图 5-6(c)所示为在一个长方体工件上铣一个平面，该面应与底面平行，且有厚度要求，故需限制 $\vec{z}$、$\hat{x}$、$\hat{y}$ 三个自由度。图 5-6(d)所示为在一个圆柱上铣键槽，由于键槽要通过轴线，且有深度要求，故要限制 $\vec{x}$、$\vec{z}$、$\hat{x}$、$\hat{z}$ 四个自由度。图 5-6(e)所示为在一个长方体上加工一个直通槽。由于槽要对中，且有深度要求，同时槽底应与底面平行，故要限制 $\vec{x}$、$\vec{z}$、$\hat{x}$、$\hat{y}$、$\hat{z}$ 五个自由度。上述五个例子所限制的自由度均小于六个，都属于不完全定位。

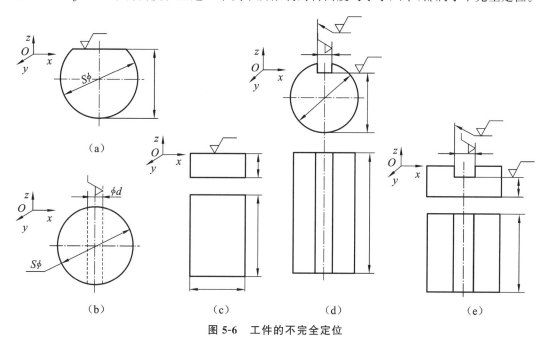

图 5-6　工件的不完全定位

应当指出：有些加工虽然按加工要求不需要限制某些自由度，但从承受夹紧力、切削力、加工调整方便等角度考虑，可以多限制一些自由度，这是必要的，也是合理的，故称为附加自由度。图 5-7 所示为附加自由度的例子，是在一个球状工件上加工一个平面，从定位分析，只需限制 $\vec{z}$ 一个自由度，但为了加工时装夹方便，易于对刀和控制加工行程等，可限制两个自由度[图 5-7(a)]，甚至可限制三个自由度[图 5-7(b)]。

4.欠定位和过定位

（1）欠定位

在加工时根据被加工面的尺寸、形状和位置要求，应限制的自由度未被限制，即约束点不足，这样的情况称为欠定位。欠定位的情况下是不能保证加工要求的，因此是绝对不允许的。图 5-8 所示为工件的欠定位，是在一个长方体工件上加工一个台阶面，该面宽度为 B，距底面高度为 A，且与底面平行。图 5-8(a)中只限制了 $\vec{z}$、$\hat{x}$、$\hat{y}$ 三个自由度，不能保证尺寸 B 及其侧面与工件右侧面的平行度，为欠定位。必须增加图 5-8(b)所示的一个条形支承板,以增加限制 $\overset{\frown}{x}$、$\overset{\frown}{z}$ 两个自由度,即一共限制五个自由度才行。

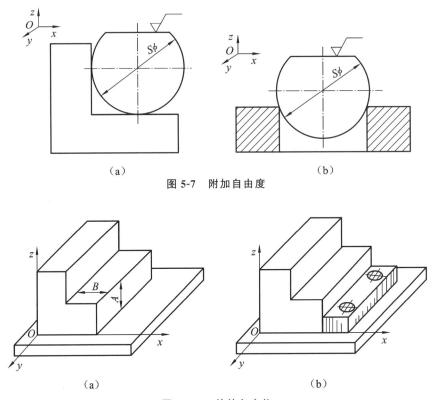

图 5-7　附加自由度

图 5-8　工件的欠定位

　　值得提出的是:在分析工件定位时,当所限制的自由度少于六个,则要判定是欠定位,还是不完全定位。如果是欠定位,则必须要将应限制的自由度限制住;如果是不完全定位,则是可行的。

　　(2)过定位

　　工件定位时,一个自由度同时被两个或两个以上的约束点(夹具定位元件)所限制,称为过定位,或重复定位,也称为定位干涉。

　　由于过定位可能会破坏定位,因此一般也是不允许的。但如果工件定位面的尺寸、形状和位置精度高,表面粗糙度值小,而夹具的定位元件制造质量又高,则这时不但不会影响定位,而且还会提高加工时工件的刚度,在这种情况下过定位是允许的。

　　下面来分析几个过定位的实例及其解决过定位的方法。

　　如图 5-9(a)所示,工件的一个定位平面只需要限制三个自由度,如果用四个支承钉来支承,则由于工件平面或夹具定位元件的制造精度问题,实际上只能有其中的三个支承钉与工件定位平面接触,从而产生定位不准和不稳。如果在工件的重力、夹紧力或切削力的作用下强行使四个支承钉与工件定位平面都接触,则可能会使工件或夹具变形,或两者均变形。解决这一过定位的方法有两个:一是将支承钉改为三个,并布置其位置形成三角形。二是将定位元件改为两个支承板[图 5-9(b)]或一个大的支承板。

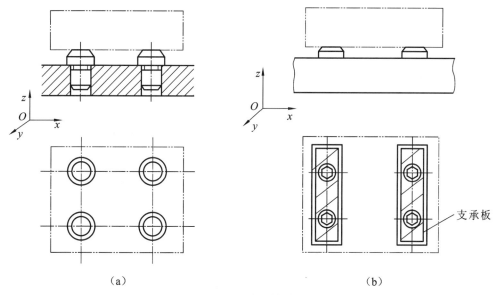

图 5-9　平面定位的过定位

　　图 5-10(a)所示为一面两孔组合定位的过定位例子,工件的定位面为其底平面和两个孔,夹具的定位元件为一个支承板和两个短圆柱销,考虑了定位组合关系,其中支承板限制了 $\vec{z}$、$\hat{x}$、$\hat{y}$ 三个自由度,短圆柱销 1 限制了 $\vec{x}$、$\vec{y}$ 两个自由度,短圆柱销 2 限制了 $\vec{x}$ 和 $\vec{z}$ 两个自由度,因此在自由度 $\vec{x}$ 上同时有两个定位元件的限制,产生了过定位。在装夹时,由于工件上的两孔或夹具上的两个短圆柱销在直径或间距尺寸上有误差,则会产生工件不能定位(即装不上),如果要装上,则只能是短圆柱销或工件产生变形。解决的方法是:将其中的一个短圆柱销改为菱形销[图 5-10(b)],且其削边方向应在 x 向,即可消除在自由度 $\vec{x}$ 上的干涉。

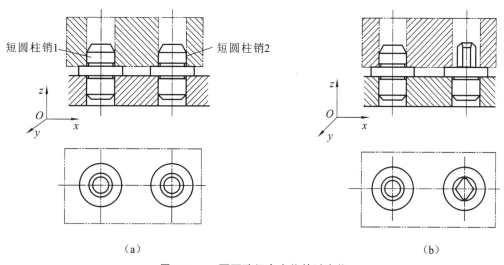

图 5-10　一面两孔组合定位的过定位

　　图 5-11 所示为孔与端面组合定位的过定位,其中图 5-11(a)为长销大端面,长销可限制

$\widehat{y}$、$\widehat{z}$、$\widehat{y}$ 和 $\widehat{z}$ 四个自由度,大端面限制 $\widehat{x}$、$\widehat{y}$ 和 $\widehat{z}$ 三个自由度,显然 $\widehat{y}$ 和 $\widehat{z}$ 自由度被重复限制,产生过定位。解决的方法有三个:①采用大端面和短销组合定位[图 5-11(b)]。②采用长销和小端面组合定位[图 5-11(c)]。③仍采用大端面和长销组合定位,但在大端面上装一个球面垫圈,以减少两个自由度的重复约束[图 5-11(d)]。

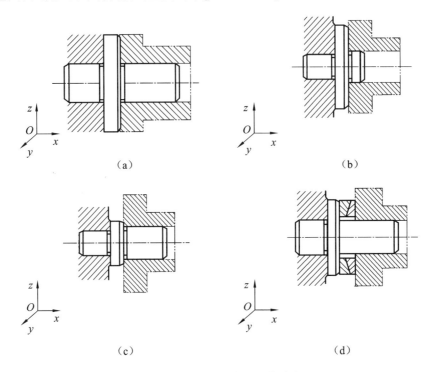

图 5-11　孔与端面组合定位的过定位

5.2.2　常用定位方法与定位元件

1.工件以平面定位

平面定位的主要形式是支承定位。夹具上常用的支承元件有以下几种:

(1)固定支承

固定支承有支承钉和支承板两种形式。图 5-12(a)、图 5-12(b)、图 5-12(c)所示为国家标准规定的三种支承钉,其中 A 型多用于精基准面的定位,B 型多用于粗基准面的定位,C 型多用于工件侧面定位。图 5-12(d)、图 5-12(e)所示为国家标准规定的两种支承板,其中 B 型用得较多,A 型由于不利于清屑,常用于工件的侧面定位。

(2)可调支承

支承点的位置可以调整的支承称为可调支承。图 5-13 所示为几种常见的可调支承。当工件定位表面不规整或工件批与批之间毛坯尺寸变化较大时,常使用可调支承。可调支承也可用作成组夹具的调整元件。

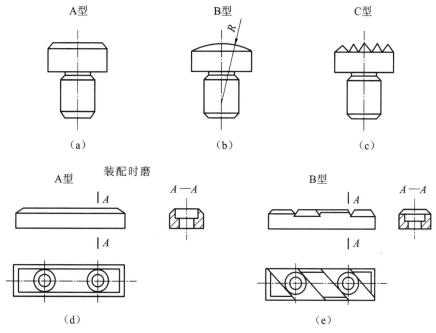

图 5-12　支承钉与支承板

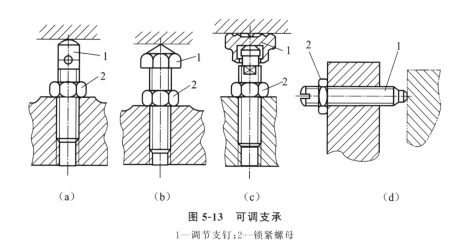

图 5-13　可调支承

1—调节支钉；2—锁紧螺母

（3）自位支承

自位支承在定位过程中，支承点可以自动调整其位置以适应工件定位表面的变化。图 5-14 所示为常见的几种自位支承形式。自位支承通常只限制一个自由度，即实现一点定位。自位支承常用于毛坯表面、断续表面、阶梯表面以及有角度误差的平面定位。

（4）辅助支承

辅助支承是在工件完成定位后才参与支承的元件，它不起定位作用，而只起支承作用，常用于在加工过程中加强被加工部位的刚度。辅助支承有多种形式，图 5-15 所示为其中的三种。其中第一种[图 5-15（a）]结构简单，但转动支承 1 时，可能因摩擦力而带动工件。第二种[图 5-15(b)]结构避免了第一种结构的缺点,转动螺母 2,支承 1 仅上下移动。这两种结构动作较慢,且用力不当会破坏工件已定好的位置。图 5-15(c)所示为自动调节支承,靠弹簧 3 的弹力使支承 1 与工件接触,转动手柄 4 将支承 1 锁紧。

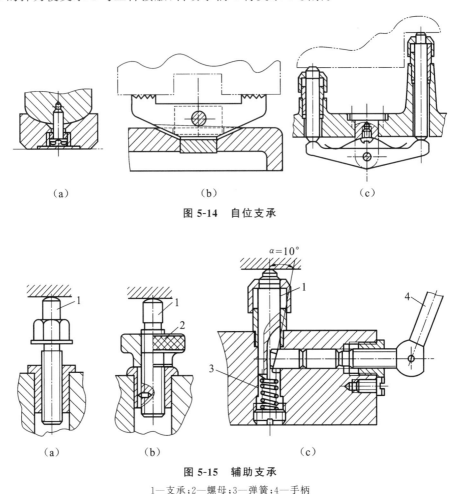

（a）　　　　　　　　　　（b）　　　　　　　　　　（c）

图 5-14　自位支承

（a）　　　　　　　　　　（b）　　　　　　　　　　（c）

图 5-15　辅助支承

1—支承;2—螺母;3—弹簧;4—手柄

2.工件以圆柱孔定位

工件以圆柱孔定位通常属于定心定位(定位基准为孔的轴线),夹具上相应的定位元件是心轴和定位销。

（1）心轴

心轴形式很多,图 5-16 所示为几种常见的刚性心轴。其中图 5-16(a)所示为过盈配合心轴,图 5-16(b)所示为间隙配合心轴,图 5-16(c)所示为小锥度心轴。小锥度心轴的锥度为 1:5000～1:1000。工件安装时轻轻敲入或压入,通过孔和心轴接触表面的弹性变形来夹紧工件。使用小锥度心轴定位可获得较高的定位精度。

除了刚性心轴外,在生产中还经常采用弹性心轴、液塑心轴、自动定心心轴等。这些心轴在工件定位的同时将工件夹紧,使用方便。

工件在心轴上定位通常限制了除绕工件自身轴线转动和沿工件自身轴线移动以外的四

个自由度,是四点定位。

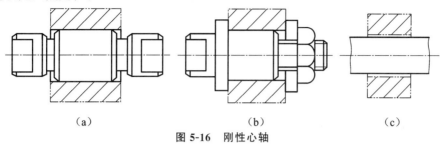

（a） （b） （c）

图 5-16 刚性心轴

（2）定位销

图 5-17 所示为国际标准规定的圆柱定位销,其工作部分直径 d 通常根据加工要求和考虑便于装夹,按 g6、g7、f6 或 f7 制造。定位销与夹具体的连接可采用过盈配合[图 5-17(a)、图 5-17(b)、图 5-17(c)],也可以采用间隙配合[图 5-17(d)]。圆柱定位销通常限制工件的两个自由度。

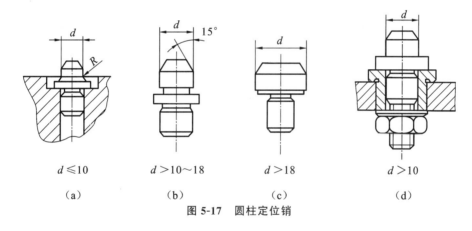

$d \leqslant 10$ $d > 10 \sim 18$ $d > 18$ $d > 10$

（a） （b） （c） （d）

图 5-17 圆柱定位销

当要求孔销配合只在一个方向上限制工件的自由度时,可使用菱形销,如图 5-18(a)所示。工件也可以用圆锥销定位,如图 5-18(b)、图 5-18(c)所示。其中图 5-18(b)多用于毛坯孔定位,图 5-18(c)多用于光孔定位。圆锥销一般限制工件的三个移动自由度。

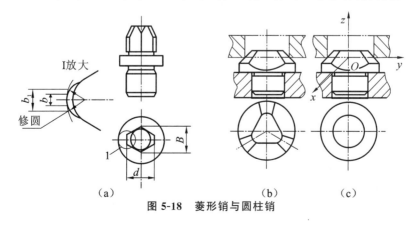

（a） （b） （c）

图 5-18 菱形销与圆柱销

3.工件以外圆表面定位

工件以外圆表面定位有两种形式:定心定位和支承定位。工件以外圆表面定心定位的情况与圆柱孔定位相似,只是用套筒或卡盘代替了心轴或圆柱销[图 5-19(a)],用锥套代替了锥销[图 5-19(b)]。

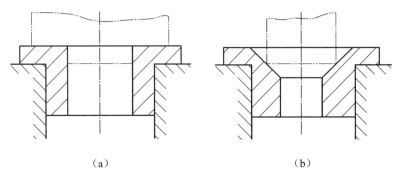

（a）　　　　　　　　　　　　　（b）

图 5-19　工件外圆以套筒和锥套定位

工件以外圆表面支承定位常用的定位元件是 V 形块。V 形块两斜面之间的夹角 α 通常取 60°、90°和 120°,其中 90°用得最多。90°V 形块的结构已标准化,如图 5-20 所示。使用 V 形块定位不仅对中性好,并且可以用于非完整外圆表面的定位。

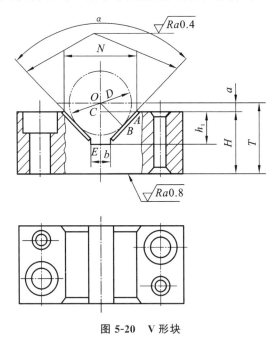

图 5-20　V 形块

V 形块有长短之分,长 V 形块(或两个短 V 形块的组合)限制工件的四个自由度,短 V 形块则限制工件的两个自由度。V 形块又有固定与活动之分,活动 V 形块在可移动方向上对工件不起定位作用。

V 形块在夹具上的安装尺寸 T 是 V 形块的主要设计参数,该尺寸常用作 V 形块测量

和调整的依据。由图 5-20 可以求出

$$T = H + \frac{1}{2}\left[\frac{D}{\sin(\alpha/2)} - \frac{N}{\tan(\alpha/2)}\right] \tag{5-1}$$

式中 D——工件或心轴直径的平均尺寸。

当 $\alpha = 90°$ 时,有

$$T = H + 0.707D - 0.5N$$

4.工件以其他表面定位

工件除了以平面、圆柱孔和外圆表面定位外,有时也用其他形式的表面定位。图 5-21 所示为工件以锥孔定位的例子,锥度心轴限制了工件除绕自身轴线转动之外的五个自由度。

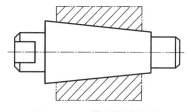

图 5-21 工件以锥孔定位

5.定位表面的组合

实际生产中经常遇到的不是单一表面定位,而是几个定位表面的组合。常见的定位表面组合有平面与平面的组合,平面与孔的组合,平面与外圆表面的组合,平面与其他表面的组合等。

在多个表面同时参与定位的情况下,各表面在定位中所起的作用有主次之分。一般称定位点数最多的定位表面为第一定位基准面或支承面,称定位点数次多的表面为第二定位基准面或导向面,对于定位点数为一的定位表面称为第三定位基准面或止动面。连杆端面三点定位,定位点数最多,是工件的第一定位基准面;连杆大头孔两点定位,是工件的第二定位基准面;连杆小头孔只有一点定位,是工件的第三定位基准面。

在分析多个表面定位情况下各表面限制的自由度时,分清主次定位面很有必要。例如,图 5-22 所示的轴类零件在机床前后顶尖上定位时,应首先确定前顶尖限制的自由度,它们分别是 $\vec{x}$、$\vec{y}$ 和 $\vec{z}$,然后再分析后顶尖限制的自由度。孤立地看,由于后顶尖可以在 z 方向上移动,故限制 $\vec{x}$ 和 $\vec{y}$ 两个移动自由度。但若与前顶尖一起考虑,则后顶尖实际限制的是 $\widehat{x}$ 和 $\widehat{y}$ 两个转动自由度。

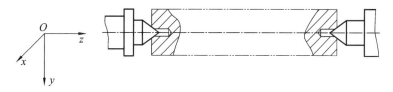

图 5-22 工件在两顶尖上定位

6.一面两孔定位

在加工箱体类零件时常采用一面两孔(一个大平面和垂直于该平面的两个圆孔)组合定位,夹具上相应的定位元件是一面两销(图 5-1)。为了避免由于过定位引起的工件安装时的干涉,两销中的一个应采用菱形销。菱形销的宽度可以通过几何关系求出。

参考图 5-23,考虑极端情况:两孔中心距为最大($L + 1/2T_{LK}$),两销中心距最小($L - 1/2T_{LX}$),两孔直径均为最小(分别为 D_1 和 D_2),两销直径均为最大(分别为 $d_1 = D_1 - \Delta_{1min}$

和 $d_2 = D_2 - \Delta_{2\min}$）。由 $\triangle AO_2B$ 和 $\triangle AO_2'C$ 可得

$$\overline{AO_2'}^2 - \overline{AC}^2 = \overline{AO_2}^2 - \overline{AB}$$

即

$$\left(\frac{D_2}{2}\right)^2 - \left[\frac{b}{2} + \frac{1}{2}(T_{LK} + T_{LX})\right]^2 = \left(\frac{D_2 - \Delta_{2\min}}{2}\right)^2 - \left(\frac{b}{2}\right)^2$$

整理后得

$$b = \frac{D_2 \Delta_{2\min}}{T_{LK} + T_{LX}}$$

考虑到孔 1 与销 1 之间间隙的补偿作用，上式变为

$$b = \frac{D_2 \Delta_{2\min}}{T_{LK} + T_{LX} - \Delta_{1\min}} \tag{5-2}$$

式中　b——菱形销宽度，mm；

　　　D_1、D_2——与圆柱销和菱形销配合孔的最小直径，mm；

　　　$\Delta_{1\min}$、$\Delta_{2\min}$——孔 1 与销 1，孔 2 与销 2 的最小间隙，mm；

　　　T_{LK}、T_{LX}——两孔中心距和两销中心距的公差，mm。

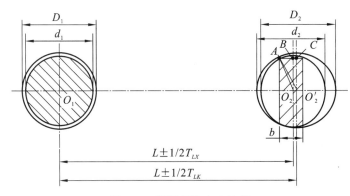

图 5-23　菱形销的宽度计算

在实际生产中，由于菱形销的尺寸已标准化，因而常按下面步骤进行两销设计：

①确定两销中心距尺寸及公差。取工件上两孔中心距的公称尺寸为两销中心距的公称尺寸，其公差取工件孔中心距公差的 $\frac{1}{5} \sim \frac{1}{3}$，即令 $T_{LX} = \left(\frac{1}{5} \sim \frac{1}{3}\right) T_{LK}$。

②确定圆柱销直径及其公差。取相应孔的最小直径作为圆柱销直径的公称尺寸，其公差一般取 g6 或 f7。

③确定菱形销宽度、直径及其公差。首先按有关标准（表 5-2）选取菱形销的宽度 b；然后按式（5-2）计算菱形销与其配合孔的最小间隙 $\Delta_{2\min}$；再计算菱形销直径的公称尺寸 $d_2 = D_2 - \Delta_{2\min}$；最后按 h6 或 h7 确定菱形销的直径公差。

表 5-2 菱形销的结构尺寸 单位:mm

d	>3～6	>6～8	>8～20	>20～25	>25～32	>32～40	>40～50
B	$d-0.5$	$d-1$	$d-2$	$d-3$	$d-4$	$d-5$	$d-6$
b	1	2	3	3	3	4	5
b_1	2	3	4	5	5	6	8

【例 5-1】 计算图 5-1 所示夹具两销定位的有关尺寸。

解:① 取两销中心距为 (57 ± 0.02) mm。

② 取圆柱销直径为 $d_1 = \phi42.6g6 = \phi42.6^{-0.009}_{-0.025}$ mm。

③ 按表 5-1 选取菱形销宽度为 $b = 3$ mm。

④ 按式(5-2)计算菱形销与其配合孔的最小间隙为

$$\Delta_{2\min} = \frac{(T_{LK} + T_{LX} - \Delta_{1\min})b}{D_2} = \frac{(0.12 + 0.04 - 0.009)\times3}{15.3} \text{ mm} = 0.03 \text{ mm}$$

⑤ 按 h6 确定菱形销的直径公差,最后得

$$d_2 = \phi15.3^{-0.030}_{-0.041} \text{ mm}$$

5.2.3　定位误差分析与计算

1.定位误差的概念

定位误差是由于工件在夹具上(或机床上)定位不准确而引起的加工误差。例如,在一根轴上铣键槽,要求保证槽底至轴线的距离 H。若采用 V 形块定位,键槽铣刀按规定尺寸 H 调整好位置(图 5-24)。实际加工时,由于工件外圆直径尺寸有大有小,会使外圆中心位置发生变化。若不考虑加工过程中产生的其他加工误差,仅由于工件圆心位置的变化也会使工序尺寸 H 发生变化。此变化量(即加工误差)是由于工件的定位而引起的,故称为定位误差,常用 Δ_{DW} 表示。

定位误差的来源主要有两方面:

① 由于工件的定位表面或夹具上的定位元件制作不准确而引起的定位误差,称为基准位置误差,常用 Δ_{JW} 表示。例如,图 5-24 所示定位误差就是由于工件定位面 (外圆表面)尺寸不准确而引起的。

② 由于工件的工序基准与定位基准不重合而引起的定位误差,称为基准不重合误差,常用 Δ_{JB} 表示。例如,图 5-25 所示工件以底面定位铣台阶面,要求保证尺寸 a,即工序基准为工件顶面。若刀具已调整好位置,则由于尺寸 b 的误差会使工件顶面位置发生变化,从而使工序尺寸 a 产生误差。

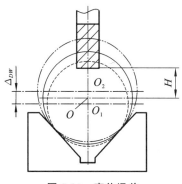

图 5-24　定位误差

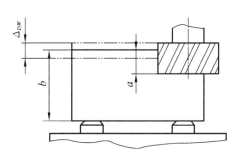

图 5-25　由于基准不重合引起的定位误差

在采用调整法加工时,工件的定位误差实质上就是工序基准在加工尺寸方向上的最大变动量。因此,计算定位误差首先要找出工序尺寸的工序基准,然后求其在加工尺寸方向上的最大变动量即可。计算定位误差可以采用几何方法,也可以采用微分方法。

2.用几何方法计算定位误差

采用几何方法计算定位误差通常要画出工件的定位简图,并在图中夸张地画出工件变动的极限位置,然后运用几何知识,求出工序基准在工序尺寸方向上的最大变动量,即为定位误差。

【例 5-2】　图 5-26 所示为孔销间隙配合时的定位误差。若工件的工序基准为孔心,试确定孔销间隙配合时的定位误差。

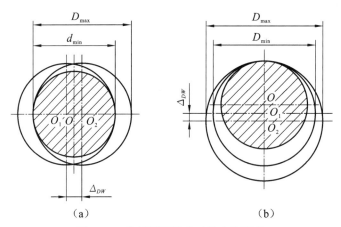

图 5-26　孔销间隙配合时的定位误差

解:如图 5-26(a)所示,当工件孔径为最大,定位销直径为最小时,孔心在任意方向上的最大变动量均为孔与销的最大间隙,即无论工序尺寸方向如何(只要工序尺寸方向垂直于孔的轴线),孔销间隙配合的定位误差为

$$\Delta_{DW} = D_{\max} - d_{\min} \tag{5-3}$$

式中　Δ_{DW}——定位误差,mm;

　　　　$D_{\max}$——工件上定位孔的最大直径,mm;

　　　　$d_{\min}$——夹具上定位销的最小直径,mm。

在某些特殊情况下,工件上的孔可能与夹具上的定位销保持固定边接触[图 5-26(b)]。此时可求出由于孔径变化造成孔心在接触点与销中心连线方向上的最大变动量为

$$\frac{1}{2}(D_{\max}-D_{\min})=\frac{1}{2}T_D$$

即孔径公差的一半。若工件的工序基准仍然是孔心,且工序尺寸方向与固定接触点和销中心连线方向相同,则孔销间隙配合并保持固定边接触的情况下,其定位误差的计算公式为

$$\Delta_{DW}=\frac{1}{2}(D_{\max}-D_{\min})=\frac{1}{2}T_D \tag{5-4}$$

式中　$D_{\max}$、$D_{\min}$——分别为定位孔的最大、最小直径,mm;

　　　　T_D——孔径公差,mm。

在这种情况下,孔在销上的定位实际上已由定心定位转变为支承定位的形式,定位基准变成了孔的一条母线[图 5-26(b)所示为孔的上母线]。此时的定位误差是定位基准与工序基准不重合造成的,属于基准不重合误差,与销直径公差无关。

【例 5-3】　求图 5-1 所示工件在其夹具上加工时的定位误差。

解:考查工件上与使用夹具有关的工序尺寸及工序要求(即工序位置尺寸和位置度要求)有:①槽深 $3.2_0^{+0.4}$ mm;②槽中心线与大小头孔中心连线的夹角 $45°\pm30'$。③槽中心平面过大头孔轴线(此项要求工序图上未注明,但实际存在)。下面对这三项要求的定位误差分别进行讨论:

①第一项要求。工序基准为槽顶端面,而定位基准为与槽顶端面相对的另一端面,存在基准不重合误差,其值为两端面距离尺寸公差,即 0.1 mm。且定位端面已加工过,其基准位置误差可近似认为等于零。故对该项要求,定位误差为

$$\Delta_{DW}=\Delta_{JB}=0.1 \text{ mm}$$

②第二项要求。工序基准为两孔中心连线,与定位基准一致,不存在基准不重合误差。下面计算基准位置误差。图 5-27 示意画出了工件两孔中心连线 $O'_1O'_2$ 与夹具上两销中心连线 O_1O_2 偏移的情况(图中画出一个极端位置,另一个极端位置只画出孔心连线)。

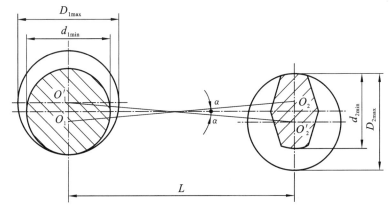

图 5-27　一面两孔定位误差计算

当两孔直径均为最大,而两销直径均为最小时,可能出现的最大偏移角为

$$\alpha = \arctan\left(\frac{D_{1max} - d_{1min} + D_{2max} - d_{2min}}{2L}\right)$$

由此得到一面两孔定位时转角定位误差的计算公式为

$$\Delta_{DW} = \pm\arctan\left(\frac{D_{1max} - d_{1min} + D_{2max} - d_{2min}}{2L}\right) \tag{5-5}$$

式中　　D_{1max}、D_{2max}——工件上与圆柱销和菱形销配合孔的最大直径,mm;

　　　　d_{1min}、d_{2min}——夹具上圆柱销和菱形销的最小直径,mm;

　　　　L——两孔(两销)中心距,mm。

将本例中的参数代入式(5-5),可得

$$\Delta_{DW} = \pm\arctan\left(\frac{0.1 + 0.025 + 0.1 + 0.041}{2 \times 57}\right) \approx \pm 8'$$

③第三项要求。工序基准为大头孔轴线,与定位基准重合,故只计算基准位置误差。该项误差等于孔销配合的最大间隙,即

$$\Delta_{DW} = \Delta_{JW} = D_{1max} - d_{1min} = (0.1 + 0.025)\ \text{mm} = 0.125\ \text{mm}$$

3.用微分方法计算定位误差

如前所述,定位误差实质上就是工序基准在加工尺寸方向上的最大变动量。这个变动量相对于公称尺寸而言是个微量,因而可将其视为某个公称尺寸的微分。找出以工序基准为端点的在加工尺寸方向上的某个公称尺寸,对其进行微分,就可以得到定位误差。下面以V形块定位为例进行说明。

【例5-4】 工件在V形块上定位铣键槽(图5-28),试计算其定位误差。

解:工件在V形块上定位铣键槽时,与夹具有关的两项工序尺寸和工序要求是:①槽底至工件外圆中心的距离H[图5-28(a)],或槽底至工件外圆下母线的距离H[图5-28(b)],或槽底至工件外圆上母线的距离H_2[图5-28(c)]。②键槽两侧面对外圆中心的对称度。

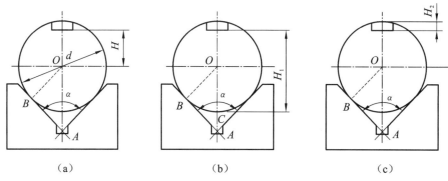

图5-28　V形块定位误差计算

对于第二项要求,若忽略工件的圆度误差和V形块的角度误差,可以认为工序基准(工件外圆中心)在水平方向上的位置变动量为零,即使用V形块对外圆表面定位时,在垂直于V形块对称面方向上的定位误差为零。下面计算第一项要求的定位误差。

首先考虑第一种情况[工序基准为圆心 O，图 5-28(a)]，可以写出 O 点至加工尺寸方向上某一固定点（如 V 形块两斜面交点 A）的距离为

$$\overline{OA} = \frac{\overline{OB}}{\sin\frac{\alpha}{2}} = \frac{d}{2\sin\frac{\alpha}{2}}$$

式中　d——工件外圆直径，mm；

　　　α——V 形块两斜面夹角，°。

对上式求全微分，得

$$\mathrm{d}(\overline{OA}) = \frac{1}{2\sin\frac{\alpha}{2}}\mathrm{d}(d) - \frac{d\cos\frac{\alpha}{2}}{4\sin^2\left(\frac{\alpha}{2}\right)}\mathrm{d}(\alpha)$$

用微小增量代替微分，并将尺寸（包括直线尺寸和角度尺寸）误差视为微小增量，且考虑到尺寸误差可正可负，各项误差取绝对值，得到工序尺寸 H 的定位误差为

$$\Delta_{DW} = \frac{T_d}{2\sin\frac{\alpha}{2}} + \frac{d\cos\frac{\alpha}{2}}{4\sin^2\left(\frac{\alpha}{2}\right)}T_\alpha \tag{5-6}$$

式中　T_d、T_α——工件外圆直径公差和 V 形块的角度公差。

若忽略 V 形块的角度公差（实际上，在支承定位的情况下，定位元件的误差——此处为 V 形块的角度公差，可以通过调整刀具相对于夹具的位置来进行补偿），可以得到工件以外圆表面在 V 形块上的定位，当工序基准为外圆中心时，在垂直方向（图 5-28 中尺寸 H 方向）上的定位误差为

$$\Delta_{DW} = \frac{T_d}{2\sin\frac{\alpha}{2}} \tag{5-7}$$

若工件的工序基准为外圆表面的下母线 C[相应的工序尺寸为 H_1，图 5-28(b)]，则可用相同方法求出其定位误差。此时 C 点至 A 点的距离为

$$\overline{CA} = \overline{OA} - \overline{OC} = \frac{T_d}{2}\left(\frac{1}{\sin\frac{\alpha}{2}} - 1\right)$$

取全微分，并忽略 V 形块的角度公差，可得到 V 形块对外圆表面定位，当工序基准为外圆表面下母线时（对应工序尺寸 H_1）的定位误差为

$$\Delta_{DW} = \frac{T_d}{2}\left(\frac{1}{\sin\frac{\alpha}{2}} - 1\right) \tag{5-8}$$

用完全相同的方法还可以求出当工序基准为外圆表面上母线时（对应工序尺寸 H_2）的定位误差为

$$\Delta_{DW} = \frac{T_d}{2}\left(\frac{1}{\sin\frac{\alpha}{2}} + 1\right) \tag{5-9}$$

使用微分方法计算定位误差,在某些情况下要比几何方法简明。

需要指出的是,定位误差一般总是针对成批生产,并采用调整法加工的情况而言。在单件生产时,若采用调整法加工(如采用样件或对刀规对刀),或在数控机床上加工时,同样存在定位误差问题。但若采用试切法加工时,一般不考虑定位误差。

5.3　工件在夹具上的夹紧

5.3.1　对夹紧装置的要求

夹紧装置是夹具的重要组成部分。在设计夹紧装置时,应注意满足以下要求:

①在夹紧过程中应能保持工件定位时所获得的正确位置。

②夹紧力大小适当。夹紧机构应能保证在加工过程中工件不产生松动或振动,同时又要避免工件产生不适当的变形和表面损伤。夹紧机构一般应有自锁作用。

③夹紧装置应操作方便、省力和安全。

④夹紧装置的复杂程度和自动化程度应与生产批量和生产方式相适应。结构设计应力求简单、紧凑,并尽量采用标准化元件。

5.3.2　夹紧力的确定

夹紧力包括大小、方向和作用点三个要素,下面分别予以讨论。

1.夹紧力方向的选择

夹紧力方向的选择一般应遵循以下原则:

①夹紧力的作用方向应有利于工件的准确定位,而不能破坏定位。为此,一般要求主要夹紧力应垂直指向主要定位面。如图 5-29 所示,在直角支座零件上镗孔,要求保证孔与端面的垂直度,则应以端面 A 作为第一定位基准面,此时夹紧力的作用方向应如图 5-29 中 F_{j1} 所示。若要求保证孔的轴线与支座底面平行,则应以底面 B 作为第一定位基准面,此时夹紧力作用方向应如图 5-29 中 F_{j2} 所示。否则,由于 A 面与 B 面的垂直度误差,将会引起孔轴线相对于 A 面(或 B 面)的位置误差。实际上,在这种情况下,由于夹紧力作用方向不当,将会使工件的主要定位基准面发生转换,从而产生定位误差。

②夹紧力作用方向应尽量与工件刚度大的方向相一致,以减小工件夹紧变形。图 5-30 所示的薄壁套筒的夹紧,它的轴向刚度比径向刚度大。若如图 5-30(a)所示,用自定心卡盘夹紧

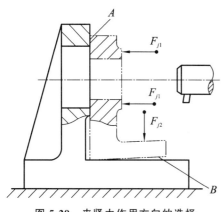

图 5-29　夹紧力作用方向的选择

套筒,将会使工件产生很大变形。若改变成图 5-30(b)所示的形式,用螺母轴向夹紧工件,则不易产生变形。

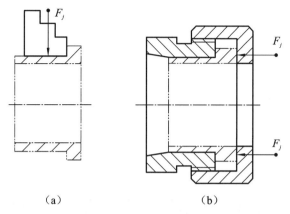

图 5-30　薄壁套筒的夹紧

③夹紧力作用方向应尽量与切削力、工件重力方向一致,以减小所需夹紧力。如图 5-31(a)所示,夹紧力 F_{j1} 主切削力方向一致,切削力由夹具固定支承承受,此时所需夹紧力较小。若采用图 5-31(b)所示的方式,则夹紧力至少要大于切削力。

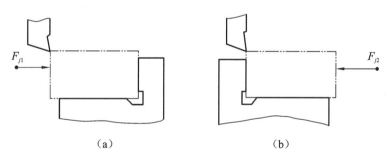

图 5-31　夹紧力与切削力方向

2.夹紧力作用点的选择

夹紧力作用点的选择是指在夹紧力作用方向已确定的情况下,确定夹紧元件与工件接触点的位置和接触点的数目。一般应注意以下几点:

①夹紧力作用点应正对支承元件或位于支承元件所形成的支承面内,以保证工件已获得的定位不变。如图 5-32 所示,夹紧力作用点不正对支承元件,产生了使工件翻转的力矩,有可能破坏工件的定位。夹紧力的正确位置应如图 5-32(b)中虚线箭头所示。

②夹紧力作用点应处于工件刚度较好的部位,以减小工件夹紧变形。如图 5-33(a)所示,夹紧力作用点在工件刚度较差的部位,易使工件产生变形。如改为图 5-33(b)所示的情况,不但作用点处工件刚度较好,而且夹紧力均匀分布在环形接触面上,可使工件整体和局部变形都很小。对于薄壁零件,增加均布作用点的数目,是减小工件夹紧变形的有效方法。如图 5-33(c)所示,夹紧力通过一厚度较大的锥面垫圈作用在工件的薄壁上,使夹紧力均匀分布,防止工件的局部压陷。

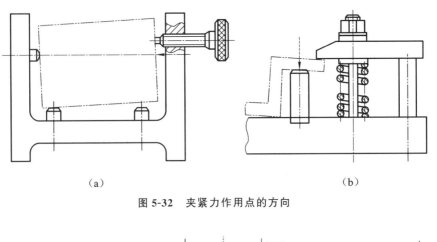

（a）　　　　　　　　　　　　　　　　　　（b）

图 5-32　夹紧力作用点的方向

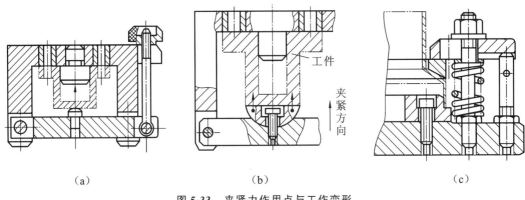

（a）　　　　　　　　　　　　（b）　　　　　　　　　　　　（c）

图 5-33　夹紧力作用点与工作变形

　　③夹紧力作用点应尽量靠近加工面,以减小切削力对工件造成的翻转力矩。必要时应在工件刚度差的部位增加辅助支承并施加夹紧力,以减小切削过程中的振动和变形。图5-34 所示零件加工部位刚度较差,在靠近切削部位增加辅助支承并施加夹紧力,可有效防止切削过程中的振动和变形。

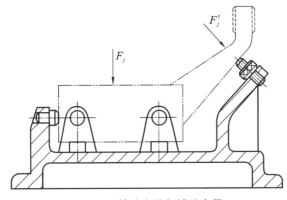

图 5-34　辅助支承与辅助夹紧

3.夹紧力大小的估算

估算夹紧力的一般方法是将工件视为分离体,并分析作用在工件上的各种力,再根据力系平衡条件,确定保持工件平衡所需的最小夹紧力,最后将最小夹紧力乘以一适当的安全系数,即得到所需的夹紧力。

图 5-35 所示为在车床上用自定心卡盘装夹工件车外圆的情况。加工部位的直径为 d,装夹部位的直径为 d_0。取工件为分离体,忽略次要因素,只考虑主切削力 F_c 所产生的力矩与卡爪夹紧力 F_j 所产生的力矩相平衡,可列出如下关系式

$$F_c \frac{d}{2} = 3F_{j\min} \mu \frac{d_0}{2}$$

式中　μ——卡爪与工件之间的摩擦系数;

　　　$F_{j\min}$——所需的最小夹紧力,N。

由上式可得

$$F_{j\min} = \frac{F_c d}{3\mu d_0}$$

将最小夹紧力乘以安全系数 h,得到所需的夹紧力为

$$F_j = k \frac{F_c d}{3\mu d_0} \tag{5-10}$$

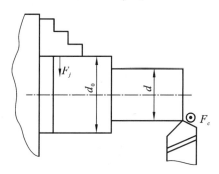

图 5-35　车削时夹紧力的估算

图 5-36 所示为工件铣削加工示意图,当开始铣削时的受力情况最为不利。此时在力矩 $F_a L$ 的作用下有使工件绕 O 点转动的趋势,与之相平衡的是作用在 A、B 点上的夹紧力的反力所构成的摩擦力矩。根据力矩平衡条件有

$$\frac{1}{2} F_{j\min} \mu (L_1 + L_2) = F_a L$$

由此可求出最小夹紧力为

$$F_{j\min} = \frac{2 F_a L}{\mu (L_1 + L_2)}$$

考虑安全系数,最后有

$$F_j = \frac{2 k F_a L}{\mu (L_1 + L_2)} \tag{5-11}$$

式中　F_j——所需夹紧力,N;

F_a——作用力(总切削力在工件平面上的投影),N;

μ——夹具支承面与工件之间的摩擦系数;

k——安全系数;

L、L_1、L_2——有关尺寸(图 5-36),mm。

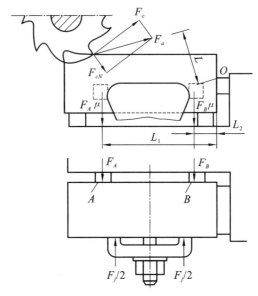

图 5-36　铣削时夹紧力估算

安全系数通常取 1.5～2.5。精加工和连续切削时取小值,粗加工或断续切削时取大值。当夹紧力与切削力方向相反时,可取 2.5～3.0。

摩擦系数主要取决于工件与夹具支承件或夹紧件之间的接触形式,具体数值见表 5-3。

表 5-3　不同表面的摩擦系数

接触表面特征	摩擦系数
光滑表面	0.15～0.25
直沟槽,方向与切削方向一致	0.25～0.35
直沟槽,方向与切削方向垂直	0.4～0.5
交错网状沟槽	0.6～0.8

由上述两个例子可以看出夹紧力的估算是很粗略的。这是因为:①切削力大小的估算本身就是很粗略的。②摩擦系数的取值也是近似的。因此,在需要准确确定夹紧力时,通常需要采用试验方法。

5.3.3 常用夹紧机构

1.斜楔夹紧机构

图 5-37(a)所示为采用斜楔夹紧的翻转式钻模。取斜楔为分离体,分析其所受作用力 [图 5-37(b)],并根据力平衡条件,得到直接采用斜楔夹紧时的夹紧力为

$$F_j = \frac{F_x}{\tan\varphi_1 + \tan(\alpha + \varphi_2)} \tag{5-12}$$

式中　F_j——可获得的夹紧力,N;

　　　F_x——作用在斜楔上的原始力,N;

　　　φ_1——斜楔与工件之间的摩擦角,°;

　　　φ_2——斜楔与夹具体之间的摩擦角,°;

　　　α——斜楔的楔角,°。

斜楔自锁条件为

$$\alpha \leqslant \varphi_1 + \varphi_2 \tag{5-13}$$

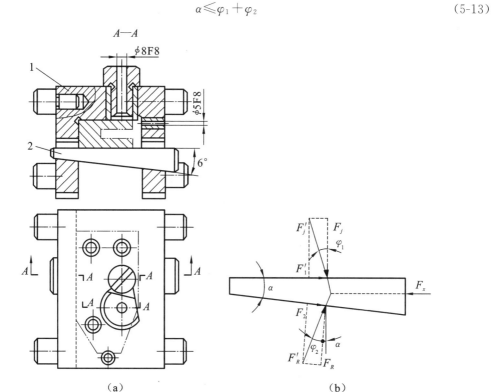

（a）　　　　　　　　　　　　　（b）

图 5-37　斜楔夹紧的翻转式钻模及斜楔受力分析

1—夹具体;2—斜楔

2.螺旋夹紧机构

图 5-38 所示为几种简单的螺旋夹紧机构。其中,图 5-38(a)为螺钉直接夹紧,图 5-38(b)

为螺旋杠夹紧,图 5-38(c)为钩形压板夹紧,图 5-38(d)为一种弹性压块,用于工件的侧面夹紧。

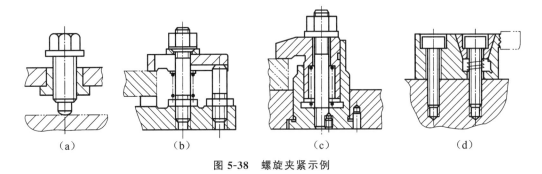

（a）　　　　　　　　（b）　　　　　　　　（c）　　　　　　　　（d）

图 5-38　螺旋夹紧示例

螺旋可以视为绕在圆柱体上的斜楔,因此,可以从斜楔夹紧力计算公式直接导出螺旋夹紧力的计算公式为

$$F_j = \frac{F_x L}{\dfrac{d_0}{2}\tan(\alpha+\varphi_1') + r'\tan\varphi_2} \tag{5-14}$$

式中　F_j——沿螺旋轴向作用的夹紧力,N;

　　　　F_x——作用在扳手上的力,N;

　　　　L——作用力的力臂,mm;

　　　　d_0——螺纹中径,mm;

　　　　α——螺纹升角,°;

　　　　φ_1'——螺纹副的当量摩擦角,°;

　　　　φ_2——螺杆(或螺母)端部与工件(或压板)之间的摩擦角,°;

　　　　r'——螺杆(或螺母)端部与工件(或压板)之间的当量摩擦半径,mm。

当量摩擦角(φ_1')和当量摩擦半径(r')的计算方法见表 5-4 和表 5-5。

表 5-4　当量摩擦角的计算公式

	管螺纹	梯形螺纹	矩形螺纹
螺纹形状	60°	30°	
φ_1'	$\varphi_1' = \tan^{-1}(1.15\tan\varphi_1)$	$\varphi_1' = \tan^{-1}(1.03\tan\varphi_1)$	$\varphi_1' = \varphi_1$

表 5-5　当量摩擦半径的计算公式

压块形状	Ⅰ	Ⅱ	Ⅲ
r'	$r'=0$	$r'=\dfrac{2(R^3-r^3)}{3(R^2-r^2)}$	$r'=R\cdot\dfrac{1}{\tan\dfrac{\beta}{2}}$

在使用式(5-14)计算螺旋夹紧力时,由于 φ_1' 与 φ_2 的数值在一个很大的范围内变化,要获得准确的结果很困难。目前许多设计手册所给出的有关夹紧力的数值,大多是以摩擦系数 $\mu=0.1$ 为依据计算的,这与实际情况出入较大。当需要准确地确定螺旋夹紧力时,通常需要采用试验的方法。

图 5-39(a)所示为组装 8 mm 系列组合夹具时,为确定作用在螺栓上的力矩与夹紧力之间的关系所进行的试验。作用在螺母上的力矩由力矩扳手控制,螺栓夹紧力通过粘贴在螺栓上的应变片 5 来测定。对于不同的螺栓、螺母、支承组合所做的 160 件次实验结果表明,力矩 T_s 和夹紧力 F_j 之间存在着明显的线性关系,其回归方程为

$$F_j=k_tT_s \tag{5-15}$$

式中　F_j——螺栓夹紧力,N;

　　　　k_t——力矩系数,mm^{-1};

　　　　T_s——作用在螺母上的力矩,N·mm。

图 5-39(b)所示为 k_t 值的试验分布。在上述试验中,k_t 的平均值为 0.4 mm^{-1},标准差 $S_k=0.024\ \text{mm}^{-1}$。若取 95% 的置信度,则在该试验条件下,当力矩一定时,夹紧力的变化范围为 $\pm20\%$。

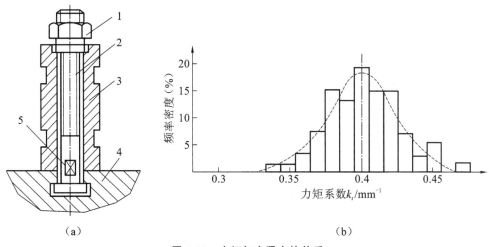

（a）　　　　　　　　　　　　　　　　　　（b）

图 5-39　力矩与夹紧力的关系

（a）试验装置；（b）k_t值试验分布

1—螺母；2—螺栓；3—支承；4—基础板；5—应变片

螺旋夹紧机构结构简单、易于制造、增力比大、自锁性能好,是手动夹紧中应用最广的夹紧机构。螺旋夹紧机构的缺点是动作较慢。为提高其工作效率,常采用一些快撤装置。图5-40所示为两种快撤螺旋夹紧装置,其中图5-40(a)所示为带开口垫圈的螺母夹紧装置;图5-40(b)所示的螺杆上开有直槽,转动手柄,松开工件后,将螺杆上的直槽对准螺钉2,即可迅速拉出螺杆。

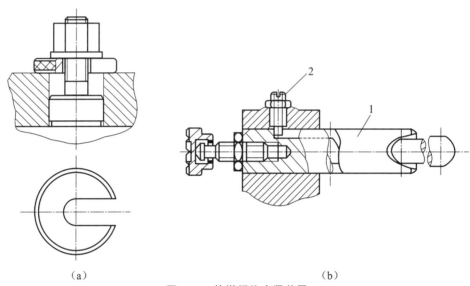

（a）　　　　　　　　　　　　　　　　（b）

图 5-40　快撤螺旋夹紧装置

1—螺杆;2—螺钉

3.偏心夹紧机构

图 5-41 所示为三种偏心夹紧机构。其中图 5-41(a)所示为直接利用偏心轮夹紧工件,图 5-41(b)、5-41(c)所示为偏心压板夹紧机构。

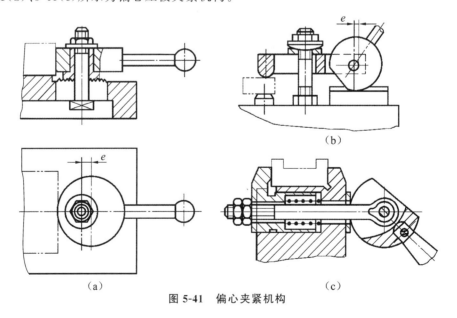

（a）　　　　　　　　　　　　　　　　（c）

图 5-41　偏心夹紧机构

偏心夹紧机构靠偏心轮回转时回转半径变大而产生夹紧作用,其原理和斜楔工作时斜面高度由小变大而产生的斜楔作用是一样的。实际上,可将偏心轮视为一楔角变化的斜楔,将图5-42(a)所示的圆偏心轮展开,可得到图5-42(b)所示的图形。其楔角可用下面的公式求出:

$$\alpha = \arctan\left(\frac{e\sin\gamma}{R - e\cos\gamma}\right) \tag{5-16}$$

式中　α——偏心轮的楔角,°;

　　　e——偏心轮的偏心量,mm;

　　　R——偏心轮的半径,mm;

　　　γ——偏心轮的作用点[图5-42(a)中的 X 点]与起始点[图5-42(a)中的 O 点]之间的圆弧所对应的圆心角,°。

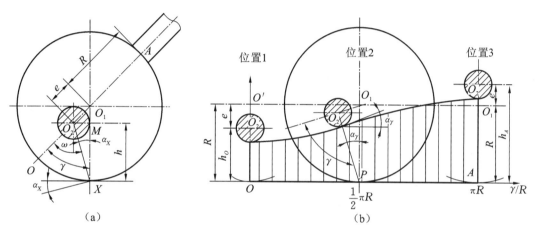

图 5-42　偏心夹紧工作原理

当 $\gamma = 90°$ 时,α 接近最大值,即

$$\alpha_{max} \approx \arctan\left(\frac{e}{R}\right) \tag{5-17}$$

根据斜楔自锁条件:$\alpha \leqslant \varphi_1 + \varphi_2$,此处 φ_1、φ_2(图中未注)分别为轮周作用点处与转轴处的摩擦角。忽略转轴处的摩擦,并考虑最不利的情况,可得到圆偏心夹紧的自锁条件为

$$\frac{e}{R} \leqslant \tan\varphi_1 = \mu_1 \tag{5-18}$$

式中　μ_1——轮周作用点处的摩擦系数。

偏心夹紧的夹紧力可用下式进行估算

$$F_j = \frac{F_s L}{\rho\tan(\alpha + \varphi_2) + \tan\varphi_1} \tag{5-19}$$

式中　F_j——夹紧力,N;

　　　F_s——作用在手柄上的原始力,N;

　　　L——作用力的力臂,mm;

　　　ρ——偏心转动中心到作用点之间的距离,mm;

　　　α——偏心轮楔角,°,参考式(5-16);

φ_1——轮周作用点处的摩擦角,°;

φ_2——转轴处的摩擦角,°。

偏心夹紧的优点是结构简单,操作方便,动作迅速;缺点是自锁性能较差,增力比较小。这种机构一般常用于切削平稳且切削力不大的场合。

4.铰链夹紧机构

图 5-43(a)所示为铰链夹紧机构。其夹紧力可以用下式计算[图 5-43(b)]:

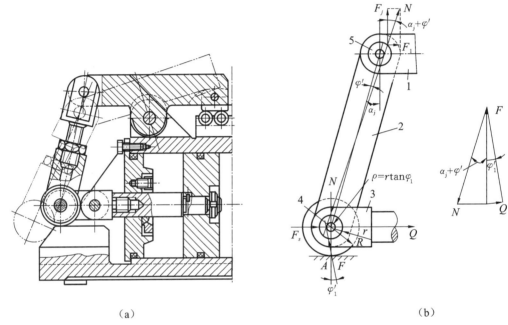

（a）　　　　　　　　　　　　　　　　　（b）

图 5-43　铰链夹紧机构及其受力分析

1—压板;2—连杆;3—拉杆;4、5—销轴

$$F_j = \frac{F_s}{\tan(\alpha_j + \varphi') + \tan\varphi_1'} \tag{5-20}$$

式中　F_j——夹紧力,N;

$\quad\quad F_s$——原始作用力,N;

$\quad\quad \alpha_j$——夹紧时铰链臂(连杆)的倾斜角,°;

$\quad\quad \varphi'$——铰链臂两端铰链处的当量摩擦角,°;

$\quad\quad \varphi_1'$——滚子支承面当量摩擦角,°。

其中

$$\varphi' = \arctan\left(\frac{2r}{l}\tan\varphi_1\right) \tag{5-20a}$$

$$\varphi_1' = \arctan\left(\frac{r}{R}\tan\varphi_1\right) \tag{5-20b}$$

式中　r——铰链和滚子轴承半径,mm;

$\quad\quad l$——臂上两铰链孔中心距,mm;

R——滚子半径,mm;

φ_1——铰链轴承和滚子轴承的摩擦角,°。

铰链夹紧机构的优点是动作迅速、增力比大,并易于改变力的作用方向;缺点是自锁性能差。这种机构多用于机动夹紧机构中。

5.定心夹紧机构

定心夹紧机构是一种同时实现对工件定心定位和夹紧的夹紧机构,即在夹紧过程中,能使工件相对于某一轴线或某一对称面保持对称性。定心夹紧机构按其工作原理可分为以下两大类。

(1)以等速移动原理工作的定心夹紧机构

如斜楔定心夹紧机构、杠杆定心夹紧机构等。图 5-44 所示为斜楔定心夹紧心轴。拧动螺母 1 时,由于斜面 A、B 的作用,使两组活块 3 同时等距外伸,直至每组三个活块与工件孔壁接触,使工件得到定心夹紧。反向拧动螺母 1,活块在弹簧 2 的作用下缩回,工件被松开。

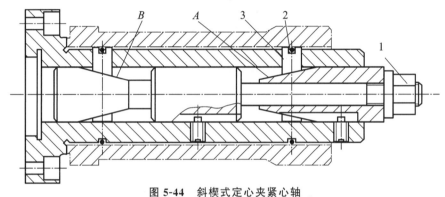

图 5-44 斜楔式定心夹紧心轴
1—螺母;2—弹簧;3—活块

图 5-45 所示为一螺旋定心夹紧机构。螺杆 3 的两端分别有螺距相等的左、右旋螺纹,转动螺杆,通过左、右旋螺纹带动两个 V 形块 1 和 2 同步向中心移动,从而实现工件的定心夹紧。叉形件 7 可用来调整对称中心的位置。

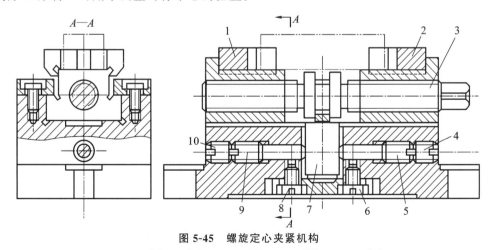

图 5-45 螺旋定心夹紧机构
1、2—V 形块;3—螺杆;4、5、6—螺钉;7—叉形件;8、9、10—螺钉

（2）以均匀弹性变形原理工作的定心夹紧机构

如弹簧夹头、弹性薄膜盘、液塑定心夹紧机构、碟形弹簧定心夹紧机构、折纹薄壁套定心夹紧机构等。图 5-46 所示为一种常见的弹簧夹头结构。其中 3 为夹紧元件——弹簧套筒，它是一个带锥面的薄壁弹性套，带锥面的一端开有三个或四个轴向槽。弹簧套筒由卡爪 A、弹性部分（称为簧瓣）B 和导向部分 C 三部分组成。拧紧螺母 2，在斜面的作用下，卡爪 A 收缩，将工件 4 定心夹紧。松开螺母 2，卡爪 A 弹性回复，工件 4 被松开。弹簧夹头结构简单，定心精度可达 $0.04 \sim 0.10$ mm。由于弹簧套筒变形量不宜过大，故对工件的定位基准有较高要求，其公差一般应控制在 0.5 mm 之内。

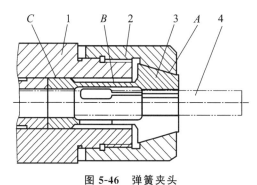

图 5-46　弹簧夹头
1—夹具体；2—螺母；3—弹簧套筒；4—工件

图 5-47 所示为一种利用夹紧元件均匀变形来实现自动定心夹紧的心轴——液塑心轴。转动螺钉 2，推动柱塞 1，挤压液体塑料 3，使薄壁套 4 扩张，将工件定心并夹紧。这种心轴有较好的定心精度，但由于薄壁套扩张量有限，故要求工件定位孔精度在 8 级以上。

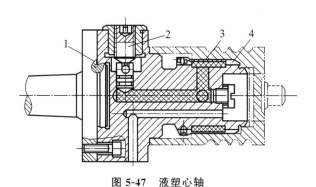

图 5-47　液塑心轴
1—柱塞；2—螺钉；3—液体塑料；4—薄壁套

6.联动夹紧机构

当需要对一个工件上的几个点或需要对多个工件同时进行夹紧时，为减少装夹时间，简化机构，常采用各种联动夹紧机构。这种机构要求从一处施力，可同时在几处对一个或几个工件进行夹紧。

图 5-48(a)所示的联动夹紧机构,夹紧力作用在两个相互垂直的方向上,称为双向联动夹紧;图 5-48(b)所示的联动夹紧机构,两个夹紧点的夹紧力方向相同,称为平行联动夹紧。在图 5-48 所示的夹紧机构中,两夹紧点上夹紧力的大小可通过改变杠杆臂 L_1 和 L_2 的长度来调整。

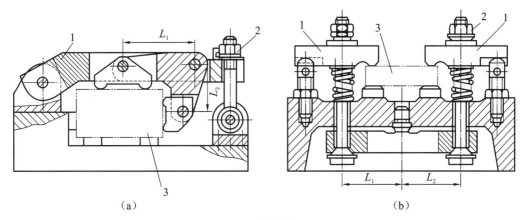

图 5-48　联动夹紧机构
1—压板;2—螺母;3—工件

图 5-49 所示为多件联动夹紧机构。其中图 5-49(a)为串联形式,称为连续式;图 5-49(b)为并联形式,称为平行式。

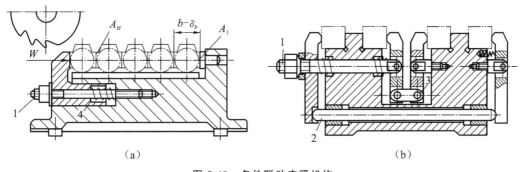

图 5-49　多件联动夹紧机构
1—螺杆;2—顶杆;3—销轴;4—弹簧

在设计联动夹紧机构时,一般应设置浮动环节,以使各夹紧点获得均匀一致的夹紧力,这在多件夹紧时尤为重要。采用刚性夹紧机构时,因工件外径有制造误差,将会使各工件受力不均,严重时会出现图 5-50(b)所示的情况。若采用浮动压板[图 5-50(a)],工件将得到均匀夹紧。

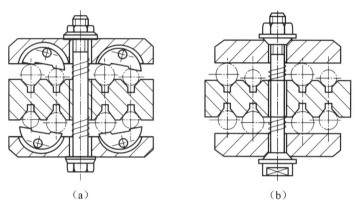

（a） （b）

图 5-50 多件联动夹紧正误对比

5.4 各类机床典型夹具

5.4.1 车床夹具

车床夹具主要用于加工零件的内外圆柱面、圆锥面、回转成型面、螺纹及端平面等。

1.车床夹具的类型与典型结构

根据工件的定位基准和夹具本身的结构特点,车床夹具可分为以下四类:

①以工件外圆表面定位的车床夹具,如各类夹盘和夹头。

②以工件内圆表面定位的车床夹具,如各种心轴。

③以工件顶尖孔定位的车床夹具,如顶尖、拨盘等。

④用于加工非回转体的车床夹具,如各种弯板式、花盘式车床夹具。

当工件定位表面为单一圆柱表面或与待加工表面相垂直的平面时,可采用各种通用车床夹具,如自定心卡盘、单动卡盘、顶尖或花盘等。当工件定位面较为复杂或有其他特殊要求时,应设计专用车床夹具。

图 5-51 所示为一弯板式车床夹具,用于加工轴承座零件的孔和端面。工件 3 以底面和两孔在弯板 6 上定位,用两个压板 5 夹紧。为了控制端面尺寸,夹具上设置了测量基准(测量圆柱 2 的端面)。同时设置了平衡块 1,以平衡弯板及工件引起的偏重。

图 5-52 所示为一花盘式车床夹具,用于加工连杆零件的小头孔。工件 6 以已加工好的大头孔(4 点)、端面(1 点)和小头外圆(1 点)定位,夹具上相应的定位元件是弹性胀套 3、夹具体 1 上的定位凸台 2 和活动 V 形块 7。工件安装时,首先使连杆大头孔与弹性胀套 3 配合,大头孔端面与夹具体定位凸台 2 接触;然后转动调节螺杆 8,活动 V 形块 7,使其与工件小头孔外圆对中;最后拧紧螺钉 4,使锥套 5 向夹具体方向移动,弹性胀套 3 胀开,对工件大头孔定位,并同时夹紧。

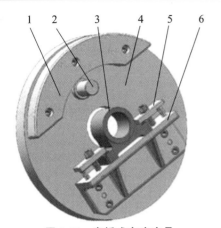

图 5-51 弯板式车床夹具

1—平衡块；2—测量圆柱；3—工件；
4—夹具体；5—压板；6—弯板

图 5-52 花盘式车床夹具

1—夹具体；2—定位凸台；3—弹性胀套；4—螺钉；
5—锥套；6—工件；7—活动 V 形块；8—调节螺杆

2.车床夹具设计要点

(1)车床夹具总体结构

车床夹具大多安装在机床主轴上，并与主轴一起做回转运动。为了保证夹具工作平稳，夹具结构应尽量紧凑，重心应尽量靠近主轴端，且夹具(连同工件)轴向尺寸不宜过大，一般应小于其径向尺寸。对于弯板式车床夹具和偏重的车床夹具，应很好地进行平衡。通常可采用加平衡块(配重)的方法进行平衡。为保证安全，夹具上所有元件或机构不应超出夹具体的外廓，必要时可加防护罩。此外，要求车床夹具的夹紧机构要能提供足够的夹紧力，且有可靠的自锁性，以确保工件在切削过程中不会松动。

(2)夹具与机床的连接

车床夹具与机床主轴的连接方式取决于机床主轴轴端的结构及夹具的体积和精度要求。图 5-53 所示为几种常见的连接方式。图 5-53(a)所示的夹具体以长锥柄安装在主轴孔内，这种方式定位精度高，但刚度较差，多用于小型车床夹具与主轴的连接。图 5-53(b)所示夹具以端面 A 和圆孔 D 在主轴上定位，孔与主轴轴颈的配合一般取 H7/h6。这种连接方式制造容易，但定位精度不高。图 5-53(c)所示夹具以端面 T 和短锥面 K 定位，这种安装方式不但定心精度高，而且刚度好。需要注意的是，这种定位方式属于过定位。故要求制造精度很高，通常要对夹具体上的端面和孔进行配磨加工。

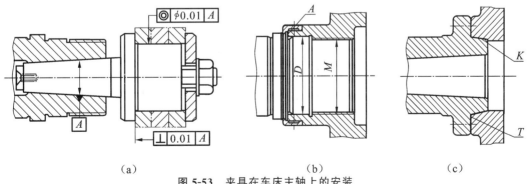

(a) (b) (c)

图 5-53 夹具在车床主轴上的安装

车床夹具还经常使用过渡盘与机床主轴连接。过渡盘与机床的连接与上面介绍的夹具体与主轴的连接方法相同。过渡盘与夹具的连接大都采用止口(一个大平面加一短圆柱面)连接方式。当车床上使用的夹具需要经常更换时,或同一套夹具需要在不同机床上使用时,采用过渡盘连接是很方便的。为减小增加过渡盘而造成的夹具安装误差,可在安装夹具时,对夹具定位面(或在夹具上专门做出的找正环面)进行找正。

5.4.2　钻床夹具

钻床夹具因大都具有刀具导向装置,习惯上又称为钻模,主要用于孔加工。在机床夹具中,钻模占有很大的比例。

1.钻模类型与典型结构

钻模根据其结构特点可分为固定式钻模、回转式钻模、翻转式钻模、盖板式钻模和滑柱式钻模等。

(1)固定式钻模

固定式钻模在加工中相对于工件的位置保持不变。这类钻模多在立式钻床、摇臂钻床和多轴钻床上加工平行孔系使用。图 5-54 所示为轴套零件壁上钻孔的固定式钻模。

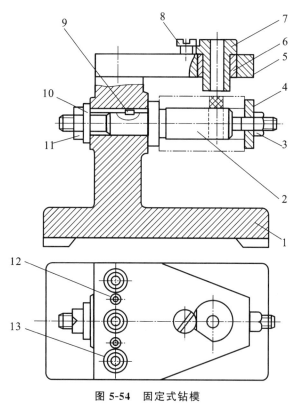

图 5-54　固定式钻模

1—夹具体;2—定位销;3、11—螺母;4—开口垫圈;5—钻模板;6—衬套;
7—钻套;8—螺钉;9—键;10—垫圈;12—圆柱销;13—内六角螺钉

　　固定式钻模在立式钻床的工作台上安装时,通常先通过移动钻模的位置,使装在主轴上的刀具(精度要求高时用心轴)能伸入钻模上的钻套中,并能非常顺利地进出,即得到钻模在工作台上的正确位置。然后利用钻模夹具体底板上供夹压用的凸缘或凸边,用压板将钻模压紧在工作台上。

　　(2)回转式钻模

　　图 5-55 所示为一回转式钻模,用于加工扇形工件上三个有角度关系的径向孔。工件 7 在定位心轴 3 上定位,拧紧螺母 4,通过开口垫圈 5 将工件夹紧。转动手柄 19,可将分度盘 2 松开。此时用捏手 21 将定位销 27 从分度盘 2 的定位套 1 中拔出,使分度盘 2 连同工件 7 一起回转 20°,将定位销 27 重新插入定位套,即实现了分度。再将手柄 19 转回,锁紧分度盘 2,即可进行加工。

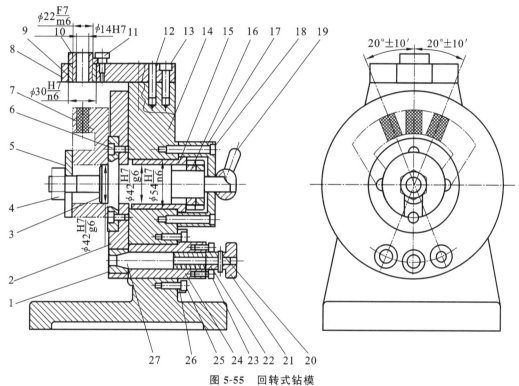

图 5-55　回转式钻模

1—定位套;2—分度盘;3—定位心轴;4—螺母;5—开口垫圈;6、13、18、23、25—螺钉;7—工件;
8—钻模板;9—钻套衬套;10—可换钻套;11—钻套螺钉;12—圆柱销;14—夹具体;15—心轴衬套;
16—圆螺母;17—端盖;19—手柄;20—连接销;21—捏手;22—小盖;24—滑套;26—弹簧;27—定位销

　　回转式钻模的结构特点是夹具具有分度装置,某些分度装置已标准化(如立轴或卧轴回转工作台),设计回转式钻模时可以充分利用这些装置。

　　(3)翻转式钻模

　　翻转式钻模在加工中由手工操作连同工件一起翻转,主要用于加工批量不大的小型工件上几个不同方向上的孔。图 5-37(a)所示为一翻转式钻模,用于加工工件上 $\phi 8$ mm 和 $\phi 5$ mm 两个孔。当在图示位置加工完 $\phi 8$ mm 孔后,将工件连同夹具一起逆时针翻转 90°,

即可加工 $\phi 5$ mm 孔。对需要在多个方向上钻孔的工件,使用这种钻模非常方便。

　　与回转式钻模相比,翻转式钻模没有分度装置,结构比较简单,但每次翻转后加工时都需要找正钻套相对于钻头的位置,延长了辅助时间。由于加工时的切削力小,钻模在钻床工作台上可以不用压紧,直接用手扶持即可方便地进行加工。而加工过程中需要手工翻转,因此翻转式钻模连同工件一起的质量不能太大。

　　(4)盖板式钻模

　　盖板式钻模的特点是没有夹具体。图 5-56 所示为加工车床溜板箱上多个小孔的盖板式钻模,它用圆柱销 2 和菱形销 4 在工件 3 的两孔中定位,并通过四个支承钉 5 安放在工件 3 上。盖板式钻模的优点是结构简单,多用于加工大型工件上的小孔。

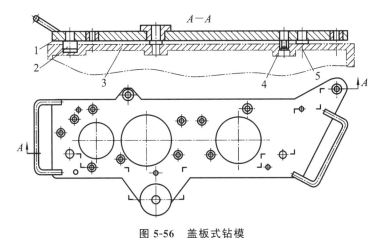

图 5-56　盖板式钻模

1—钻模板;2—圆柱销;3—工件;4—菱形销;5—支承钉

　　(5)滑柱式钻模

　　滑柱式钻模是一种具有升降模板的通用可调整钻模。图 5-57 所示为手动滑柱式钻模结构,它由钻模板、滑柱、夹具体、传动和锁紧机构组成,这些结构已标准化并形成系列。使用时,只需根据工件的形状、尺寸和定位夹紧要求,设计、制造与之相配的专用定位、夹紧装置和钻套,并将其安装在夹具基体上即可。

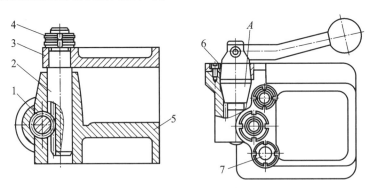

图 5-57　手动滑柱式钻模

1—斜齿轮轴;2—齿条轴;3—钻模板;4—螺母;5—夹具体;6—锥套;7—滑柱

滑柱式钻模的钻模板上升到一定高度时或压紧工件后应能自锁。在手动滑柱式钻模中多采用锥面锁紧机构。如图 5-57 所示,压紧工件后,作用在斜齿轮上的反作用力在齿轮轴上引起轴向力,使锥体 A 在夹具体的内锥孔中楔紧,从而锁紧钻模板。当加工完毕后,将钻模板升到一定高度,此时钻模板的自重作用使齿轮轴产生反向轴向力,使锥体 A 与锥套 6 的锥孔楔紧,钻模板也被锁死。

2.钻模设计要点

(1)钻套

钻套是引导刀具的元件,用以保证被加工孔的位置,并防止加工过程中刀具的偏斜。

钻套按其结构特点可分为四种类型:固定钻套、可换钻套、快换钻套和特殊钻套。

①固定钻套[图 5-58(a)]。固定钻套直接压入钻模板或夹具体的孔中,位置精度高,但磨损后不易拆卸,故多用于中小批量生产。

②可换钻套[图 5-58(b)]。可换钻套以间隙配合安装在衬套中,而衬套则压入钻模板或夹具体的孔中。为防止钻套在衬套中转动,加一固定螺钉。可换钻套磨损后可以更换,故多用于大批量生产。

③快换钻套[图 5-58(c)]。快换钻套具有快速更换的特点,更换时无须拧动螺钉,只要将钻套逆时针方向转动一个角度,使螺钉头对准钻套缺口,即可取下钻套。快换钻套多用于同一孔需要多个工步(如钻、扩、铰等)加工的情况。

上述三种钻套均已标准化,其规格参数可查阅夹具设计手册。

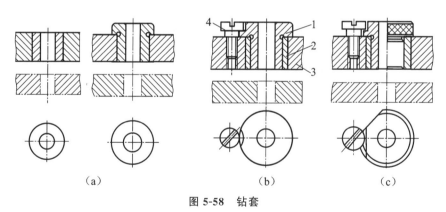

图 5-58 钻套

(a)固定钻套;(b)可换钻套;(c)快换钻套

1—钻套;2—衬套;3—钻模板;4—螺钉

④特殊钻套(图 5-59)。特殊钻套用于特殊加工场合,如在斜面上钻孔,在工件凹陷处钻孔,钻多个小间距孔等。此时无法使用标准钻套,可根据特殊要求设计专用钻套。

钻套中导向孔的孔径及其偏差应根据所引导的刀具尺寸来确定。通常取刀具的上极限尺寸作为引导孔的公称尺寸,孔径公差依加工精度确定。钻孔和扩孔时通常取 F7,粗铰时取 G7,精铰时取 G6。若钻套引导的不是刀具的切削部分而是导向部分,常取配合 H7/f7、H7/g6 或 H6/g5。

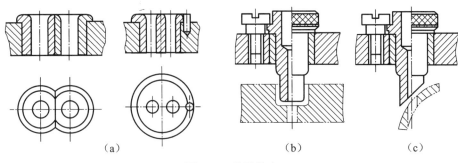

图 5-59　特殊钻套

钻套高度 H（图 5-60）直接影响钻套的导向性能，同时影响刀具与钻套之间的摩擦情况，通常取 $H=(1.0\sim2.5)d$。对于精度要求较高的孔、直径较小的孔和刀具刚性较差时应取较大值。

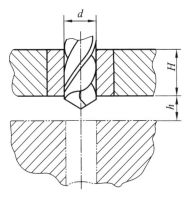

图 5-60　钻套高度与容屑间隙

钻套与工件之间一般应留有排屑间隙，此间隙不宜过大，以免影响导向作用，一般可取 $h=(0.3\sim1.2)d$。加工铸铁、黄铜等脆性材料时可取小值；加工钢等韧性材料时应取较大值。当孔的位置精度要求很高时，也可取 $h=0$。

（2）钻模板

钻模板用于安装钻套。钻模板与夹具体的连接方式有固定式、铰链式、分离式和悬挂式等几种。

图 5-55 所示回转式钻模采用固定式钻模板。这种钻模板直接固定在夹具体上，结构简单、精度较高。当使用固定式钻模板装卸工件有困难时，可采用铰链式钻模板。图 5-61 所示钻模即采用了铰链式钻模板。这种钻模板通过铰链与支座或夹具体连接，由于铰链处存在间隙，因而精度不高。

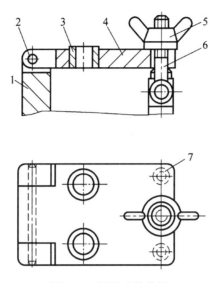

图 5-61 铰链式钻模板

1—夹具体；2—销轴；3—钻套；4—钻模板；5—螺母；6—螺杆；7—支柱

图 5-62 所示为分离式钻模板，这种钻模板是可以拆卸的，工件每装卸一次，钻模板也要装卸一次。与铰链式钻模板相似，分离式钻模板也是为了装卸工件方便而设计的，但如果对分离式钻模板进行了正确定位，工件孔的加工精度可以比铰链式钻模板的高一些。

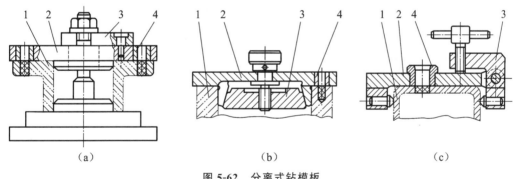

（a）　　　　　　　　　　（b）　　　　　　　　　　（c）

图 5-62 分离式钻模板

1—工件；2—钻模板；3—夹紧元件；4—钻套

（3）夹具体

钻模的夹具体一般不设定位或导向装置，夹具通过夹具体底面安放在钻床工作台上，可直接用钻套找正并用压板夹紧（或在夹具体上设置耳座用螺栓夹紧）。对于翻转式钻模，通常要求在相当于钻头送进方向设置支脚。支脚可以直接在夹具体上做出，也可以做成装配式。支脚一般应有四个，以检查夹具安放是否歪斜。支脚的宽度（或直径）一般应大于机床工作台 T 形槽的宽度。

5.4.3　镗床夹具

镗床夹具又称镗模。它是用来加工箱体、支架等工件上的精密孔或孔系的机床夹具。由于箱体类零件的孔系加工精度要求较高,所以镗模的制造精度通常比钻模高,镗模的结构类型主要取决于引导镗刀杆的方法。

1.镗床夹具的设计要点

设计镗模时,除了定位、夹紧装置外,主要考虑与镗刀密切相关的刀具导向装置的合理选用,镗套、镗杆的结构形式和精度直接影响被加工孔的精度。另外,还要注意以下几点:

①镗床的引进结构。由于镗套的结构类型不一样,因此镗杆的引进结构也不一样。

②浮动接头。当用双支承镗模镗孔时,镗杆通过浮动接头与机床主轴浮动连接。图 5-63所示为连接镗杆与机床主轴的浮动接头。

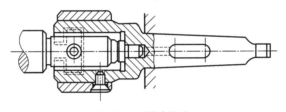

图 5-63　浮动接头

③镗模支架。镗模支架主要用来安装镗套和承受切削力,因此要求有足够的刚性和稳定性,在结构上一般要有较大的安装基面和设置必要的加强筋,而且支架上不允许安装夹紧机构和承受夹紧反力,以免支架变形而破坏精度。镗模支架和底座为铸铁,常分开制造,这样便于加工、装配和时效处理。它们要有足够的强度和刚度,以保证加工过程的稳定性。尽量避免采用焊接结构,宜采用螺钉和销钉刚性连接。

④镗模底座。镗模底座相较于其他夹具体要厚,且内腔设有十字形加强筋。在底座面对操作者一侧应加工有一窄长平面,以便将镗模安装于工作台上时用于找正基面。底座上应设置适当数目的耳座,以保证镗模在机床工作台上安装牢固可靠。

2.镗床夹具典型结构

图 5-64 所示为镗削车床尾座孔镗模,镗模的两个支承分别设置在刀具的前方和后方。杆和主轴之间通过浮动卡头连接。工件以底面、槽及侧面在定位板及可调支承钉上定位,限制工件的六个自由度。采用联动夹紧机构,拧紧夹紧螺钉,压板同时将工件夹紧。镗模支架上装有滚动回转镗套,用以支承和引导镗杆。镗模以底面 A 作为安装基面安装在机床工作台上,其侧面设置找正基面 B,因此可不设定位键。前后双支承镗模,一般用于镗削孔径较大、孔的长径比 $L/D < 1.5$ 的通孔或孔系,其加工精度较高,但更换刀具不方便。工件在刚性好、精度高的坐标镗床或数控机床、加工中心上镗孔时,夹具上不设置镗模支承,加工孔的尺寸和位置精度均由镗床保证。这类夹具只需设计定位装置、夹紧装置和夹具体。

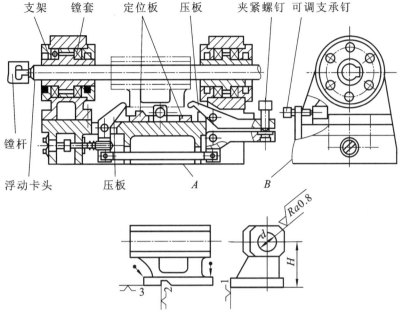

支架　镗套　定位板　压板　夹紧螺钉　可调支承钉

镗杆

浮动卡头　　压板　　　A　　　　B

图 5-64　镗削车床尾座孔镗模

5.4.4　铣床夹具

铣床夹具主要用于加工零件上的平面、键槽、缺口及成型表面等。

1.铣床夹具的类型与典型结构

由于在铣削过程中,夹具大都与工作台一起做进给运动,而铣床夹具的整体结构又与铣削加工的进给方式密切相关,故铣床夹具常按铣削的进给方式分类,一般可分为直线进给式、圆周进给式和仿形进给式三种。

①直线进给式。最常见的铣床夹具是直线进给式,其中又有单工件、多工件之分,或单工位、多工位之分。这类铣床夹具多用于中、小批量生产。

②圆周进给式。通常用在具有回转工作台的立式铣床上,工作台同时安装多套相同的,或多套粗、精两种夹具,工件在工作台上呈现连续圆周进给方式,工件依次经过切削加工,在非切削区装卸,生产率较高,一般用于大批量生产。

③仿形进给式。用于加工曲线轮廓的工件,常见于立式铣床。在机床基本进给运动的同时,由靠模获得一个辅助的进给运动,通过两个运动的合成可加工出成型表面。其中又分为直线进给仿形铣床夹具和圆周进给仿形铣床夹具。

2.铣床夹具设计要点

(1)铣床夹具总体结构

铣削加工的切削力较大,又是断续切削,加工中易引起振动,故要求铣床夹具受力元件要有足够的强度和刚度。夹紧机构所提供的夹紧力应足够大,且有较好的自锁性能。为了提高夹具的工作效率,应尽量采用机动夹紧或联动夹紧机构,并在可能的情况下,采用多件夹紧和多件加工。

（2）对刀装置

对刀装置用来确定夹具相对于刀具的位置。铣床夹具的对刀装置主要由对刀块和塞尺构成。图 5-65 所示为几种常用的对刀块。其中图 5-65（a）所示为高度对刀块，用于加工平面时对刀；图 5-65（b）所示为直角对刀块，用于加工键槽或台阶面时对刀；图 5-65（c）所示为成型对刀块，当采用成型铣刀加工成型表面时，可用此种对刀块对刀。

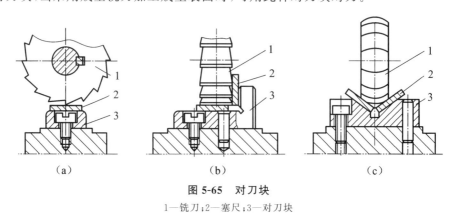

（a）　　　　　　　　　（b）　　　　　　　　　（c）

图 5-65　对刀块

1—铣刀；2—塞尺；3—对刀块

塞尺用于检查刀具与对刀块之间的间隙，以避免刀具与对刀块直接接触而造成刀具或对刀块的损伤。

（3）夹具体

铣床夹具的夹具体要承受较大的切削力，故要求有足够的强度、刚度和稳定性。通常在夹具体上要适当地布置肋板，夹具体的安装面要足够大，且尽可能采用周边接触的形式。

铣床夹具通常通过定向键与铣床工作台 T 形槽的配合来对定夹具在铣床工作台上的方位。图 5-66 所示为定向键的结构［图 5-66（a）］及应用情况［图 5-66（b）］。定向键与夹具体的配合多采用 H7/h6。为了提高夹具的安装精度，定向键的下部（与工作台 T 形槽的配合部分）可留有余量以进行修配，或在安装夹具时使定向键一侧与工作台 T 形槽靠紧，以消除配合间隙的影响。铣床夹具大都在夹具体上设计有耳座，并通过 T 形槽螺栓将夹具紧固在工作台上。

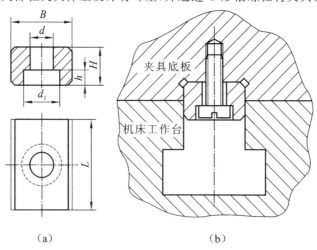

（a）　　　　　　　　　　　（b）

图 5-66　定向键

铣床夹具的设计要点同样适合于刨床夹具,其中主要方面也适用于平面磨床夹具。

5.5　可调整夹具与组合夹具

5.5.1　可调整夹具

可调整夹具具有小范围的柔性,它一般通过调整部分装置或更换部分元件,以适应具有一定相似性的不同零件的加工。这类夹具在成组技术中得到广泛应用,此时又被称为成组夹具。

1.可调整夹具的特点

可调整夹具在结构上由基础部分和可调整部分两大部分组成。基础部分是组成夹具的通用部分,在使用中固定不变,通常包括夹具体、夹紧传动装置和操作机构等。此部分结构主要根据被加工零件的轮廓尺寸、夹紧方式以及加工要求等确定。可调整部分通常包括定位元件、夹紧元件、刀具引导元件等。更换工件品种时,只需对该部分进行调整或更换元件,即可进行新的加工。

图 5-67(a)所示为一用于成组加工的可调整车床夹具,图 5-67(b)所示为利用该夹具加工的部分零件工序示意图。零件以内孔和左端面定位,用弹簧胀套夹紧,加工外圆和右端面。在该夹具中,夹具体 1 和接头 2 是夹具的基础部分,其余各件均为可调整部分。被加工零件根据定位孔径的大小分成五个组,每组对应一套可换的夹具元件,包括夹紧螺钉、定位锥体、顶环和定位环,而弹簧胀套则需根据零件的定位孔径来确定。

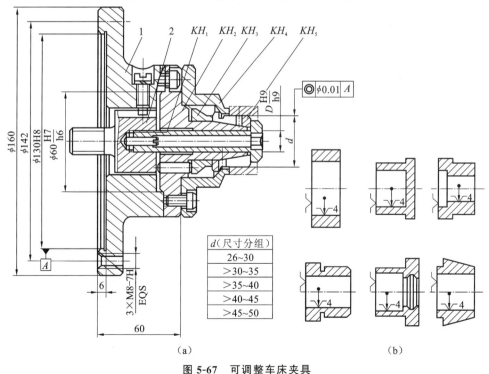

图 5-67　可调整车床夹具

1—夹具体;2—接头;KH_1—夹紧螺钉;KH_2—定位锥体;KH_3—顶环;KH_4—定位环;KH_5—弹簧胀套

图 5-68(a)所示为可调整钻模,用于加工图 5-68(b)所示零件上垂直相交的两径向孔。工件以内孔和端面在定位支承 2 上定位,旋转夹紧捏手 4,带动锥头滑柱 3 将工件夹紧。转动调节旋钮 1,带动微分螺杆,可调整定位支承端面到钻套中心的距离 C,此值可直接从刻度盘上读出。微分螺杆用紧固手柄 6 锁紧。该夹具的基础部分包括夹具体、钻模板、调节旋钮、夹紧捏手、紧固手柄等;夹具的可调整部分包括定位支承、滑柱、钻套等。更换定位支承 2 并调整其位置,可适应不同零件的定位要求。更换钻套 5 则可加工不同直径的孔。

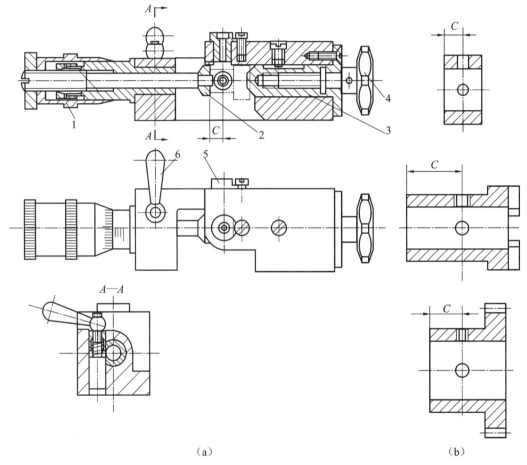

（a）　　　　　　　　　　　　　　（b）

图 5-68　可调整钻模

1—调节旋钮;2—定位支承;3—滑柱;4—夹紧捏手;5—钻套;6—紧固手柄

2.可调整夹具的调整方式

可调整夹具通常采用四种调整方式:更换式、调节式、综合式和组合式。

（1）更换式

采用更换夹具元件的方法,实现不同零件的定位、夹紧、对刀或导向。图 5-67 所示的可调整车床夹具就是完全采用更换夹具元件的方法,实现不同零件的定位和夹紧。这种调整方法的优点是使用方便、可靠,且易于获得较高的精度。缺点是夹紧所需更换元件的数量大,使夹具制造费用增加,并给保管工作带来不便。此法多用于夹具上精度要求较高的定位和导向元件的调整。

（2）调节式

借助于改变夹具上可调元件位置的方法，实现不同零件的装夹和导向。图 5-68 所示的可调整钻模中，位置尺寸 C 就是通过调节螺杆来保证的。采用调节方法所用的元件数量少，制造成本较低，但调整需要花费一定时间，且夹具精度受调节精度的影响。此外，活动的调节元件会降低夹具刚度，故多用于加工精度要求不高和切削力较小的场合。

（3）综合式

在实际中常常综合应用上述两种方法，即在同一套可调整夹具中既采用更换元件的方法，又采用调节方法。图 5-68 所示的可调整钻模就属于综合调整方式。

（4）组合式

将一组零件的有关定位或导向元件同时组合在一个夹具体上，以适应不同零件的加工需要。图 5-69 所示的可调整拉床夹具就属于组合调整方式。该夹具用于拉削三种不同杆类零件的花键孔。由于每种零件的花键孔均有角向位置要求，故在夹具上设置了三个不同的角向定位元件——两个菱形销 6 和一个挡销 4。拉削不同工件时，分别安装不同的角向定位元件即可。组合方式由于避免了元件的更换和调节，节省了夹具调整时间，但此类夹具应用范围有限，常用于零件品种数较少而加工数量较大的情况。

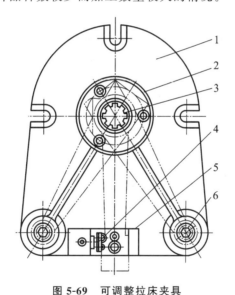

图 5-69　可调整拉床夹具

1—夹具体；2—支承法兰盘；3—球面支承套；4—挡销；5—支承块；6—菱形销

3.可调整夹具的设计

可调整夹具的设计方法与专用夹具的设计方法基本相同，主要区别在于其加工对象不是一个零件，而是一组相似的零件。因此，设计时，需对所有加工对象进行全面分析，以确定夹具最优的装夹方案和调整形式。可调整夹具的可调整部分是设计的重点和难点，设计者应按选定的调整方式，设计或选用可换件、可调件以及相应的调整机构，并在满足零件装夹和加工要求的前提下，力求使夹具结构简单、紧凑、调整使用方便。

5.5.2　组合夹具

1.组合夹具的特点

组合夹具是一种根据被加工工件的工艺要求,利用一套标准化的元件组合而成的夹具。夹具使用完毕后,可以将元件方便地拆开,清洗后存放,待再次组装时使用。组合夹具具有以下优点:

①灵活多变,根据需要可以组装成多种不同用途的夹具。

②可大大缩短生产准备周期。组装一套中等复杂程度的组合夹具只需要几个小时,这是制造专用夹具无法相比的。

③可减少专用夹具设计、制造工作量,并可减少材料消耗。

④可减少专用夹具库存空间,改善夹具管理工作。

由于以上优点,组合夹具在单件小批生产以及新产品试制中得到广泛应用。

与专用夹具相比,组合夹具的不足是体积较大,显得笨重。此外,为了组装各种夹具,需要一定数量的组合夹具元件储备,即一次性投资较大。为此,可在各地区建立组装站,以解决中小企业无力建立组装室的问题。

2.组合夹具的类型

目前使用的组合夹具有两种基本类型,即槽系组合夹具和孔系组合夹具。槽系组合夹具元件间靠键和槽(键槽和 T 形槽)定位,孔系组合夹具则通过孔与销配合来实现元件间的定位。

图 5-70 所示为一套组装好的槽系组合夹具元件分解图。其中标号表示出槽系组合夹具的八大类元件,包括基础件 2、支承件 7、定位件 4、导向件 8、压紧件 6、紧固件 5、合件 3 及其他件 1。各类元件的名称基本体现了各类元件的功能,但在组装时又可灵活地交替使用。合件是若干元件所组成的独立部件,在组装时不能拆卸。合件按其功能又可分为定位合件、导向合件、分度合件等。图 5-71 中的定位件 3 为端齿分度盘,属于分度合件。

孔系组合夹具的元件类别与槽系组合夹具相似,也分为八大类,但没有导向件,而增加了辅助件。图 5-71 所示为部分孔系组合夹具元件的分解图。可以看出孔系组合夹具元件间是以孔、销定位和以螺纹联结。孔系组合夹具元件上定位孔的精度为 H6,定位销的精度为 k5,孔心距误差为 ±0.01 mm。

与槽系组合夹具相比,孔系组合夹具具有精度高、刚度好、易于维装等特点,特别是它可以方便地提供数控编程的基准——编程原点,因此,在数控机床上得到广泛应用。

3.组合夹具的组装

组合夹具的组装过程是一个复杂的脑力劳动和体力劳动相结合的过程,其实质与专用夹具的设计与装配过程是一样的。一般过程如下:

(1)熟悉原始资料

它包括阅读零件图(工序图),了解加工零件的形状、尺寸、公差、技术要求以及所用的机床、刀具情况,并查阅以往类似夹具的记录。

(2)构思夹具结构方案

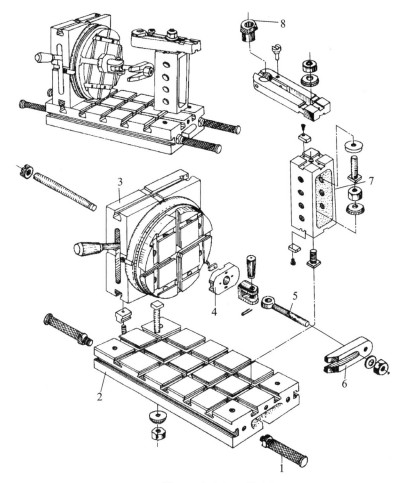

图 5-70 槽系组合夹具元件分解图

1—其他件；2—基础件；3—合件；4—定位件；5—紧固件；6—压紧件；7—支承件；8—导向件

根据加工要求选择定位元件、夹紧元件、导向元件、基础元件等（包括特殊情况下设计的专用件），构思夹具结构，拟订组装方案。

（3）组装计算

如角度计算、坐标尺寸计算、结构尺寸计算等。

（4）试装

将构思好的夹具结构用选用的元件搭一个"样子"，以检验构思方案是否正确可行。在此过程中常需对原方案进行反复修改。

（5）组装

按一定顺序（一般由下而上，由里到外）将各元件连接起来，并同时进行测量和调整，最后将各元件固定下来。

（6）检验

对组装好的夹具进行全面检查，必要时可进行试加工，以确保组装的夹具满足加工要求。

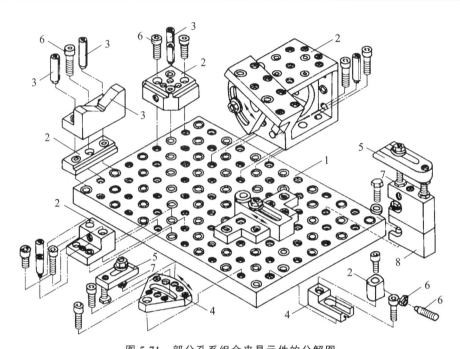

图 5-71　部分孔系组合夹具元件的分解图

1—基础件；2—支承件；3—定位件；4—辅助件；5—压紧件；6—紧固件；

7—其他件；8—合件

5.6　机床夹具的设计步骤

5.6.1　机床夹具设计的一般步骤

1.设计步骤

机床夹具设计的一般步骤如下：

(1)研究原始资料,明确设计要求

在接到夹具设计任务书后,首先要仔细地阅读被加工零件的零件图和装配图,清楚了解零件的作用、结构特点、所用材料及技术要求；其次要认真地研究零件的工艺规程,充分了解本工序的加工内容和加工要求；必要时还应了解同类零件加工所用过的夹具及其使用情况,作为设计时的参考。

(2)拟订夹具结构方案,绘制夹具结构草图

拟订夹具结构方案应主要考虑以下问题：根据零件加工工艺所给的定位基准和六点定位原理,确定工件的定位方法并选择相应的定位元件；确定刀具的引导方式,设计引导装置或对刀装置,确定工件的夹紧方法,并设计夹紧机构；确定其他元件或装置的结构形式；考虑各种元件或装置的布局,确定夹具的总体结构。为使设计的夹具先进、合理,常需拟订几种结构方案进行比较,从中择优。在构思夹具结构方案时,应绘制夹具结构草图,以帮助构思,

并检查方案的合理性和可行性,同时也为进一步绘制夹具总图做好准备。

(3)绘制夹具总图,标注有关尺寸及技术要求

夹具总图应按国家标准绘制,比例尽量取 1:1,这样可使绘制的夹具图具有良好的直观性。对于很大的夹具,可使用 1:2 或 1:5 的比例,夹具很小时,可使用 2:1 的比例。夹具总图在清楚地表达夹具工作原理和结构的前提下,视图应尽可能少,主视图应取操作者实际工作位置。

绘制夹具总图可参考如下顺序进行:用假想线(双点画线)画出工件轮廓(注意将工件视为透明体,不挡夹具),并画出定位面、夹紧面和加工面(加工面可用粗实线或网格线表示);画出定位元件及刀具引导元件;按夹紧状态画出夹紧元件及夹紧机构(必要时用假想线画出夹紧元件的松开位置);绘制夹具体和其他元件,将夹具各部分连成一体;标注必要的尺寸、配合和技术条件;对零件编号,填写零件明细栏和标题栏。

(4)绘制零件图

对夹具总图中的非标准件均需绘制零件图。零件图视图的选择应尽可能与零件在夹具总图上的工作位置相一致。

2.设计举例

图 5-72 所示为夹具设计过程示例。该夹具用于加工连杆零件的小头孔,图 5-72(a)所示为工序简图。零件材料为 45 钢,毛坯为模锻件,年产量为 500 件,所用机床为 Z525 立式钻床。主要设计过程如下:

(1)精度与批量分析。本工序有一定的位置精度要求,属于批量生产,使用夹具加工是适当的。考虑到生产批量不是很大,因此夹具结构应尽可能简单,以降低成本。

(2)确定夹具结构方案。

①确定定位方案,选择定位元件。本工序加工要求保证的位置精度主要是中心距 (120 ± 0.05) mm 及平行度公差 0.05 mm。根据基准重合原则,应选 p36H7 孔为主要定位基准,即工序简图中规定的定位基准是恰当的。为使夹具结构简单,采用间隙配合的刚性心轴加小端面的定位方式(若端面 B 与孔 A 垂直度误差较大,则端面处应加球面垫圈)。同时,为保证小头孔处壁厚均匀,采用活动 V 形块来确定工件的角向位置,如图 5-72(b)所示。

②确定导向装置。本工序小头孔的精度要求较高,一次装夹要完成钻—扩—粗铰—精铰四个工步,故采用快换钻套(机床上相应地采用快换夹头);又考虑到要求结构简单,且能保证精度,故采用固定钻模板,如图 5-72(c)所示。

③确定夹紧机构。理想的夹紧方式应使夹紧力作用在主要定位面上,本例中可采用可胀心轴、液塑心轴等,但这样做会使夹具结构复杂、成本较高。为简化结构,确定采用螺纹夹紧,即在心轴上直接做出一段螺纹,并用螺母和开口垫圈锁紧,如图 5-72(c)所示。

④确定其他装置和夹具体。为了保证加工时工艺系统的刚度和减小工件变形,应在靠近工件加工部位增加辅助支承。夹具体的设计应通盘考虑,使上述各部分通过夹具体联系起来,形成一套完整的夹具。此外,还应考虑夹具与机床的连接。因为是在立式钻床上使用,夹具安装在工作台上可直接用钻套找正并用压板固定,故只需在夹具体上留出压板压紧的位置即可。又考虑到夹具的刚度和安装的稳定性,将夹具体底面设计成周边接触的形式,如图 5-72(d)所示。

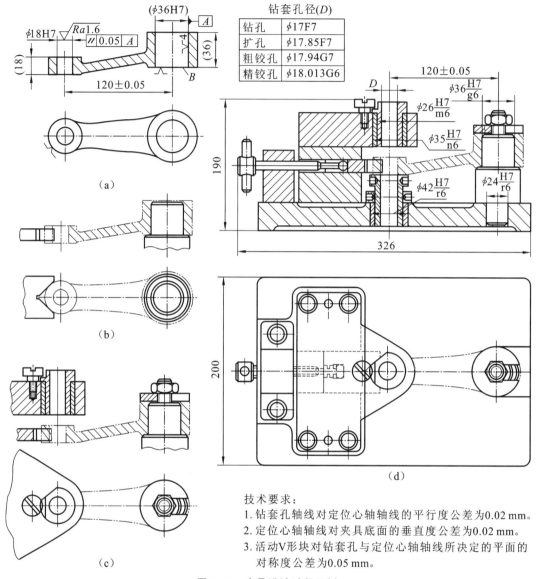

钻套孔径(D)	
钻孔	$\phi 17F7$
扩孔	$\phi 17.85F7$
粗铰孔	$\phi 17.94G7$
精铰孔	$\phi 18.013G6$

技术要求:
1. 钻套孔轴线对定位心轴轴线的平行度公差为0.02 mm。
2. 定位心轴轴线对夹具底面的垂直度公差为0.02 mm。
3. 活动V形块对钻套孔与定位心轴轴线所决定的平面的对称度公差为0.05 mm。

图 5-72　夹具设计过程示例

(3)在绘制夹具草图的基础上绘制夹具总图,标注尺寸和技术要求,如图 5-72(d)所示。
(4)对零件进行编号,填写明细栏和标题栏,绘制零件图。

5.6.2　机床夹具精度的验算

机床夹具的主要功能是保证零件加工的位置精度。使用夹具加工时,影响被加工零件位置精度的误差因素主要有以下三个方面。

1. 定位误差

工件安装在夹具上位置不准确或不一致,用 Δ_{DW} 表示,如前所述。

2.夹具制造与装夹误差

包括夹具制造误差(定位元件与导向元件的位置误差、导向元件本身的制造误差、导向元件之间的位置误差、定位面与夹具安装面的位置误差等)、夹紧误差(夹紧时夹具或工件变形所产生的误差)、导向误差(对刀误差、刀具与引导元件偏斜误差等)。该项误差用 Δ_{ZZ} 表示。

3.加工过程误差

在加工过程中,由于工艺系统(除夹具外)的几何误差、受力变形、热变形、磨损以及各种随机因素所造成的加工误差,用 Δ_{GC} 表示。

上述各项误差中,第一项和第二项与夹具有关,第三项与夹具无关。显然,为了保证零件的加工精度,应使

$$\Delta_{DW}+\Delta_{ZZ}+\Delta_{GC}\leqslant T \tag{5-21}$$

式中　T——与零件有关的位置公差。

式(5-21)即为确定和检验夹具精度的基本公式。通常要求给 Δ_{GC} 留 1/3 的零件公差,即应使夹具有关误差限定在零件公差 2/3 的范围内。当零件生产批量较大时,为了保证夹具的使用寿命,在制定夹具公差时,还应考虑留有一定的夹具磨损公差。

【例 5-5】　对图 5-72(d)所示夹具的精度进行验算。

解:首先考虑工件两孔中心距(120±0.05) mm 要求,影响该项精度的与夹具有关的误差因素主要如下:

(1)定位误差

该夹具的定位基准与设计基准一致,基准不重合误差为零。基准位置误差取决于心轴与工件大头孔的配合间隙。由配合尺寸 $\phi36H7/g6$,可确定最大配合间隙为 0.05 mm,该值即为定位误差。

(2)夹具制造与安装误差

该项误差包括:

①钻模板衬套轴线与定位心轴轴线的距离误差,此值为±0.01 mm。

②钻套与衬套的配合间隙,由配合尺寸 $\phi26F7/m6$ 可确定其最大间隙为 0.033 mm。

③钻套孔与外圆的同轴度误差,按标准钻套取值为 0.012 mm。

④刀具引偏量(图 5-73)。采用钻套引导刀具时,刀具引偏量可按下式计算

$$e=\left(\frac{H}{2}+h+B\right)\frac{\Delta_{\max}}{H} \tag{5-22}$$

式中　e——刀具引偏量,mm;

　　　H——钻套高度,mm;

　　　h——排屑间隙,mm;

　　　B——钻孔深度,mm;

　　　$\Delta_{\max}$——刀具与钻套之间的最大间隙,mm。

本例中,钻套孔径为 $\phi18.013G6$,精铰刀直径尺寸 $\phi18^{+0.013}_{+0.002}$ mm,可确定 $\Delta_{\max}=0.028$ mm。将 $H=48$ mm,$h=12$ mm,$B=18$ mm 代入式(5-22),可求得 $e=0.0315$ mm。

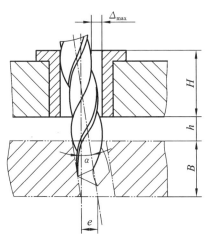

图 5-73　刀具引偏量计算

上述各项误差都是按最大值计算的。实际上各项误差不可能都出现最大值,而且各项误差方向也不可能都一样。考虑到上述各项误差的随机性,采用概率算法计算总误差是恰当的,即有

$$\Delta_C = \sqrt{0.05^2 + 0.02^2 + 0.033^2 + 0.012^2 + 0.0315^2}\ \text{mm} \approx 0.072\ \text{mm}$$

式中　Δ_C——与夹具有关的加工误差总和,mm。

该误差已大于零件上孔距公差(0.1 mm)的 2/3,留给加工过程的误差不足 1/3,因而不尽合理。为使 Δ_C 控制在零件孔距公差的 2/3 之内,可适当提高夹具元件的制造精度。例如,将定位心轴直径改为 $\phi 36g5$,则定位误差变为 0.045 mm,将钻套与衬套的配合尺寸改为 $\phi 26F6/m6$,则最大配合间隙为 0.025 mm。此时可求出 $\Delta_C = 0.065$ mm,符合要求。

实际上,上述计算中,定位误差、引偏量、最大间隙等考虑的都是极端情况,而同时出现极端情况的可能性极小。一套夹具能否达到预期的设计要求,最终还要通过实测来确定。

其次再来分析两孔平行度要求。影响该项精度的与夹具有关的误差因素主要如下:

(1)定位误差

本例中定位基准与设计基准重合,因此只有基准位置误差,其值为工件大头孔轴线对夹具心轴轴线的最大偏转角

$$\alpha_1 = \frac{\Delta_{1max}}{H_1} = \frac{0.045}{36}$$

式中　α_1——孔轴间隙配合时,轴线最大偏转角,°;

　　　Δ_{1max}——工件大头孔与夹具心轴的最大配合间隙,mm;

　　　H_1——夹具心轴长度,mm。

(2)夹具制造与安装误差

该项误差主要包括两项:

①钻套轴线对定位心轴轴线的平行度误差,由夹具标注的技术要求可知该项误差为 $\alpha_2 = 0.02/48$。

②刀具引偏量,由图 5-73 可求出刀具最大偏斜角为 α ,令 $\alpha_3 = \alpha$,则有

$$\alpha_3 = \frac{\Delta_{max}}{H} = \frac{0.028}{48}$$

上述各项误差同样具有随机性,仍按概率算法计算,可求得影响平行度要求的与夹具有关的误差总和为

$$\alpha_C = \sqrt{\alpha_1^2 + \alpha_2^2 + \alpha_3^2} \approx 0.00144 \approx 0.026/18$$

该项误差小于零件相应公差(0.05/18)的 2/3,夹具设计没有问题。

应该说明的是,上述精度分析方法只是近似的,可供设计时参考。要得到更准确的结果,需要通过试验获得。

习题与思考

5-1　分析图 5-74 所示的定位方案:①指出各定位元件所限制的自由度;②判断有无欠定位或过定位;③对不合理的定位方案提出改进意见。

图 5-74(a)过三通管中心 O 点钻一孔,使孔轴线与管轴线 O_x 、O_z 垂直相交;

图 5-74(b)车外圆,保证外圆与内孔同轴;

图 5-74(c)车阶梯轴外圆;

图 5-74(d)在圆盘零件上钻孔,保证孔与外圆同轴;

图 5-74(e)钻铰连杆零件小头孔,保证小头孔与大头孔之间的距离及两孔的平行度。

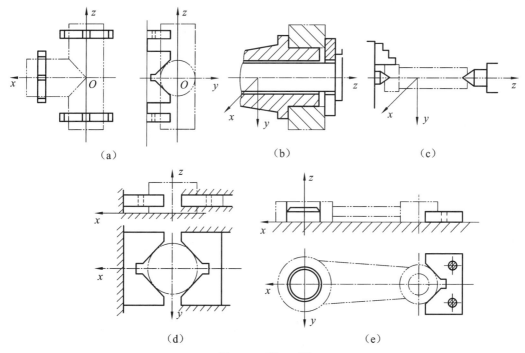

（a）　　　　　　　（b）　　　　　　　（c）

（d）　　　　　　　（e）

图 5-74　题 5-1 图

5-2　分析图 5-75 所示加工中零件必须限制的自由度,选择定位基准和定位元件,并在图中示意画出;确定夹紧力作用点的位置和作用方向,并用规定的符号在图中标出。

图 5-75(a)过球心钻一孔;

图 5-75(b)加工齿轮坯两端面,保证尺寸 A 及两端面与内孔轴线的垂直度;

图 5-75(c)在小轴上铣槽,保证尺寸 H 和 L;

图 5-75(d)过轴心钻通孔,保证尺寸 L;

图 5-75(e)在支座零件上加工两通孔,保证尺寸 A 和 H。

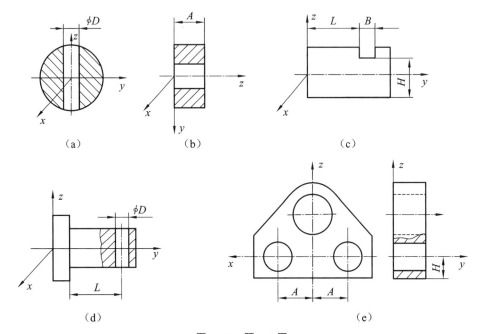

图 5-75　题 5-2 图

5-3　在图 5-76 所示的套筒零件上铣键槽,要求保证尺寸 $54_{-0.14}^{0}$ mm。现有三种定位方案,分别如图 5-76(b)、图 5-76(c)、图 5-76(d)所示。试计算三种不同定位方案的定位误差,并从中选择最优方案(已知内孔与外圆的同轴度误差不大于 0.02 mm)。

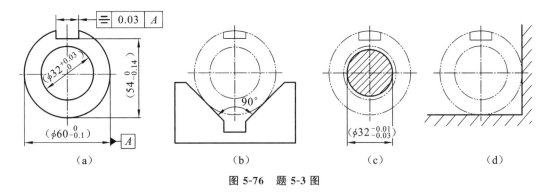

图 5-76　题 5-3 图

5-4　图 5-77 所示齿轮坯,内孔和外圆已加工合格($d=80_{-0.1}^{0}$ mm,$D=35_{0}^{+0.025}$ mm),现在插床上用调整法加工内键槽,要求保证尺寸 $H=38.5_{0}^{+0.2}$ mm。试分析采用图示定位方法能否满足加工要求(要求定位误差不大于工件尺寸公差的 1/3)。若不满足,应如何改进?(忽略外圆与内孔的同轴度误差)

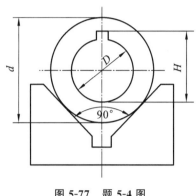

图 5-77　题 5-4 图

5-5　图 5-78 所示零件,锥孔和各平面均已加工好,现在铣床上铣键宽为 $b_{-\Delta b}^{0}$ 的键槽,要求保证槽的对称线与锥孔轴线相交,且与 A 面平行,并保证尺寸 $h_{-\Delta h}^{0}$。试问:图示定位方案是否合理? 如不合理,应如何改进?

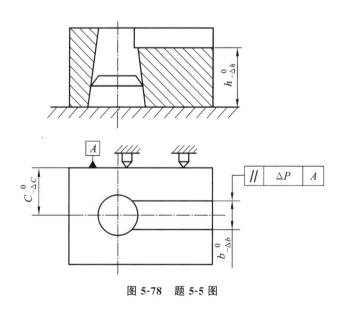

图 5-78　题 5-5 图

5-6　图 5-79 所示零件,用一面两孔定位加工 A 面,要求保证尺寸(18 ± 0.005) mm。若两销直径为 $\phi16_{-0.02}^{-0.01}$ mm,试分析该设计能否满足要求(要求工件安装无干涉,且定位误差不大于工件加工尺寸公差的 1/2)。若满足不了,提出改进办法。

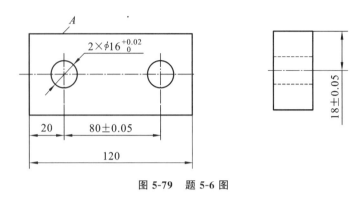

图 5-79　题 5-6 图

5-7　指出图 5-80 所示各定位、夹紧方案及结构设计中不正确的地方，并提出改进意见。

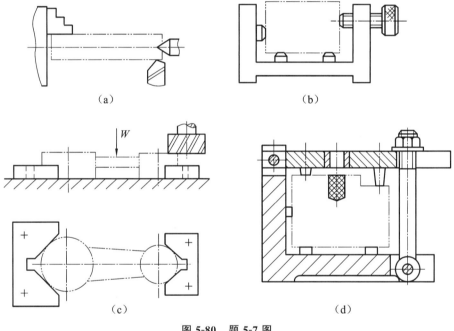

图 5-80　题 5-7 图

5-8　用鸡心夹头夹持工件车削外圆，如图 5-81 所示。已知工件直径 $d=69$ mm（装夹部分与车削部分直径相同），工件材料为 45 钢，切削用量为 $a_p=2$ mm，$f=0.5$ mm/r。摩擦系数取 $\mu=0.2$，安全系数取 $k=1.8$，$\alpha=90°$。试计算鸡心夹头上夹紧螺栓所需作用的力矩。

5-9 图 5-82 所示为一斜孔钻模,工件上斜孔的位置由尺寸 A、B 及角度 α 确定。若钻模上工艺孔中心至定位面的距离为 H,试确定夹具上调整尺寸 x 的数值。

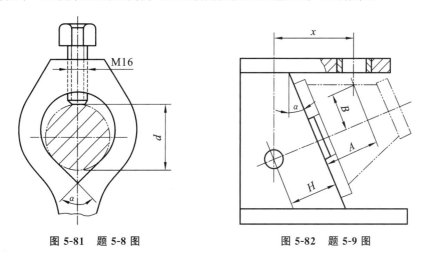

图 5-81　题 5-8 图　　　　　　　　　　　图 5-82　题 5-9 图

5-10　图 5-83(b)所示钻模用于加工图 5-83(a)所示工件上的两个 $\phi 8^{+0.036}_{0}$ mm 孔,试指出该钻模设计的不当之处[图 5-83(b)]。

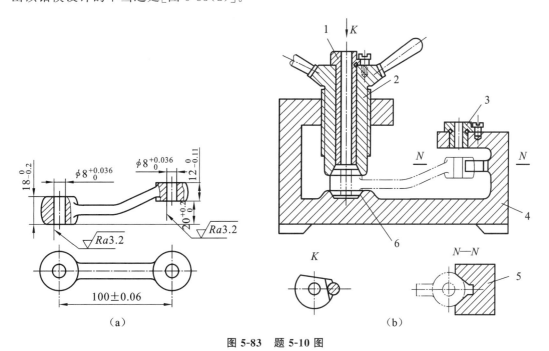

图 5-83　题 5-10 图

5-11　图 5-84 所示拨叉零件,材料为 QT400-18L。毛坯为精铸件,生产批量为 200 件。试设计铣削叉口两侧面的铣夹具和钻 M8-6H 螺纹底孔的钻床夹具(工件上 ϕ24H7 孔及两端面已加工好)。

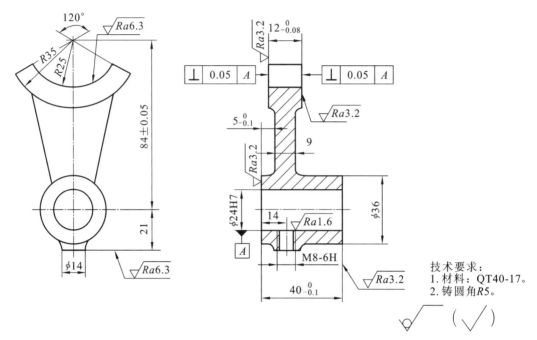

技术要求：
1. 材料：QT40-17。
2. 铸圆角R5。

图 5-84　题 5-11 图

6 机械加工生产线总体设计

6.1 概　述

6.1.1 机械加工生产线及其基本组成

机械加工生产线是指为实现工件的机械加工工艺过程,以机床为主要装备,再配以相应的输送和辅助装置,按工件的加工顺序排列而成的生产作业线。在生产线中,工件以一定的生产节拍,按照工艺顺序经过各个工位,完成其预定的工艺过程,从而成为合乎设计要求的零件。

机械加工生产线的基本组成包括加工装备、工艺装备、输送装备、辅助装备和控制系统等,如图 6-1 所示。

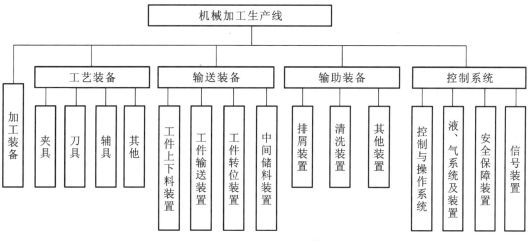

图 6-1　机械加工生产线的基本组成

6.1.2 机械加工生产线的类型

机械加工生产线的具体配置及其复杂程度,主要取决于被加工工件的类型和加工要求。根据不同的配置形式,机械加工生产线可按如下方法进行分类。

1.按产品品种区分

(1)单一产品生产线

这类生产线由具有一定自动化程度的高效专用加工装备、工艺装备、输送装备和辅助装备等组成。按产品的工艺流程布局,工件沿固定的生产路线从一台设备输送到下一台设备,接受加工、检验、清洗等。这类生产线效率高,产品质量稳定,适用于大批量生产,但其专用性强、投资大,不易进行改造以适应其他产品的生产。

（2）成组产品可调生产线

这类生产线由按成组技术设计制造的可调的专用加工装备等组成,按成组工艺流程布局,具有较高的生产率和自动化程度,用于结构和工艺相似的成组产品的生产。这类生产线适用于批量生产。当产品更新时,这类生产线可进行改造或重组,以适应产品的变化。

2.按加工装备类型区分

（1）通用机床生产线

这类生产线由通用机床经过一定的自动化改装后连接而成。

（2）组合机床生产线

这类生产线由各种组合机床连接而成。它的设计、制造周期短,工作可靠。因此,这类生产线有较好的使用效果和经济效益,在大批量生产中得到广泛应用。

（3）柔性制造生产线

这类生产线由高度自动化的多功能柔性加工装备(如数控机床、加工中心等)、物料输送系统和计算机控制系统等组成。这类生产线的装备数量较少,在每台加工装备上,通过回转工作台和自动换刀装置,能完成工件多方位、多面、多工序的加工,以减少工件的安装次数,减少安装定位误差。这类生产线主要用于中、小批量生产,加工各种形状复杂、精度要求高的工件,特别是能迅速、灵活地加工出符合市场需求的一定范围内的产品,但建立这种生产线投资大、技术要求高。

3.按设备连接方式区分

（1）刚性连接生产线

刚性连接生产线是指输送装置将生产线连成一个整体,用同一节奏把工件从一个工位传到另一工位。

（2）柔性连接生产线

柔性连接生产线是指设有中间储料装置的生产线。

4.按工件输送方式区分

（1）直接输送的生产线

这类生产线上的工件由输送装置直接带动,输送基面为工件上的某一表面。加工时工件从生产线的始端送入,完成加工后,工件从生产线的末端输出。

（2）带随行夹具的生产线

这类生产线将工件安装在随行夹具上,由主输送带将随行夹具依次输送到各个工位,完成工件的加工。加工完毕后,随行夹具又由返回输送带将其送回到主输送带的起始端。

6.1.3　机械加工生产线的设计原则

机械加工生产线设计应遵循的原则主要包括以下几方面:

①保证生产线能够稳定地满足工件加工精度和表面质量要求。

②保证加工生产线具有足够高的可靠性。

③满足生产的要求,并留有一定的生产潜力。

④根据产品的批量和可持续生产的时间,应考虑生产线具有一定的可调整性。

⑤生产线布局应尽量减小占地面积,且要便于维护工人进行操作、观察和维修。

⑥降低生产线的投入成本。

⑦有利于资源和环境保护,并以洁净化生产为设计目标。

6.1.4　影响机械加工生产线工艺和结构方案的主要因素

机械加工生产线的工艺和结构由多种因素决定,在设计生产线时必须考虑影响生产线总体方案的主要因素。

1.工件的几何形状及外形尺寸

工件的几何形状、结构特征决定了自动上下料装置的形式以及工件的输送方式。形状规则、结构简单、易于定向的小型旋转体零部件多采用料斗式自动上下料装置。箱体类工件和较大型的旋转体工件多采用料仓式自动上下料装置。具有较好输送基面且外形规则的零部件,如汽缸缸体、缸盖等可采用直接输送方式自动上下料。同时,为了减少加工机床的数量,在同一个工位上可同时装夹多个工件进行加工,如箱体端面加工多采用多工位顺序加工。对于没有良好输送基面的工件,多采用随行夹具式生产线结构设计。

2.工件的工艺及精度要求

为了实现多个平面的加工,工件需经多次的翻转,这就需要增加生产线上的辅助设备。同时,为了保证铣削工序与其他机床的节拍一致,还需要增加工件数量,或采用支线形式完成加工,从而导致生产线整体结构较为复杂。当生产线的精度要求较高时,为减少生产线停车等待时间,常在生产线内平行配置备用加工装备以备使用。

3.工件的材质

进行排屑装置和冷却液的设计与选择时,要考虑工件材质。对于韧性材质工件(如钢基材零部件)要考虑断屑措施,对于脆性材料要考虑切屑飞溅防护等措施,这些也是影响生产线结构方案设计的关键因素。另外,毛坯的加工余量、工艺要求和加工部位的位置精度直接影响自动化生产线的工位数、节拍时间、换刀周期和动力与传动系统的选择与设计,在生产线整体设计时也需认真选择。

4.要求的生产率

所需加工工件批量较大时,要求生产线必须可实现自动上下料,以减轻工人的劳动强度,并提升其工作效率。同时,由于加工节拍时间缩短,为平衡节拍时间,可增加顺序加工的机床(工位)数或平行加工的机床(工位)数,以完成限制性工序的加工。在高生产率自动化生产线上,为避免自动化生产线因停车影响生产,需将工序较长的自动化生产线进行工位分区,工位之间设物流传送系统和储料系统,以提高生产线的柔性,同时这类生产线还应设监控系统,以便能迅速诊断机械加工自动化生产线的故障部位,使之能够迅速定位故障、维修并恢复生产。若工件批量较小,则要求生产线有较大的灵活性与柔性,以实现多品种、多工艺的产品加工。

5.车间现场条件

车间现场条件对生产线的配置形式也有较大的影响。大多数生产线仅完成工件的部分工序,在制定生产线整体布局时要考虑车间内部工件的流动方向和前后工序的衔接,以求得较佳的技术经济性能。对于多工段组成的较长生产线,可设计为折线形式。同时,对由于企业技术改造而增设的生产线,也要综合考虑现有车间内空余空间和机械加工装备位置等因素对生产线布局的影响。切屑输送方向及排屑装置要与车间内现有的集中排屑设施相适应,电缆、气体与水路管网的位置、方向要在保证安全的同时,尽量与现有管网对接。箱体类工件的加工生产线装料高度要求与车间内运输轨道高度一致。大批量生产的产品车间一般不设吊车,要考虑设备安装和维修的方便性。在噪声严重的车间,要考虑设置"闪光式"警报系统。对于未配备压缩空气源的车间,自动化生产线是否采用气动装置需慎重考虑。对于较复杂的专用刀具,要考虑使用成本和维修成本等问题。

6.1.5　机械加工生产线设计的内容与步骤

机械加工生产线的设计可分为资料统计、总体方案设计和结构设计三个阶段,且各阶段设计交叉、平行进行,主要包括以下步骤:

①制定生产线的工艺方案,绘制工序图和加工示意图。

②确定生产线的总体布局,绘制生产线的总体联系尺寸图。

③绘制生产线的工作循环周期表。

④进行生产线加工装备选型与专用机床的设计。

⑤进行生产线输送装置、辅助装置的选型及设计。

⑥拟定全线自动化控制方案。

⑦进行液压、电气等控制系统的设计。

⑧编制生产线的使用说明书与维修注意事项等。

6.2　机械加工生产线工艺方案的设计

工艺方案是确定生产线工艺内容、加工方法、加工质量及生产率的基本文件,也是进行生产线结构设计的重要依据,是生产线设计的关键。因此,工艺方案的制定应做到可靠、合理、先进。

6.2.1　生产线工艺方案的制定

1.工件工艺基准选择

确定生产线的工艺基准时,要从保证工件的加工精度和简化生产线的结构这两个基本原则出发,应注意以下问题:

①尽可能采用"基准重合"原则,将设计基准作为定位基准,以保证加工精度。为了简化生产线结构、便于实现自动化等,有时不能遵守这一原则,须进行工艺尺寸的换算,以保证加

工精度要求。

　　②尽可能采用"基准统一"原则,即全线统一的定位基准。这样可减少安装误差,有利于保证加工精度和实现生产线夹具结构的通用化。但有时需改变基准,如零部件某些结构孔距离定位销孔太近无法加工时,只能采用变换定位基面的办法。

　　③尽可能采用已加工面作为定位基准,如果工件为毛坯件,上线加工时,定位基面不应选在铸件或锻件的分型面上,也不要选在有铸孔的地方,因为此处毛刺较多、形状误差较大。若不得已用其作为定位基准时,必须清理平整后才可选用。作为毛坯件上线的第一道工序的定位基准,一般应选用工件上最重要的表面,以便保证该表面加工余量均匀。若某一无须加工的表面相对其他表面有较高的位置精度要求时,也可以选择该表面作为粗基准。

　　④定位基准应有利于实现多面加工,减少工件在生产线上的翻转次数,减少辅助设备的数量,简化生产线结构。

　　⑤定位基准要使夹压位置与夹紧过程简单可靠。如果工件没有良好的定位基准、夹压位置或输送基准时,可采用随行夹具。

　　⑥箱体类工件和随行夹具应采用"一面两销"的定位方式,做到定位可靠,便于实现自动化。当工件移动一个步距时,为保证定位销可靠地插入销孔中,通常将输送前方的孔作为圆销孔。这样,当输送装置将工件输送至距定位位置 0.3～0.4 mm(输送滞后量)处时,可由圆柱销的锥部将工件往前拉至最终位置。

　　2.工件输送基准的选择

　　生产线设计中还要选择工件的输送基准,并考虑输送基准和工艺基准之间的关系。工件的输送基准包括输送滑移面、输送导向面和输送棘爪推拉面。对于轴类工件,输送基准是指被机械手夹持的轴颈面。对于齿轮、轴承环等盘环状工件,输送基准是指工件输送过程中的滚动基准。

　　输送基准和输送方式密切相关,输送基准的选择应和输送方式的选择同时进行。只要有可能,应优先选用直接输送方式。外形规则的箱体类工件具有较好的输送基准,可采用直接输送方式。采用直接输送时,要防止工件的歪斜和窜动,要求输送基准的滑移面和导向面有足够的长度,最好选取已加工面。在结构允许的前提下,必要时可在工件上增加工艺凸台。

　　当固定夹具对输送有较严格的要求时,输送基准与工艺基准之间要有相应位置精度要求。例如,用"一面两销"作工艺基准时,为保证工件在被输送后的停留位置准确,要求棘爪推拉面与圆销孔中心的距离尺寸必须稳定,其尺寸偏差一般不应大于±0.1 mm,所以这个推拉面要经过加工。

　　如果以毛坯件上线,作为输送基准的各面应较平整,并在输送导轨两侧限位板上设置弹性导向装置,以保证工件在输送时不致偏转过多,此外还应增大输送滞后量,并将定位销适当削尖(顶锥角为 60°),并增长其锥部,以便定位销能方便地插入定位孔中而得到可靠的定位。

　　外形复杂且不具有良好输送基准的中小尺寸工件,如拨叉、连杆、电动机座等,可采用随行夹具进行输送。有些工件具有较好的输送基准,但因其刚性不足,也应采用随行夹具输送方式。毛坯件直接上线时,也大都采用随行夹具输送。

形状复杂、导向困难、尺寸较大的工件,如曲轴、连杆、桥壳等,可采用悬挂输送或抬起(落下)输送方式。对于连杆等工件,也常采用托盘输送,这时应优先考虑输送基准与工艺基准重合的情况。轴类工件要考虑被机械手抓取部位与工艺基准的位置要求。但是不论采用哪种输送方式,全线应尽量统一输送基准,以简化输送装置的结构并降低成本。

　　3.生产线工艺流程的拟订

　　拟订工艺流程是制定生产线工艺方案中最重要的内容,它直接关系到生产线的经济效益与工作可靠性。

　　(1)加工工序的确定

　　为了确定生产线应具备的工序,要做好以下两项工作:

　　①正确选择各加工表面的工艺方法和工步数。首先应认真分析工件的特点,明确加工部位、加工精度要求和粗糙度等级,参考已有的工艺及有关技术资料,根据工件材料的种类、工件被加工表面的要求等因素,确定工件各加工表面所需的工艺方法和工步数。

　　②合理确定工序间余量。为了保证加工精度及能使生产线正常工作,除了要正确选择工艺方法及工步数外,还须合理分配工序间余量。可根据工厂实际情况参照有关手册的推荐数据进行选择。安排各加工次序时,如果工序间余量过大,为保护精加工的刀具耐用度,可以考虑增加一道精加工工序。

　　确定各加工表面的工艺方法、工序间余量以及工步数后,工件在生产线上加工所需要的工序内容也就确定了。

　　(2)工序顺序的安排

　　工件上具有各种待加工表面,其中以高精度孔所需的工步数最多。所以,在拟订加工顺序时,可以从工件各个面的主要孔入手,首先根据其精度和表面粗糙度要求,确定出各主要孔的工步数,以此作为工件各个工位的基础,然后再将多余的工序内容分别安插到既定的工位上。将工件各面上的工位数确定后,再按拟订加工顺序的原则,将不同面上的工位进行排列组合,以便进行工艺流程方案的编制。安排加工顺序的一般原则是:

　　①基准先行,先主后次,先面后孔。先加工定位基面,后加工一般工序,先加工平面,后加工孔。

　　②粗、精分开,先粗后精。对于重要的加工表面,粗、精加工应分为若干道工序。对于不重要的加工表面,粗、精加工安排可以近一些,以便及时发现前道工序产生的废品。一般不宜在同一台机床上同时进行粗、精加工。重要加工表面的粗加工工序应安排在生产线的前端,以利于及时发现和剔除废品。高精度的精加工一般应放在生产线的最后一道工序,以免精加工表面多次被碰伤,并可减少粗加工的热变形和夹紧变形的影响。但对于废品率较高的孔的精加工工序,不宜放在最后。

　　③特殊处理,线外加工。废品率较高的粗加工工序应放在线外进行,以免影响生产线的正常节拍。

　　④精度高而不易确定是否能达到加工要求的工序,不应放在线内加工,如有必要在线内加工,则应采取相应措施,如采用备用机床、自动测量及刀具自动补偿装置等,甚至可将其设计为备有支线的单独精加工生产线。

　　⑤工序集中。将工序合理地集中,可以把若干加工表面在一次安装完成后加工出来,减

少工件安装定位的误差,提高被加工表面的相互位置精度。此外,还可以减少机床的使用数量,从而简化生产线结构。所以,合理地集中工序是安排生产线工艺最重要的原则之一。

根据上述原则,在拟订加工顺序时,应首先保证将具有相互位置精度要求的加工表面安排在同一工位上加工。对于若干个固定用的螺栓孔,为了保证位置精度,也应安排在同一工位上加工,并应从结合面开始进行切削。对于同一方向的次要加工表面,也应尽量在一次安装下完成加工,以减少转位装置,简化生产线的结构。但是,工序集中的原则不是绝对的,对于某些工序,有时集中不如分散合理,甚至只能采用分散的原则完成工序。例如,镗大孔、钻小孔、攻丝等工序尽可能不要安排在同一主轴箱上,以免传动系统过于复杂,调整刀具不便。攻丝工序最好安排在单独的机床上进行,必要时也可安排为单独的攻丝工序。这样可简化机床结构,有利于冷却润滑液和处理切屑。

另外,为了提高工件加工过程中的可靠性,防止出现批量废品,应在生产线中安排必要的检查、排屑、清洗等辅助性工序。

4.选择合理的切削用量

生产线的工艺方法和刀具类型确定之后,即可着手选择切削用量。合理的切削用量是保证生产线加工质量和生产效率的重要因素,也是计算切削力、切削功率和切削时间的必要依据,是设计机床、夹具的基本依据。生产线切削用量的选择应注意以下几点:

①对于工作时间长、影响生产线节拍的关键工序,应尽量采用较大的切削用量以提高生产率,但应保证耐用度最短的刀具能连续工作一个班或半个班,以便于利用非工作时间进行换刀。对于非关键性工序,生产率不是主要矛盾,可采用降低切削用量来提高刀具耐用度。

②同一主轴箱上的刀具,一般共用一个进给系统,故各刀具每分钟进给量应相同。如果少数刀具确实有必要选取不同的进给量时,可以采用附加的增速机构或减速机构。

③同一主轴箱上有定向停车要求的各主轴,选择转速时,要使它们的每分钟转数相等,或互成整数倍。

④选择复合刀具的切削用量时,应考虑到刀具各部分的强度、耐用度及其工作需求。

6.2.2　生产节拍的平衡和生产线的分段

1.生产节拍的平衡

生产线的工序及其加工工序确定之后,可能出现各工序生产节拍不等的情况。如果有的工序节拍比生产线要求的节拍 t_j 长,则这个工序将无法完成加工任务。若有的工序节拍又比 t_j 短得多,则该工序的设备负荷不足。因此,必须平衡各工序的节拍,使其与 t_j 相匹配,生产线才能取得良好的经济效果。按工艺流程初步选定所需设备台数以后,也需要经过平衡工序节拍,加以核实或适当增减,才能最后确定。

平衡工序节拍,首先按拟定的工艺流程计算出每一工序的工作循环时间 t_g,即

$$t_g = t_q + t_f \tag{6-1}$$

$$t_q = \frac{L + l_r + l_c}{f} \tag{6-2}$$

式中　t_q——基本工艺时间,min;

t_f——与 t_q 不重合的辅助时间,min,可取为 $0.3 \sim 0.5$ min,主轴需定位时取 0.6 min;

L——工作行程长度,mm;

l_r——切入行程长度,mm;

l_c——切出行程长度,mm;

f——动力部件的进给速度,mm/min。

将得出的 t_g 与生产线节拍 t_j 相比较,即可找出 $t_g > t_j$ 的工序,称为限制性工序,必须缩短其工作循环时间 t_g。当 t_g 与 t_j 差不多时,可以适当提高切削用量来缩短 t_g,若 $t_g > t_j$,可采用下列措施平衡生产线节拍:

①增加顺序加工工位,采用工序分散的方法,将限制性工序的工作行程分为几个工步,并分配到几个工位上完成。但采用这种方法时,会在工件已加工表面留下接刀痕。该方法只适用于粗加工或精度要求不高的工序。

②把 t_g 调整为 t_j 的整数倍,在限制性工序实行多件加工。这时需要将限制性工序单独组成一个工段,进行成组输送,其他各工序仍是单件输送。这种方法较适用于加工中小型工件的生产线。

③当工件 t_g 较大时,可以增加加工工位数,即在生产线上设置若干个同样的机床,同时加工同一道限制性工序,机床排列可采用串联和并联两种方式。

图 6-2 所示为串联方式,设有几个加工工位和两个空工位,其中 C_5、C_6 为两个相同的工位,用以加工同一道限制性工序。生产线的输送过程为:第一个节拍加工时,各工位上的工件处于图 6-2(a)所示位置。第一个节拍终了后,输送带 1 将 $C_1 \sim C_4$ 各工位的工件移动一个步距,而输送带 2 和 C_5、C_6 两工位上的工件维持不动以便继续加工。在第二个节拍终了时,输送带 1、2 同时动作。输送带 2 的步距为输送带 1 的两倍,并且输送带 2 一次输送两个工件,然后再进行下一次循环。工件移动的结果如图 6-2(c)所示。

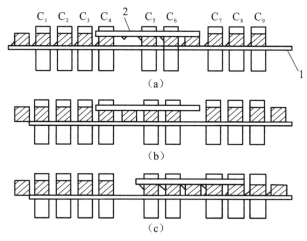

图 6-2 串联方式平衡生产线节拍

1,2——输送带

图 6-3 所示为并联方式,其各工序的工作循环时间 t 如图 6-3 所示。为了满足生产线节拍 t_j 的要求,用两个滚齿机并联接入生产线,这种并联方式适用于非固定节拍的生

产线。

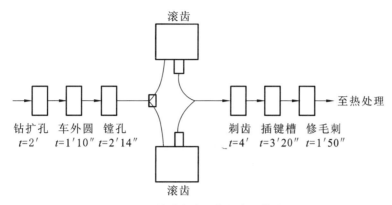

图 6-3 并联方式平衡生产线节拍

2.生产线的分段

生产线的工艺顺序确定以后,由于生产线的工艺要求或因工位过多需要对生产线进行分段,以增加生产线的柔性和利用率。通常,对符合下列情况的生产线要进行分段:

①工件结构或工艺比较复杂时,为了完成全部工序的加工,工件需在生产线上进行多次转位。这些转位装置往往使得全线不能采用统一的输送带,须分段独立输送,此时转位装置就自然地将生产线分成若干个工段。

②为了平衡生产线的节拍,当需要对限制性工序采用"增加同时加工的工位数"或"增加同时加工的工件数"等方法以缩短限制性工序的工时,往往也需要将限制性工序单独组成工段,以便满足成组输送的需要。

③当生产线的工位数较多、生产线较长时,需要将其分段,并在段与段之间设置贮料库。生产线各段独立工作,当某一段因故障停歇时,其他各段仍可继续生产,从而降低生产线的停车损失。较长的生产线一般每隔 10～15 台机床进行分段。

④如果生产线包括不同种类的工序,而它们的生产率不易平衡时,也可按工序的种类划分工段并设置贮料库。

⑤当工件的加工精度较高时,需对粗加工工件存放一段时间以减少工件热变形和内应力对后续工序的影响。这种情况下也需要对生产线进行分段,工件经粗加工后下线,在储料库中存放一定的时间,再运送到精加工工段进行加工。

6.2.3 生产线的技术经济性能评价

1.加工设备选择

加工设备选择是生产线设计的关键环节。加工设备选择是否正确、合理,不但影响工件的加工质量、生产效率和制造成本,而且还涉及生产线的投资力度和投资的回收期限。

由于被加工工件的结构特征、生产批量、工厂条件等的不同,构成生产线的主要加工设备的选择也各不相同。在大批量生产的条件下,旋转体类工件通常选择全自动通用机床、经自动化改装的通用机床及专用机床。箱体、杂类工件通常选用组合机床。

采用通用机床进行自动化改装后建立生产线,可充分发挥现行设备的潜力,进一步提高劳动生产率,对某些暂时无条件设计与制造专用机床和组合机床的企业具有一定的现实意义。但通用机床要符合生产线要求,改装工作量较大,应在总体设计时,从工艺和结构上进行全面分析和规划,提出改装任务和要求。

为建立生产线而设计的专用机床,可充分满足生产线的要求。但一般专用机床的设计制造成本较高,建线所需时间较长,只有当产品结构稳定、生产批量较大时,才能取得较好的经济效益。用组合机床建立生产线时的设计、制造和调整所需时间较短,并且便于选择输送、转位、排屑等辅助装置,在大批量生产中应用较为普遍。

数控机床是建立柔性加工生产线的基本设备,适用于中小批量工件的加工。随着科学技术的进步和市场竞争的需要,产品更新换代的周期大大缩短,以数控机床为主要加工设备的柔性加工生产线代表了机械制造业的发展方向,但其投资大,对企业的技术水平要求也高。

总之,在建立生产线时,到底采用哪一类设备更为合理,要根据具体情况,综合考虑各方面的因素,通过技术经济论证后才能最后确定。

2.生产线的工作可靠性

生产线的可靠性是指在给定的生产纲领所决定的规模下,在生产线规定的全部使用期限内(例如一个工作班),连续生产合格产品的工作能力。生产线的可靠性越低,生产率损失就越大,实际生产率和理论生产率之间的差距也越大,而且会使管理人员和工人的数目增加,不仅增加了工资费用,而且还增加了维护和保养费用。

生产线发生了使其工作能力遭到破坏的事件,称为生产线的故障。由于生产线所使用的元(器)件、零部件、各种机构、装置、仪器、工具和控制系统等损坏或不能正常工作而引起的故障,称为元件故障。生产线加工的工件不符合技术要求以及组织管理原因引起的生产线停顿,称为参数故障。元件故障表征动作可靠性,参数故障表征工艺加工精度以及使用管理方面的可靠性。对生产线而言,参数故障往往是人为因素造成的,常不在考虑范围之内。当只考虑不发生元(器)件故障的平均工作时间时,设每一个元(器)件的故障与其他元(器)件的故障无关,则生产线不发生故障的概率取决于生产线所用元(器)件工作不发生故障的概率的乘积。随着生产线复杂程度的提高,其组成的元(器)件随之增多,即使每个元(器)件的可靠性都很高,生产线不发生故障的概率也随之急剧降低。

生产线的使用效果很大程度上还取决于寻找故障原因、排除故障、恢复其工作能力所需的时间。通常,生产线的工作能力恢复时间概率的分布,也像无故障工作时间概率的分布一样,可以描述成指数形式。设在生产线工作的 T_H 期间,发生了 n 次故障,排除这些故障共花费了 T_x(即总故障时间),其恢复工作能力的平均时间为 Q_{cp},则有

$$Q_{cp} = \frac{T_x}{n}$$

设生产线恢复工作能力的平均时间与生产线工作时间之比为生产线恢复工作的时间比,并记为 τ,则有

$$\tau = \frac{Q_{cp}}{T_H}$$

　　Q_{cp} 和 τ 说明了生产线恢复工作能力的时间要素的重要性。Q_{cp} 和 τ 的数值是衡量生产线工作可靠性和维修度的重要指标。可见,提高生产线可靠性和使用效率的主要措施包括:

　　①采用可靠性高的元(器)件。

　　②提高故障搜寻和排除的速度。

　　③重要的和加工精度要求高的工位应采用并联排列,易出故障的电路和元(器)件应采用并联连接。将容错技术与自诊断技术相结合,自动查找故障并自动转换至并联元(器)件和电路上运行,也可由人工转换至并联的工位继续运行,这些都将大大节省故障停机时间。

　　④将生产线分成若干段,采用柔性连接,则每段组成的元(器)件数量将大量减少,也可提高生产线的可靠性。

　　⑤加强管理,减少由于技术工作和组织管理不完善所造成的生产线停机时间。

　　3.生产线的生产率

　　(1)生产线的生产率分析

　　生产线的生产率是生产线设计的一个重要指标,由生产率可计算出生产线的生产节拍,并由生产节拍的大小来确定生产线所需机床的数量。

$$Q = \frac{N}{T}$$

式中　Q——用户所要求的生产线生产率;

　　　　N——生产线的计算生产纲领,是在生产纲领的基础上考虑废品率和备品率计算出来的,件/年;

　　　　T——年基本工时,h/年。

　　生产线在实际工作中,常由于故障、维修等原因而停歇,从而使生产线不能满负荷工作。若生产线的负荷率为 η(η 通常取 $0.65 \sim 0.85$,复杂的生产线取低值,简单的生产线取高值),则为了满足用户所要求的生产率,生产线的设计生产率 Q_1 应为:

$$Q_1 = \frac{Q}{\eta}$$

　　据此,生产线的节拍 t_j 应为:

$$t_j = \frac{60}{Q_1} = \frac{60}{Q}\eta = \frac{60T}{N}\eta$$

　　生产线中某一工序的单件生产时间为 t_{gi},则该工序所需的机床的数量 S_i 为:

$$S_i = \frac{t_{gi}}{t_j}$$

　　将所得机床数圆整为整数 S'_i。若 S_i 值小数点后的尾数较小,可删去该尾数,因 $S'_i < S_i$,为弥补该工序生产能力的不足,应采取提高切削用量、降低辅助时间等措施来提高其生产能力。

　　若 $S'_i > S_i$,则该工序机床负荷率 k_i 为:

$$k_i = \frac{S_i}{S'_i}$$

　　一条生产线要完成若干道工序的加工,有些工序的机床可能利用得较充分,k_i 较大;有的工序机床可能利用得不充分,k_i 较小。为了衡量整条生产线机床的利用情况,在此引入生

产线机床平均负荷率的概念。设生产线上有 n 道工序,则生产线的机床平均负荷率 k_0 为:

$$k_0 = \frac{1}{n} \sum_{i=1}^{n} \frac{S_i}{S'_i}$$

为保证生产线上机床能得到充分利用,生产线的机床平均负荷率 k_0 不应低于 0.8。

(2)生产线生产率与工作可靠性的关系

生产线的工作可靠性直接影响生产线的生产率,生产线的各种停顿与生产线技术和组织管理息息相关。可靠性高,生产率也随之升高。生产线无故障工作的周期是随机分布的,生产线的实际生产率同样具有随机性。

如果将组织管理等人为因素所造成的生产线停顿包含在故障范畴之内,生产线的实际生产率就取决于三个因素,即生产线的工作循环周期、故障频率,以及发现和排除故障的持续时间。由此可知,生产线的可靠性对保障实际生产率的重要性。

4.生产线的经济性分析

生产线的经济性分析是建造自动化生产线的一个重要的考虑因素,也是比较不同生产线设计方案优劣的主要评价指标。评价生产线经济效益的主要指标有:机床平均负荷率、占地面积、制造零件的生产成本、所需各类工作人员数量、投资费用、投资回收期等。

生产线的投资回收期长短直接关系到生产线的经济效益,是生产线设计的重要经济指标。生产线建线投资回收期限 T(年)为:

$$T = \frac{I}{N'(S-C)} \tag{6-3}$$

式中　I——生产线建线投资总额,元;

　　　S——零件销售价格,元/件;

　　　C——零件的制造成本,元/件;

　　　N'——生产纲领。

生产线建线投资回收期 T 越短,生产线的经济效益越好,需同时满足以下条件才允许建线:

①投资回收期应小于生产线制造装备的使用年限。

②投资回收期应小于该零部件的预定生产年限。

③投资回收期应小于 4～6 年。

在生产线建线投资总额 I 中,加工装备尤其是关键加工装备的投资所占份额较大,在决定选购复杂昂贵的加工装备前,必须核算其投资的回收期限。如在 4～6 年内收不回设备投资,则不宜选购,应另行选择其他类型的加工装备。

6.3　机械加工生产线专用机床的总体设计

6.3.1　概述

生产线上的加工装备既有通用机床、数控机床,也有专用机床。通用机床和数控机床一般都有定型产品,可以根据生产线的工艺要求进行选购。专用机床没有定型产品,必须根据所加工零件的工艺要求进行专门设计。虽然生产线所采用的机床类型很多,但归纳起来,可以分为以下几大类:

(1)通用的自动机床和半自动机床

在生产线上选用这类机床时,只需添加输料和装卸料机构即可形成生产线所需的设备,如单轴或多轴自动机床等。

(2)经自动化改造的通用机床

在通用机床的基础上,对机床进行机械和电气系统改造,实现加工过程的自动化,以满足生产线的某种特殊加工要求。

(3)专用机床

专用机床是针对加工某种零件的特定工序设计的,在设计时应充分考虑成组加工工艺的要求,根据相似零件族的典型零件的工艺要求进行设计。典型零件是指具有相似零件族内各个零件全部结构特征和加工要素的零件,它可能是一个真实的零件,更可能是由人工综合而成的假想零件。

由于组合机床在生产线中使用得比较广泛,本节以组合机床为例介绍专用机床的总体设计原理。

6.3.2　组合机床的组成、特点及基本配置形式

1.组合机床的组成及特点

组合机床是以系列化、标准化的通用部件为基础,配以少量的专用部件组成的一种高生产率专用机床。它具有自动化程度较高、加工质量稳定、工序高度集中等特点。

图 6-4 所示为单工位双面复合式组合机床。工件安装在夹具 5 中,多轴箱 4 的主轴前端刀具和镗削头 6 上的镗刀,分别由动力箱 3 驱动多轴箱和由电动机驱动传动装置使主轴做旋转主运动,并由各自的动力滑台 7 带动做直线进给运动。图中除多轴箱和夹具是专用部件外,其余均为通用部件。组合机床具有如下特点:

①组合机床中有 70％～90％ 的通用部件。这些通用部件经过了长期生产实践考验,且由专业厂家集中成批制造,质量易于保证,所以工作稳定可靠、制造成本较低。

②设计和制造组合机床时,只限于设计制造少量专用部件,故机床设计和制造周期短。

③当被加工对象改变时,它的大部分通用部件均可重新使用,组成新的组合机床,有利于企业产品的更新换代。故从总体来看,组合机床对加工产品变化的适应性较好。

2.组合机床的工艺范围与机床配置形式

(1)组合机床的工艺范围

在组合机床上可完成的工艺内容有:车平面、铣平面、锪平面、车外圆、钻孔、扩孔、铰孔、镗孔、倒角、攻螺纹等。此外,组合机床还可以完成焊接、热处理、自动测量和自动装配、清洗、零件分类等非切削工作。

组合机床最适于大批量的生产场合,如汽车、拖拉机、电动机、阀门等行业。主要加工箱体类零件,如汽缸体、汽缸盖、变速箱、阀门壳体和电动机座等,也可以完成如曲轴、汽缸套、

拨叉、盖板类零件的加工。此外,一些重要零件的关键加工工序,虽然生产批量不大,也可采用组合机床来保证其加工质量。

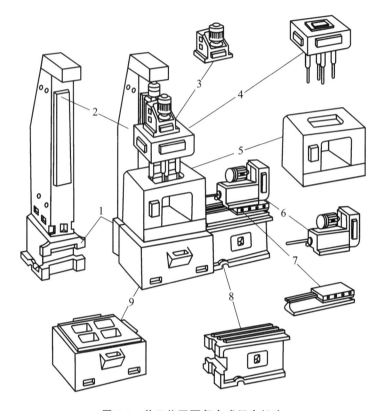

图 6-4　单工位双面复合式组合机床
1—立柱底座;2—立柱;3—动力箱;4—多轴箱;5—夹具;
6—镗削头;7—动力滑台;8—侧底座;9—中间底座

(2)组合机床的配置形式

单工位组合机床和多工位组合机床的工作特点如下:

①单工位组合机床(图 6-5)在加工过程中,工件位置固定不变,由动力部件的移动来完成各种加工。这类机床加工精度较高,适合于大、中型箱体类零件的加工。

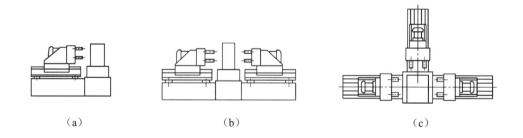

　　　　(a)　　　　　　　　　　(b)　　　　　　　　　　(c)

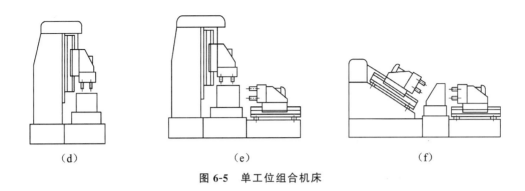

图 6-5　单工位组合机床

②多工位组合机床(图 6-6)在加工过程中,按预定的工作循环做周期移动或转动,以便顺次地在各个工位上,对同一部件进行多工步加工,或者对不同部位进行顺序加工,从而完成一个面或数个面的比较复杂的加工工序。这类机床适合于大批量生产中比较复杂的中小型零件的加工。

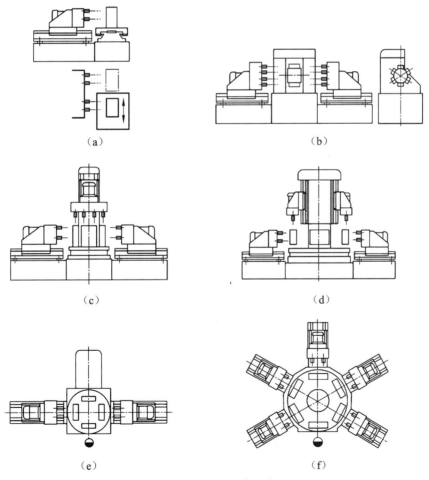

图 6-6　多工位组合机床

3.组合机床的通用部件

通用部件是组合机床重要的基础部件,是具有特定功能,按标准化、系列化、通用化原则设计制造的部件。它有统一的主要技术参数和联系尺寸标准,在设计制造各种组合机床时可以互相通用,其通用程度是衡量机床技术水平的重要标志。

通用部件按尺寸大小可分为大型和小型两类,通常是指动力滑台台面宽度 $B \geqslant 200$ mm(大型)或者 $B < 200$ mm(小型)的动力部件及其配套部件。

通用部件按功用可分为:

(1)动力部件

动力部件是组合机床最主要的通用部件,用于传递动力,实现主运动和进给运动。它包括动力箱、各种切削头(铣削头、钻削头、镗削头、液压镗孔车端面头等)、滑台(机械滑台、液压滑台)。动力箱与主轴箱配合使用,用于实现主运动。各种切削头主要用于实现刀具的主运动,滑台主要用于实现进给运动。动力部件的选用基本上决定了组合机床的工作性能,其他部件要以此为依据来配置选用。

(2)支承部件

支承部件是组合机床的基础件,包括立柱、立柱底座、侧底座、中间底座等。立柱用于组成立式机床,立柱底座为支承立柱所用,侧底座用于与滑台等动力部件组成卧式机床,中间底座用于安装夹具和输送部件。支承部件的结构强度、刚度对机床的精度和寿命有较大的影响。

(3)输送部件

输送部件用于多工位组合机床完成工件在工位间的输送,其定位精度直接影响多工位机床的加工精度。输送部件包括回转工作台、移动工作台和回转鼓轮等。

(4)控制部件

控制部件用于控制机床按预定程序进行工作循环。控制部件包括可编程序控制器、液压传动装置、分级进给机构、自动检测装置等。

(5)辅助部件

辅助部件包括冷却、润滑、排屑、自动夹紧装置等。

我国于1983年颁布了13项与ISO等效的通用部件国家标准,并依照此标准设计了"1字头"通用部件。

6.3.3　组合机床的设计步骤

组合机床一般都是根据和用户签订的设计、制造合同进行设计的。合同中规定了具体的加工对象(工件)、加工内容、加工精度、生产率要求、交货日期及价格等主要的设计原始数据。在设计工程中,应尽量做到采用先进的工艺方案和合理的机床结构方案;正确选择组合机床通用部件及机床布局形式;要十分注意保证加工精度和生产率的措施以及操作使用方便性,力争设计出技术上先进、经济上合理和工作上可靠的组合机床。

1.调查研究

调查研究的主要内容包括以下几个方面:

　　①认真阅读零件图样,研究其尺寸、形状、材料、硬度、质量、加工部位的结构及加工精度和表面粗糙度要求等内容。通过对产品装配图样和有关工艺材料的分析,充分认识零件在产品中的地位和作用。同时,必须深入到用户现场,对用户原来生产所采用的加工设备、刀具、切削用量、定位基准、夹紧部位、加工质量及精度检验方法、装卸方法、装卸时间、加工时间等做全面的调查研究。

　　②深入到组合机床使用和制造单位,全面细致地调查使用单位车间的面积、机床的布置、毛坯和在制品流向、操作人员的技术水平、刀具制造能力、设备维修能力、动力和起重设备等条件,以及制造单位的技术能力、生产经验和设备状况等条件。

　　③研究分析合同要求,查阅、搜集和分析国内外有关的技术资料,吸取先进的科学技术成果。对于为满足合同要求的难点拟采取的新技术、新工艺,应进行必要的试验,以取得可靠的设计依据。

　　2.总体方案设计

　　总体方案的设计主要包括制订工艺方案(确定零件在组合机床上完成的工艺内容及加工方法,选择定位基准和夹紧部位,决定工步和刀具种类及其结构形式,选择切削用量等)、确定机床配置形式、制订影响机床总体布局和技术性能的主要部件的结构方案。总体方案的拟订是设计组合机床最关键的一步。方案制订得正确与否,将直接影响机床能否达到合同要求,保证加工精度和生产率,并且结构简单、成本较低和使用方便。

　　对于同一加工内容,有各种不同的工艺方案和机床配置方案,在最后决定采用哪种方案时,必须对各种可行的方案做全面分析比较,并考虑使用单位和制造单位等诸方面因素,综合评价,选择最佳方案或较为合理的方案。

　　总体方案设计的具体工作是编制"三图一卡",即绘制零件工序图、加工示意图、机床总联系尺寸图,编制生产率计算卡。

　　在设计机床总联系尺寸图的过程中,不仅要根据动力计算和功能要求选择各通用部件,往往还应对机床关键的专用部件结构方案有所考虑。例如对影响加工精度的较复杂的夹具要画出其草图,以确定可行的结构及其主要轮廓尺寸;多轴箱是另一个重要专用部件,应根据加工孔系的分布范围确定其轮廓尺寸。根据上述确定的通用部件和专用部件结构及加工示意图,即可绘制机床总体布局联系尺寸图。

　　3.技术设计

　　技术设计就是根据总体设计已经确定的"三图一卡",设计机床各专用部件正式总图,如设计夹具、多轴箱等装配图,以及根据运动部件有关参数和机床循环要求,设计液压和电气控制原理图。设计过程中,应按照设计程序做必要的计算和验算等工作,并对第二阶段、第三阶段中初定的数据、结构等进行相应的调整或修改。

　　4.工作设计

　　当技术设计通过审查(有时还须请用户审查)后即可开展工作设计,即绘制各个专用部件的施工图样、编制各零部件明细表。

6.3.4　组合机床总体设计

组合机床总体设计主要是绘制"三图一卡",就是针对具体的零件,在选定的工艺和结构方案的基础上,进行组合机床总体方案图样文件设计。其内容包括:绘制零件工序图、加工示意图、机床总联系尺寸图,编制生产率计算卡等。

1.零件工序图

(1)零件工序图的作用与内容

零件工序图是根据选定的工艺方案,表示所设计的组合机床(或生产线)上完成的工艺内容,加工部位的尺寸、精度、表面粗糙度及技术要求,加工用的定位基准、夹紧部位,零件的材料、硬度和在本机床加工前的加工余量,毛坯或半成品的图样。它是组合机床设计的具体依据,也是制造、使用、调整和检验机床精度的重要文件。零件工序图是在零件图的基础上,突出本机床或自动线的加工内容,并做必要的说明而绘制的。其主要内容如下:

①零件的形状和主要轮廓尺寸以及与本工序机床设计有关部位的结构形状和尺寸。当需要设置中间导向时,则应把中间导向邻近的工件内部肋、壁布置及有关结构形状和尺寸表示清晰,以便检查工件、夹具、刀具之间是否相互干涉。

②本工序所选用的定位基准、夹压部位及夹紧方向,以便据此进行夹具的支承、定位、夹紧和导向等结构设计。

③本工序加工表面的尺寸、精度、表面粗糙度、几何公差等技术要求以及对上道工序的技术要求。

④注明零件的名称、编号、材料、硬度以及加工部位的余量。

末端传动壳体精镗孔组合机床的零件工序图如图 6-7 所示。

(2)绘制零件工序图的规定及注意事项

①绘制零件工序图的规定

为使零件工序图表达清晰明了、突出本工序内容,绘制时规定:应按一定的比例,绘制足够的视图及剖面;本工序加工部位用粗实线表示,在保证的加工部位尺寸及位置尺寸数值下方画粗实线,如图 6-7 中的 $\phi\,90_0^{+0.06}$,其余部位用细实线表示;定位基准符号用 $\vee$ 表示,并用下标数表明消除自由度数量(如 $\vee_3$);夹紧位置符号用 $\downarrow$ 表示;辅助支承符号用 $\triangle$ 表示。

②绘制零件工序图的注意事项

A.本工序加工部位的位置尺寸应与定位基准直接发生关系。当本工序定位基准与设计基准不符时,必须对加工部位的位置精度进行分析和换算,并把不对称公差换算为对称公差,如图 6-7 中的尺寸 152.4 ± 0.1,是由零件图中的尺寸 $152.5_{-0.2}^{0}$ 换算而来的。有时也可将工件某一主要孔的位置尺寸从定位基准面开始标注,其余各孔则以该孔为基准标注,如图 6-7 中尺寸 226.54 ± 0.06。

B.对工件毛坯应有要求,对孔的加工余量要认真分析。在镗阶梯孔时,大孔单边余量应小于相邻两孔半径之差,以便镗刀能通过。

C.当本工序有特殊要求时必须注明。例如精镗孔时,当不允许有退刀痕迹或只允许有某种形状的刀痕时必须注明。又如在薄壁或孔底部加工螺纹孔时,螺纹底孔深度不够及能否钻通等应注明。

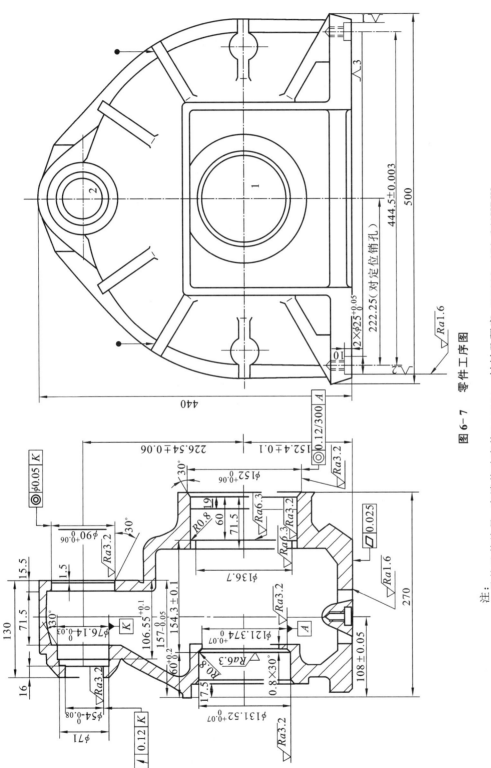

图6-7 零件工序图

注：
1. 零件及其编号：末端传动壳体Z-1136A；材料及硬度：HT200，170~241HBW。
2. 粗实线上尺寸为本工序保证尺寸。
3. 加工部位余量：1号孔直径上0.5 mm；2号孔直径上0.25 mm。

2.加工示意图

(1)加工示意图的作用

加工示意图是根据生产率要求和工序图要求而拟订的机床工艺方案,表达了零件在机床上的加工过程和加工方法,以及工件、刀具、夹具和机床各部件间的相对位置关系,是刀具、辅具、夹具、电气箱、液压箱、主轴箱等部件设计的重要依据,是机床布局和机床性能的原始要求,是机床试车前对刀和调整的技术资料。

(2)加工示意图的内容

加工示意图包括以下内容:

①加工部位结构尺寸、精度及分布情况。

②刀具、刀杆及其与主轴的连接结构。

③导向结构以及大镗杆的托架结构。

④上述各类结构的联系尺寸、配合尺寸及必要的配合精度。

⑤切削用量。

⑥工作循环及工作行程。

⑦多工位机床的工位区别以及每个工位的上述内容。

⑧工件名称、材料、加工余量、冷却润滑以及是否需要让刀等。

⑨工件加工部位向视图,并在向视图上编出孔号。

(3)加工示意图的绘制方法

现以多轴孔加工为例介绍加工示意图的绘制方法。多轴孔加工采用主轴箱同时对工件上的多个孔进行加工,主轴箱送进到终了位置时各孔应加工完毕。由于各主轴加工孔的深度不一定相同,各主轴接触工件开始进行加工的时间有先有后,这就要求孔加工刀具安装在不同的轴向位置。另外,钻头在使用时有磨损,因此,要求刀具能轴向调整以补偿磨损。为满足上述要求,多轴箱的主轴结构主要由下面三部分组成:钻头、接杆和主轴,如图 6-8 所示。图中件 8 是直柄钻头,用弹簧胀套 7 与接杆 6 相连接。接杆前端内孔是锥孔,后半部是螺纹面,其螺纹大径与主轴内孔(光孔)间隙配合。调整螺母 3 和锁紧螺母 5 用于调整接杆的伸出长度并予以锁紧。接杆后上方铣一段斜面,锁紧螺钉 2 紧压该斜面,限制接杆向外蹿动。主轴 1 通过键 13 传动接杆,再通过接杆传动钻头旋转。

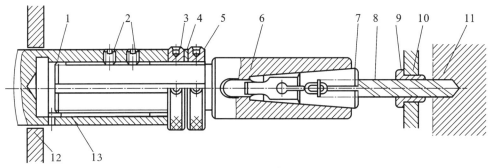

图 6-8　主轴、刀杆的结构

1—主轴;2—锁紧螺钉;3—调整螺母;4—垫片;5—锁紧螺母;6—接杆;7—弹簧胀套;
8—直柄钻头;9—钻套;10—夹具;11—工件;12—主轴箱;13—键

加工示意图的绘制方法如下：

①按比例绘制工件的外形及加工部位的展开图。工件的非加工部位用细实线画，加工部位则用粗实线画。工件在图中允许只画出加工部分。多孔同时加工时对相邻距离很近的孔需严格按比例绘制，以便检查相邻轴承、主轴、导向套、刀具、辅具是否干涉。

②根据工件加工要求及选定的加工方法确定刀具、导向套或托架的形式、位置及尺寸，选择主轴和接杆。多孔同时加工时，找出其中最深的孔，从其加工终了位置开始，依次画出刀具、导向套和托架示意图、接杆和主轴，确定各部分轴向联系尺寸，最后确定主轴箱端面的位置。以确定的主轴箱端面位置画其余各轴时，先确定刀具和主轴的尺寸，最后确定刀具接杆的长度尺寸。

③在同一工位、同一加工面上，加工相同结构、尺寸和精度加工表面的主轴结构是相同的，只需画出一根即可，但必须在该主轴上标注出所有相同主轴的轴号（与工件的孔号相对应）。

④对标准的通用结构，如钻头接杆、丝锥夹头、浮动夹头及钻、镗主轴悬伸部分等，可以不剖视，而专用结构应剖视。

⑤标注主轴端部外径和内孔直径（D/d），悬伸长度，刀具各段直径及长度，导向套的直径、长度、配合，工件距导向套端面的距离等。还需标注刀具托架与夹具之间的尺寸、工件本身和加工部位的尺寸和精度等。

⑥确定动力部件的工作循环。动力部件的工作循环是根据加工工艺的需要确定的，它是指动力部件从原始位置开始的动作过程，一般包括快速进给、工作进给和快速退回等。有时工作循环还有中间停留、多次往复进给、跳跃进给等。

⑦确定工作行程长度。

⑧在加工示意图上标注必要的说明，如工件图号、材料、硬度、加工余量、工件是否让刀运动等。

以图 6-9 所示的汽车变速器箱体左端面的加工为例，最深孔是其左端面的 S_9、S_{10}，从其加工终了位置开始，依次画出钻头、导向套、接杆和主轴，并确定各部分轴向联系尺寸，最后确定主轴箱端面的位置。各部分轴向联系尺寸的确定方法如下：

A.导向套的选择。在专用机床上加工孔，除采用刚性主轴加工外，工件的尺寸和位置精度主要取决于夹具导向。因此，必须正确地选择导向结构、导向类型、参数和精度。在本例中，导向套采用单个固定式，导向套的长度取 42 mm。

B.确定导向套离工件端面的距离。导向套离工件端面的距离一般按加工孔径的（1～1.5）倍取值，加工铸铁件时取小值，加工钢件时取大值。图 6-9 中取 20 mm。

C.为便于排屑，钻头尾部螺旋槽应露出导向套外端的距离为 30～50 mm，图中取大于 40 mm。

D.以上述确定的尺寸为基础，选取钻头的标准长度，刀具的伸出长度定为 175.5 mm，即接杆端部离导向套的距离是 69.6 mm。

E.初定主轴类型、直径、外伸长度。主轴的尺寸规格应根据选定的切削用量计算出切削转矩，由转矩初定主轴的直径，再根据主轴系列参数标准选择主轴端部的内、外径及外伸长度。对精加工主轴，不能按切削转矩来确定主轴直径，因为精加工时余量很小，转矩就很小，如按此转矩确定主轴直径，将造成主轴刚度不足。确定这类主轴直径时，先根据工件加工部位孔的尺寸确定镗杆直径，由镗杆直径确定浮动夹头的规格尺寸，进而确定主轴尺寸。图中

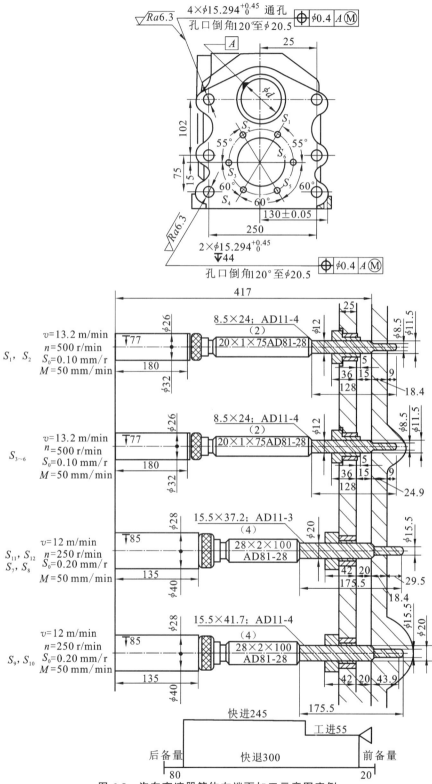

图 6-9　汽车变速器箱体左端面加工示意图实例

主轴内径和外径分别取 $\phi28$ mm 和 $\phi40$ mm,主轴悬伸长度 $L=135$ mm。

F.选择接杆的规格和主要尺寸。根据主轴端部的内径或莫氏锥号,在接杆的设计标准中可选择接杆的规格和主要尺寸,其中包括接杆长度的推荐范围,在此可选范围内的最小值。图中接杆尾部 $d=28$ mm,钻头柄部莫氏锥度号是 2 号,其长度推荐范围为 $230\sim530$ mm,取 230 mm。

G.确定主轴箱端面的位置。查有关标准,主轴前端插接杆的内孔深度为 85 mm。考虑接杆长度的调整,接杆插入主轴前端内孔的长度定为 80 mm,就可以画出主轴箱端面的位置,并计算工件左端面到主轴箱端面的距离为 417 mm。

此外,在工作行程长度确定时,要明确以下概念:

A.工作进给长度 $L_{工进}$。工作进给长度等于被加工部位的长度(多轴加工时按加工最长的孔计算)与刀具切入长度和切出长度之和,如图 6-10 所示。切出长度根据加工类型的不同,取 5 mm$+0.3d$,d 为钻头的直径;切入长度可根据工件端面误差确定,为 $5\sim10$ mm。本例中工作进给长度为 55 mm。

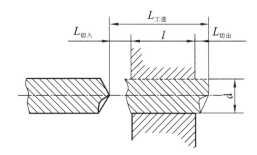

图 6-10　工作进给长度

B.快速退回长度。一般在固定式夹具的钻、扩、铰孔机床上,快速退回长度必须保证所有刀具都退进夹具导向套内,不影响装卸工作即可。对于夹具需要回转和移动的机床,快速退回长度必须保证刀具、托架、活动钻模板以及定位销等都退离到夹具运动时可能碰到的范围以外,或者是不影响装卸工件的距离。图 6-9 中快速退回长度取 300 mm。

C.快速引进长度。快速引进是指动力部件把刀具快速送到工作进给开始的位置,本例中快速引进长度应等于快速退回长度减去工作进给长度,取 245 mm。

D.动力部件总行程长度。动力部件总行程长度除必须满足工作循环工作行程要求外,还需考虑调整和装卸刀具的要求,即考虑前备量和后备量,如图 6-11 所示。前备量是指当刀具磨损或补偿安装制造误差时,动力部件可以向前调整的距离。后备量是指刀具连同接杆一起从主轴上取出时,保证刀具退离导向套外的距离大于接杆插入主轴孔内(或刀具从接杆中取出时,大于刀具插入接杆孔内)的长度。

图 6-11　工作循环图

3.机床总联系尺寸图

(1)机床总联系尺寸图的作用与内容

机床总联系尺寸图是以零件工序图和加工示

意图为依据,并按初步选定的主要通用部件以及确定的专用部件的总体结构而绘制的。其作用是:表示机床的配置形式、主要构成及各部件安装位置、相互联系、运动关系和操作方位;用来检验各部件相对位置及尺寸联系能否满足加工要求和通用部件选择是否合适;为多轴箱、夹具等专用部件设计提供重要依据;它可以看成是机床总体外观简图,由其轮廓尺寸、占地面积、操作方式等可判断是否适应用户现场使用环境。

机床总联系尺寸图的内容如下:

①表明机床的配置形式和总布局。以适当数量的视图(一般至少两个视图,主视图应选择机床实际加工状态),用同一比例画出各主要部件的外廓形状和相关位置;表明机床基本类型(卧式、立式或复合式、单面或多面加工、单工位或多工位)及操作者位置等。

②完整齐全地反映各部件间的主要装配关系和联系尺寸、专用部件的主要轮廓尺寸、运动部件的运动极限位置、各滑台工作循环总的工作行程及前后行程备量尺寸。

③标注主要通用部件的规格代号和电动机的型号、功率及转速,并标出机床分组编号及组件名称,全部组件应包括机床全部通用及专用零部件,不得遗漏。

④标明机床验收标准及安装规程。

(2)机床总联系尺寸图中主要联系尺寸的确定

①装料高度尺寸的确定。装料高度是指工件安装基面与地面的距离,应根据工件的大小和车间输送线高度来确定。根据我国具体情况,对于一般卧式机床、生产线和自动线,装料高度定为 850 mm 及 1060 mm 两种,特殊的机床装料高度可取 1200～1300 mm。

②夹具轮廓尺寸的确定。确定夹具轮廓尺寸时,除考虑工件的轮廓尺寸、形状、具体的结构外,还要考虑定位元件、夹紧机构、导向机构的布置空间,以及夹具底座与其他部件连接所需要的尺寸。夹具底座的高度一般不小于 240 mm。如果夹具的结构比较复杂,应在拟订方案阶段绘制夹具草图,以便确定夹具的轮廓尺寸,这样做比较可靠。

③中间底座尺寸的确定。在确定中间底座长、宽方向尺寸时,应考虑中间底座上面安装夹具底座后,四周应留 70～100 mm 宽的切削液回收凹槽。确定中间底座高度方向尺寸时,应考虑切屑的储存及排除,切削液的储存。切削液池的容量应不小于冷却泵 5～15 min 的流量,一般中间底座高度总是大于 540 mm。

④主轴箱轮廓尺寸的确定。对于一般钻、镗类组合机床,主轴箱的厚度有两种尺寸规格:卧式为 325 mm,立式为 340 mm。确定主轴箱尺寸时,主要是确定主轴箱的宽度和高度及最低主轴高度。该尺寸是根据工件需要加工的孔的分布距离、安置齿轮的最小距离来确定的。图 6-12 所示为工件孔的分布与主轴箱轮廓尺寸之间的关系。

主轴箱宽度 B、高度 H 的计算公式为

$$B = b + 2b_1 \tag{6-4}$$
$$H = h + h_1 + h_2 \tag{6-5}$$

式中　b——工件上待加工的在宽度方向上相隔最远的两孔距离,mm;

b_1——最边缘主轴中心至主轴箱外壁的距离,mm,通常推荐 $b_1 > (70～100)$ mm;

h——工件上待加工的在高度方向上相隔最远的两孔距离,mm;

h_1——最低主轴中心至主轴箱底平面的距离,mm,即最低主轴高度,推荐 $h_1 > (85～$

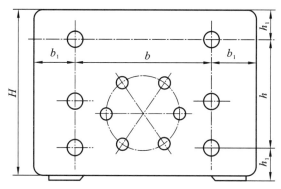

图 6-12　工件孔的分布与主轴箱轮廓尺寸之间的关系

120) mm，h_1 取值过小，润滑油易从主轴衬套处泄漏至箱外；

　　h_2——最上边主轴中心至主轴箱外壁的距离，mm，推荐 $h_2 = b_1 > (70 \sim 100)$ mm。

　　根据式(6-4)、式(6-5)计算出主轴箱的宽度和高度，在主轴箱轮廓尺寸系列标准中，寻找合适的标准轮廓尺寸。选定的主轴箱标准轮廓尺寸通常大于计算值，应根据选定的尺寸重新分配 b_1、h_1、h_2 等。

　　(3)机床总联系尺寸图的绘制方法与步骤

　　下面以双面卧式多轴钻孔机床为例介绍机床总联系尺寸图的绘制方法与步骤，结果如图6-13 所示。

　　①纵向和高度方向尺寸基准线的确定。用细双点画线画出工件的长度和高度轮廓线。以工件两端面间距离的垂直平分线作为机床纵向尺寸的基准线 $O—O$，以工件上被加工的最低孔中心线作为机床高度方向尺寸的基准线 $O_1—O_1$。

　　②纵向尺寸的确定。以图 6-13 中机床纵向尺寸基准线 $O—O$ 的左侧为例，根据已确定的加工示意图以及工件左端面位置，画出左主轴箱端面的位置。主轴箱底部离机床高度方向尺寸基准线 $O_1—O_1$ 的距离等于主轴箱最低主轴高度，设 $h_1 = 118.5$ mm。根据已选定的主轴箱轮廓尺寸，可画出左主轴箱的侧视图，设其高和厚分别为 500 mm 和 325 mm。主轴箱通过后盖与动力箱定位连接，主轴箱底面应高于动力箱底面 0.5 mm，以防止动力箱与滑台连接时，主轴箱底面与滑台顶面发生干涉，这样可以将动力箱的轮廓画出。

　　动力箱以其底面与动力滑台顶面连接，而且两者的后端面是对齐的，于是可将滑台画出。动力滑台与滑座的相对位置尺寸是以加工终了时滑台前端面到滑座前端面距离 A_4 来决定的。此距离等于加工终了刀具磨损后向前的补偿量，即前备量，可用调节螺钉调整。A_4 尺寸的最大调整范围为 $75 \sim 85$ mm，最小不应小于 $15 \sim 20$ mm。本例取 $A_4 = 40$ mm，可画出滑座。滑座与侧底座之间连接时考虑机床的调整与维修，加 5 mm 厚的调整垫。滑座前端面到侧底座前端面的距离用 A_3 表示，A_3 取 $70 \sim 100$ mm。本例取 60 mm，此时可画出侧底座。至此可算出中间底座长度方向尺寸，算式如下

$$A_1 = \left(\frac{a}{2} + a_1 + a_2 \right) - (A_5 + A_4 + A_3) \tag{6-6}$$

式中　A_1——中间底座长度的一半，mm；

　　　　a——工件的厚度，mm，本例为 446.8 mm；

　　　　a_1——工件左端面到左边主轴箱端面的距离，mm，本例为 704.6 mm；

　　　　a_2——主轴箱厚度，mm，本例为 325 mm；

　　　　A_5——动力箱前端面到滑台前端面的距离，mm，本例为 325 mm ＋ 128 mm ＝ 453 mm；

　　　　A_4——前备量，mm，本例为 40 mm；

　　　　A_3——滑座前端面至侧底座前端面的距离，mm，本例为 60 mm。

则有

$$A_1 = \left(\frac{446.8}{2}\ \text{mm} + 704.6\ \text{mm} + 325\ \text{mm}\right) - (453\ \text{mm} + 40\ \text{mm} + 60\ \text{mm}) = 700\ \text{mm}$$

　　夹具安装在夹具底座上，夹具底座又与中间底座连接。当机床采用切削液时，要考虑夹具底座安装在中间底座上后，中间底座的周边还应留 70～100 mm 宽度的回收切削液及排屑凹槽。所以，中间底座尺寸计算后还应根据夹具底座的尺寸检查是否符合上述要求，若不符合要求，可以通过重新选择接杆长度尺寸进行调节，此时必须同时修改加工示意图。

　　③确定高度方向尺寸。在高度方向必须满足如下尺寸链，尺寸链的两端分别是机床底面和最低主轴中心线。第一个等号左侧是侧底座位置的高度尺寸，第一个等号右侧和第二个等号右侧是中间底座位置的高度尺寸。

$$h_1 + h_2 + h_3 + h_4 + h_5 = h_6 + h_7 + h_8 + h_9 = h_9 + h_{10} \tag{6-7}$$

式中　h_1——最低主轴中心线至主轴箱底面的高度，mm，本例为 118.5 mm；

　　　　h_2——主轴箱底面至滑台上表面的间隙，mm，本例为 0.5 mm；

　　　　h_3——滑台上表面至滑座底面的高度，mm，本例为 360 mm；

　　　　h_4——侧底座高度，mm，本例为 660 mm；

　　　　h_5——滑座与侧底座之间调整垫的厚度，mm，本例为 5 mm；

　　　　h_6——中间底座的高度，mm，本例为 710 mm；

　　　　h_7——夹具底座的高度，mm，本例为 290 mm；

　　　　h_8——夹具定位面距夹具底座顶面的高度，mm，本例为 60 mm；

　　　　h_9——工件最低孔中心线至夹具定位基面的高度，mm，本例为 84 mm；

　　　　h_{10}——机床的装料高度，mm，本例为 1060 mm。

　　将以上取值代入尺寸链公式，可见是封闭的，即

$$118.5\ \text{mm} + 0.5\ \text{mm} + 360\ \text{mm} + 5\ \text{mm} + 660\ \text{mm}$$
$$= 710\ \text{mm} + 290\ \text{mm} + 60\ \text{mm} + 84\ \text{mm}$$
$$= 84\ \text{mm} + 1060\ \text{mm}$$
$$= 1144\ \text{mm}$$

　　④画左视图。画左视图的目的是为了清楚地表示各部件宽度方向的轮廓尺寸及相关位置。

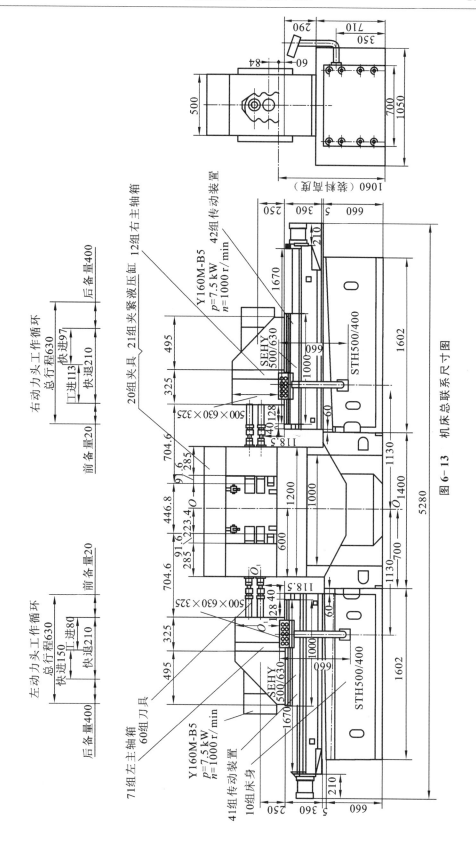

图6-13　机床总联系尺寸图

⑤表示运动部件的终点和原始状态,以及运动过程中的情况。用细实线表示运动部件的终点和原始状态,以及运动过程中的情况。对于动力部件必须绘出退回到终点的位置,以便确定机床的最大轮廓尺寸。对于回转工作台、移动工作台或回转鼓轮式机床,需绘出工作台或鼓轮运动时的包络范围,以便检查动力部件退回到终点位置时,刀具、托架等已处于该包络范围以外,不会产生碰撞。

⑥标注。标明工件、夹具、动力部件、中间底座与机床中心线间的位置关系。特别当工件加工部位对工件中心线不对称时,动力部件对于夹具和中间底座也不对称,此时应注明它们相互间偏离的尺寸。标明电动机的型号、功率、转速,标注各部件的主要轮廓尺寸,并对组成机床的所有部件进行分组编号,作为部件和零件设计的依据。

⑦画出各运动部件的工作循环。在进行各部件具体设计过程中,如发现机床总联系尺寸图中确定的某些尺寸不合理,甚至无法实现,不允许孤立地加以修改,必须在机床总联系尺寸图上,对相关的尺寸统筹考虑后再进行修改,以免产生设计工作的混乱和造成错误。在机床各组成部件设计完成后,以机床总联系尺寸图为基础进行细化,添加必要的电气装置、液压控制装置、润滑冷却装置、排屑装置等,并加注文字说明及技术要求。

4.机床生产率计算卡

根据加工示意图所确定的工作循环及切削用量等,就可以计算机床生产率并编制生产率计算卡。生产率计算卡是反映机床生产节拍或实际生产率和切削用量、动作时间、生产纲领及负荷率等关系的技术文件。它是用户验收机床的重要依据。

(1)理想生产率 Q

理想生产率 Q(件/h)是指完成年生产纲领 A(包括备品及废品率)所要求的机床生产率。它与全年工时总数 t_K(h)有关,一般情况下,单班制 $t_K = 2350$ h,两班制 $t_K = 4600$ h,则有

$$Q = \frac{A}{t_K} \tag{6-8}$$

(2)实际生产率 Q_1

实际生产率 Q_1(件/h)是指所设计机床每小时实际可生产的零件数量,即

$$Q_1 = \frac{60}{T_单} \tag{6-9}$$

其中

$$T_单 = t_切 + t_辅 = \left(\frac{L_1}{v_{f1}} + \frac{L_2}{v_{f2}} + t_停 \right) + \left(\frac{L_快进 + L_快退}{v_{fk}} + t_移 + t_装卸 \right) \tag{6-10}$$

式中　　$T_单$——生产一个零件所需时间,min;

　　　　L_1、L_2——刀具第Ⅰ、第Ⅱ工作进给长度,mm;

　　　　v_{f1}、v_{f2}——刀具第Ⅰ、第Ⅱ工作进给量,mm/min;

　　　　$t_停$——当加工沉孔、止口、锪窝、倒角、光整表面时,滑台在固定挡块上的停留时间,min,通常指刀具在加工终了时无进给状态下旋转 5～10 转所需的时间;

　　　　$L_快进$、$L_快退$——动力部件快进、快退行程长度,mm;

　　　　v_{fk}——动力部件快速行程速度,m/min,用机械动力部件时取 5～6 m/min,用液压

动力部件时取 3～10 m/min;

$t_{移}$——直线移动或回转工作台进行一次工位转换时间,min,一般取 0.1 min;

$t_{装卸}$——工件装卸(包括定位或撤销定位、夹紧或松开、清理基面或切屑及吊运工件等)时间,min,它取决于装卸自动化程度、工件质量大小、装卸是否方便及工人的熟练程度,通常取 0.5～1.5 min。

如果计算出的机床实际生产率不能满足理想生产率要求,即 $Q_1<Q$,则必须重新选择切削用量或修改机床设计方案。

(3)机床负荷率

当 $Q_1>Q$ 时,机床负荷率为二者之比,即

$$\eta_{负}=\frac{Q}{Q_1} \tag{6-11}$$

组合机床负荷率一般为 0.75～0.90,自动线负荷率为 0.6～0.7。对于典型的钻、镗、攻螺纹类组合机床,按其复杂程度参照表 6-1 确定机床负荷率;对于精密度较高、自动化程度高或加工多品种组合机床,宜适当降低负荷率。组合机床生产率计算卡见表 6-2。

表 6-1 组合机床允许最大负荷率

机床复杂程度	单面或双面加工			三面或四面加工		
主轴数	15	16～40	41～80	15	16～40	41～80
负荷率	≈0.90	0.90～0.86	0.86～0.80	≈0.86	0.86～0.80	0.80～0.75

表 6-2 组合机床生产率计算卡

零件	图号	Z-11362A		毛坯种类	铸件				
	名称	末端传动箱壳体		毛坯质量					
	材料	HT200		硬度	180～220HBW				

工序名称		左右面镗孔及刮止口				工序号			

序号	工步名称	零件数量	加工直径/mm	加工长度/mm	工作行程/mm	切削速度/(m/min)	每分钟转速/(r/min)	进给量/(mm/r)	进给速度/(mm/min)	工时/min		
										机加工时间	辅助时间	共计
1	装卸工件	1									1.5	1.5
2	右动力部件											
3	滑台快进											0.016
	右多轴箱工进 (镗孔 1″)		152.4		70	92.6	194	0.08	24	2.92		2.92
	(镗孔 2″)		90	15.5	70	84.8	300	0.124	24			
	(刮止口)									0.052		0.052

序号	工步名称	零件数量	加工直径/mm	加工长度/mm	工作行程/mm	切削速度/(m/min)	每分钟转速/(r/min)	进给量/(mm/r)	进给速度/(mm/min)	工时/min		
										机加工时间	辅助时间	共计
4	滑台快退								8000		0.025	0.025
备注	装卸工件时间取决于操作者熟练程度,本机床计算时取 1.5 min								总计			4.5 min
									单位工时			4.5 min
									机床生产率			13.3 件/h
									机床负荷率			0.8

6.4　机械加工生产线的总体布局设计

机械加工生产线的总体布局是指组成生产线的机床、辅助装备以及连接这些装备的工件输送装置的布置形式和连接方式。

6.4.1　机械加工生产线的总体布局形式

生产线的总体布局根据工件的结构形状、生产率、工艺过程和车间的布置情况不同而有各种不同的形式。

1.直接输送方式

直接输送方式是工件由输送装置直接输送,依次输送到各工位,输送基面就是工件的某一表面。直接输送方式可分为通过式和非通过式两种。通过式输送方式又可分为直线通过式、折线通过式、框型和并联支线形式。

(1)通过式

①直线通过式

直线通过式生产线如图 6-14 所示。工件的输送带穿过全线,由两个转位装置将其划分成三个工段,工件从生产线始端送入,加工完后从末端取下。其特点是输送工件方便,生产面积可充分利用。

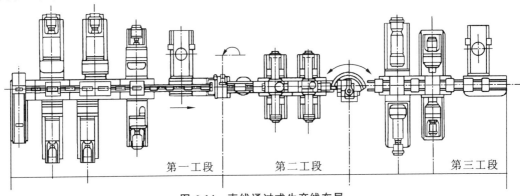

第一工段　　　　　第二工段　　　　　第三工段

图 6-14　直线通过式生产线布局

②折线通过式

当生产线的工位数多、长度较大时,直线布置常常受到车间布局的限制,或者需要工件自然转位,这时可布置成折线式,如图 6-15 所示。在两个拐弯处,生产线上的工件自然地水平转位 90°,并且节省了水平转位装置。

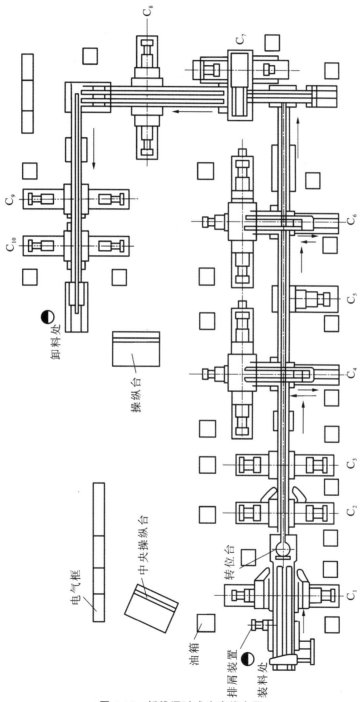

图 6-15　折线通过式生产线布局

③框型

框型布局形式适用于采用随行夹具传送工件的生产线,如图6-16所示。随行夹具自然地循环使用,可以省去一套随行夹具的返回装置,把折线通过式的装料处和卸料处相连,形成框型结构。

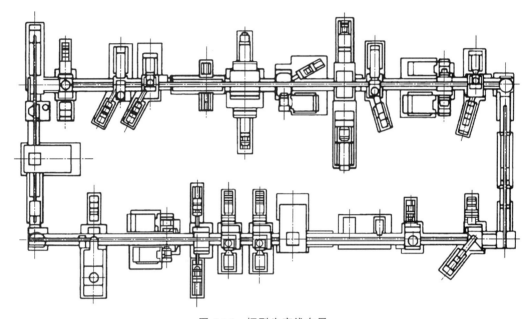

图6-16 框型生产线布局

④并联支线形式

在生产线上,有些工序加工时间特别长,这时采用在一个工序上重复配置几台同样的加工设备,以平衡生产线的生产节拍,其布局形式示意图如图6-17所示。

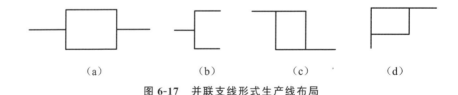

（a） （b） （c） （d）

图6-17 并联支线形式生产线布局

（2）非通过式

非通过式生产线的工件输送装置位于机床的一侧,如图6-18所示。当工件在输送线上运行到加工工序位时,通过移动装置将工件移入机床或夹具中进行加工,加工完毕后,工件移至输送线上。该方式便于采用多面加工,保证了加工面的相互位置精度,有利于提高生产率,但需增加横向运载机构,生产线占地面积较大。

2.带随行夹具方式

带随行夹具的生产线在布局上必须考虑随行夹具的返回。随行夹具的返回方式有水平返回、上方返回和下方返回三种形式。对于水平返回方式,生产线在水平面内组成封闭布局。

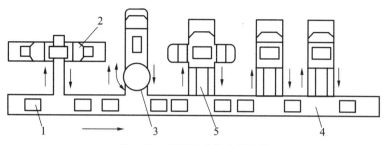

图 6-18 非通过式生产线布局

1,4—输送装置;2—转台;3—机床;5—移动装置

(1)随行夹具水平返回方式

图 6-19 所示为随行夹具水平返回方式的生产线,随行夹具可循环使用,随行夹具输送装置在生产线水平面内组成封闭的框型结构。

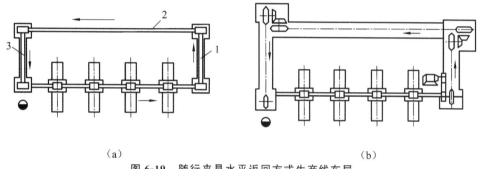

(a)   (b)

图 6-19 随行夹具水平返回方式生产线布局

1—随行夹具;2—机床;3—输送带

(2)随行夹具上方返回方式

随行夹具上方返回方式生产线布局如图 6-20 所示。随行夹具从生产线末端升起,然后从主输送带上方的空中取道回到始端。

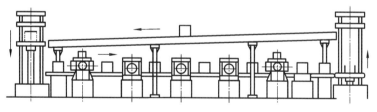

图 6-20 随行夹具上方返回方式生产线布局

(3)随行夹具下方返回方式

随行夹具下方返回方式生产线布局如图 6-21 所示。随行夹具从主输送带下方机床中间底座中返回。

由于随行夹具的数量多、精度要求高,在拟订带随行夹具的生产线结构方案时,应注意设法减少随行夹具的数量,主要途径有:减少生产线机床之间的空工位;提高工序集中的程度,以减少加工工位;提高返回输送带的传送速度,使返回输送装置上的随行夹具数量最少。

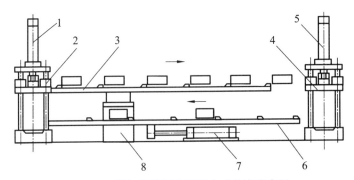

图 6-21　随行夹具下方返回方式生产线布局

1,5—前后升降液压缸;2,4—前后升降台;3—主输送带;

6—返回输送带;7—返回输送液压缸;8—机床中间底座

(4)带中央立柱的随行夹具生产线

图 6-22 所示为带中央立柱的随行夹具生产线。这种方式适用于同时实现工件两个侧面及顶面加工的场合,在装卸工位上装载工件后,随行夹具带工件绕生产线一周便可完成工件三个面的加工。

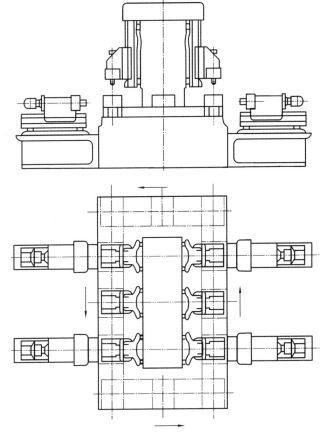

图 6-22　带中央立柱的随行夹具生产线

3.悬挂输送生产线

悬挂输送方式主要适用于外形复杂,没有合适输送基准的工件及轴类零件,工件传送系统设置在机床的上方,输送机械手悬挂在机床上方的机架上。各机械手间距一致,不仅能完成机床之间的工件传送,还能完成机床的上下料。其特点是结构简单,适用于生产节拍较长的生产线,如图 6-23 所示。这种传输方式只适用于加工尺寸较小、形状较复杂工件的生产线。

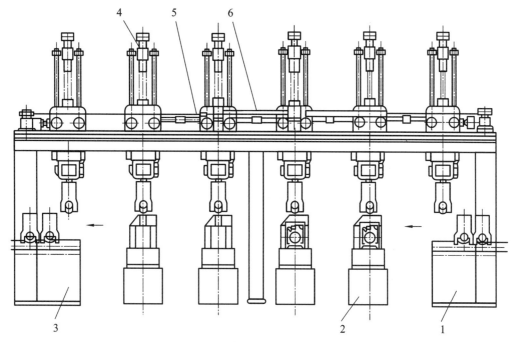

图 6-23　悬挂式输送机械手生产线

1—装料台;2—机床;3—卸料台;4—机械手;5—传送钢丝绳;6—传动油缸

4.生产线的连接方式

(1)刚性连接

这类生产线中没有储料装置,被加工工件在某工位完成加工后,由输送装置移送到下一个工位进行加工,加工完毕后再移入下一个工位,工件依次通过每个工位后即成为符合图样要求的零件。在这类生产线上,被加工工件移动的步距既可以等于两台机床的间距[图 6-24(a)],也可以小于两台机床的间距[图 6-24(b)]。刚性连接生产线由于各工位之间没有缓冲环节(即中间储料装置),工件的加工和输送过程都有严格的节拍要求,线上一台机床发生故障就会导致全线停止工作。因此,这种生产线中的机床和各种辅助装置应有较高的稳定性和可靠性。此种连接方式适用于各工序节拍基本相同、工序较少的生产线或长生产线中的部分工段。

(2)柔性连接

这类生产线根据需要可在两台机床之间设置储料装置[图 6-24(c)],也可以相隔若干台机床设置储料装置[图 6-24(d)]。在储料装置中储存有一定数量的被加工工件,当生产过程中某台机床因故障停机时,其余机床可以在一定时间内继续工作。当相邻机床的节拍相差较大时,储料装置可以在一定时间内起到调节平衡的作用。

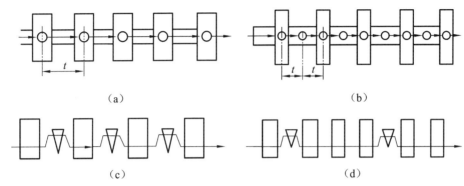

图 6-24　刚性连接与柔性连接生产线

(a),(b)刚性连接自动线;(c),(d)柔性连接自动线

□—加工设备;○—工件;▽—储料装置

6.4.2　机械加工生产线总联系尺寸图

生产线总联系尺寸图主要解决生产线中机床之间、机床与辅助装置之间以及辅助装置之间的尺寸关系。它是设计生产线各个部件的依据,也是检查各个部件相互关系的重要依据。

1.机床间距的确定

两台机床之间的距离尺寸 L,可按下式求出

$$L=(n+1)t \tag{6-12}$$

式中　t——输送带的步距,mm;

　　　　n——两台机床之间的空工位数。

设置空工位的目的主要是便于生产线的调整与看管,是否设置空工位和设置空工位的数目要根据工件大小及具体情况而定。

为方便操作者出入和操作,由式(6-12)求得的 L 应能保证相邻两台机床上运动部件的间距不小于 600 mm。

2.输送带步距的确定

输送带步距 t 是指输送带上两个棘爪之间的距离。在确定输送带步距时,既要考虑机床间有足够的距离,又要尽量缩短自动线的长度。一般通用的输送带的步距取为 350～1700 mm。可按图 6-25 所示的关系来确定:

$$t=A+l_4+l_3 \tag{6-13}$$

式中　A——工件沿输送方向的长度,mm;

　　　　l_3,l_4——后备量及前备量,其大小与输送带型号有关,可参考有关资料确定。

3.装料高度的确定

对于组合机床生产线,装料高度是指机床底平面至固定夹具上定位面之间的高度尺寸。对于加工旋转体工件的自动线,装料高度是指机床底平面至卡盘中心线(或顶尖中心线)之

间的高度尺寸。

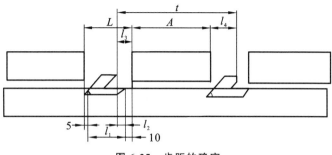

图 6-25　步距的确定

选择装料高度,应考虑操作人员看管、调整和维修设备的方便性,一般取 800～1200 mm 为宜。对于较大的工件,装料高度应取低一些,一般取 850 mm,考虑到中间床身排屑的可能性和结构刚度,最低不应小于 800 mm。对于较小的工件,装料高度可适当增加,一般可选为 1000～1100 mm。采用下方返回随行夹具的生产线,装料高度可适当增至 1200 mm。

全线各台设备的装料高度应尽可能取一致(通用机床生产线)或完全相等(专用机床及组合机床生产线)。有时为了利用机床间的高度差来实现工件在工序间的输送,装料高度可取不一致。但是,若全线从始端到末端都采用这一方式是不恰当的。为保证机床有合理的装料高度,常采用各种提升机构来形成必需的输送高度差。

4.转位台联系尺寸的确定

转位台是用于改变工件加工部位的,工件在转位过程中,必须注意不要碰到前后工件及输送带上的棘爪,而且转位前和转位后的工件位置,应能满足两段输送带中心在一条直线上的要求。当工件在原地转位时,可取工件中心作为回转台中心。设 R 为工件或限位板的最大回转半径,如图 6-26 所示,应满足下列条件:$R<L$,$a_1=a_2$,$c_1=c_2$。转位台在回转时,输送带应处于退回原位的状态,并保证在转位台上的工件端面至输送带棘爪的距离大于 $R-a_1$。

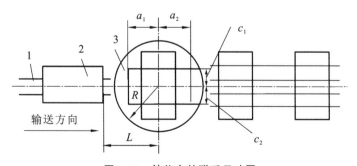

图 6-26　转位台的联系尺寸图

1—输送带;2—工件;3—转位台

5.输送带驱动装置联系尺寸

确定输送带驱动装置联系尺寸时,首先要选择输送滑台规格,输送滑台的工作行程 L_D

应等于输送步距 t 与后备量 l_3 之和,即 $L_D = t + l_3$。依据滑台行程即可选择滑台规格。

如图 6-27 所示,驱动装置高度方向联系尺寸由下式确定:

$$H = H_1 + H_2 + H_3 + H_4 \tag{6-14}$$

式中　H——装料高度,mm;

　　　H_1——底座高度,mm;

　　　H_2——滑台高度,mm;

　　　H_3——滑台台面至输送带底面的尺寸,mm;

　　　H_4——输送带高度尺寸,mm。

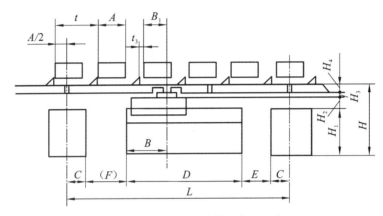

图 6-27　输送带驱动装置联系尺寸

驱动台长度方向尺寸 L 为:

$$L = D + 2C + E + F \tag{6-15}$$

式中　D——输送装置(如滑台)底座尺寸,mm;

　　　C——机床底座尺寸,mm;

　　　E——输送驱动装置有固定挡铁一端至机床底座间的尺寸,mm, $E \geqslant 300$ mm;

　　　F——输送驱动装置不带固定挡铁一端至机床底座间的尺寸,mm, $F < E$。

6.生产线内各装备之间距离尺寸的确定

生产线内各装备之间的距离尺寸如图 6-28 所示。相邻不需要接近的运动部件的间距,可以小于 250 mm 或大于 600 mm 时,且应设置防护罩;对于需要调整但不运动的相邻部件之间的距离,一般取 700 mm,如有其中一部件需运动,则该距离应加大,如电气柜门需开与关,推荐取 800~1200 mm;生产线装备与车间柱子间的距离,对于运动的部件取 500 mm,对于不运动的部件取 300 mm;两条生产线运动部件之间的最小距离一般取 1000~1200 mm;生产线内机床与随行夹具返回装置的距离应不小于 800 mm,随行夹具上方返回的生产线,其最低点的高度应比装料基面高 750~800 mm。

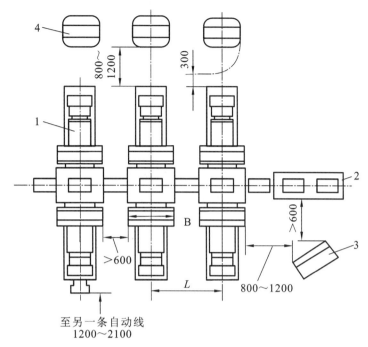

图 6-28 生产线中各装备之间的距离尺寸

1—机床;2—输送装置;3—中央操作台;4—电气柜及油箱

6.4.3 机械加工生产线其他设备的选择与配置

在确定机械加工生产线的结构方案时,还必须根据拟定的工艺流程,解决工序检查、切屑处理、工件堆放、电气柜和油箱的位置问题。

1.输送带驱动装置的布置

输送带驱动装置一般布置在每个工段零件输送方向的终端,从而使输送带始终处于受拉状态。在有攻螺纹机床的生产线中,输送带驱动装置最好布置在攻螺纹前的孔深检查工位下方,可防止攻螺纹后工件的润滑油落到驱动装置上面。

2.小螺纹孔加工检查装置

对于攻螺纹工序,特别是小螺纹孔(小于 M8)的加工,攻螺纹前后均应设置检查装置。攻螺纹前检查孔深是否合适、孔底是否有切屑和折断的钻头等;攻螺纹后则检查丝锥是否有折断的情况。检查装置安排在紧接钻头和攻螺纹工位之后,以便及时发现问题。

3.精加工工序的自动检测装置

精加工工序应考虑采用自动测量装置,以便在达到极限尺寸时发出信号,及时采取措施。处理方法有:将测量结果输入到自动补偿装置进行自动调刀;自动停止工作循环,通知操作者调整机床和刀具;采用备用机床,当一台机床在调整时,由另一台机床工作,从而减少生产线的停止时间。

4.装卸工位控制机构

在生产线前端和末端的装卸工位上要设有相应的控制机构,当装料台上无工件或卸料工位上工件未取走时,能发出互锁信号,命令生产线停止工作。装卸工位应有足够空间,以便存放工件。

5.毛坯检查装置

若工件是毛坯,应该在生产线前端设置毛坯检查装置,检查毛坯的某些重要尺寸,当尺寸不合格时,检查系统发出信号,并将不合格的毛坯卸下,以免损坏刀具和机床。

6.液压站、电气柜及管路布置

生产线的动作往往比较复杂,其控制需要较多的液压站、电气柜。确定配置方案时,液压站、电气柜应远离车间的取暖设备,其安放位置应使管路最短、拐弯最少、接近性最好。

液压管路铺设要整齐美观,集中管路可设置管槽;电气走线最好采用空中走线,这样便于维护。若采用地下走线,应注意防止切削液及其他废物进入地沟。

7.桥梯、操纵台和工具台的布置

规格较大、封闭布置的随行夹具水平返回方式生产线应在适当的位置设置桥梯,以便操作者进入。桥梯应尽量布置在返回输送带上方或设置在主输送带上方。当桥梯设置在主输送带的上方时,应力求不占用单独工位,同时一定要考虑扶手以及防滑措施,以保证安全。

生产线进行集中控制,需设置中央操作台,分工区的生产线要设置工区辅助操纵台,生产线的单机或经常要调整的设备应安装手动调整按钮台。

生产线的刀具数量大、品种多。为了方便管理,设置刀具管理台及线外对刀装置是保证生产率的重要措施。

8.清洗设备布置

在综合生产线上,防锈处理和装配工位之前,自动测量和精加工之后需要设置清洗设备。

清洗设备一般采用隧道式,按节拍进行单件清洗,也可采用单独工位进行机械清理,如毛刷清理、刮板清理等,以清除定位面、测量表面及精加工面上的积屑和油污。

习题与思考

6-1　什么是机械加工生产线?它的主要组成类型与特点有哪些?

6-2　影响机械加工生产线工艺与结构方案的主要因素有哪些?

6-3　简述机械加工生产线的设计内容和流程。

6-4　拟订机械加工生产线的工艺方案时,应着重考虑哪些方面的问题?

6-5　简述生产线节拍平衡和生产线分段的意义及相应的措施。

6-6　提高生产线工作可靠性的主要手段有哪些?

6-7　简述组合机床的组成类型、特点及配置形式。

6-8　组合机床总体设计的内容有哪些?

6-9　简述机械加工生产线的总体布局形式及特点。

6-10　机械加工生产线总联系尺寸图如何确定?

参 考 文 献

[1] 关慧贞.机械制造装备设计[M].5 版.北京:机械工业出版社,2020.

[2] 关慧贞,徐文骥.机械制造装备设计课程设计指导书[M].北京:机械工业出版社,2013.

[3] 芮延年,卫瑞元.机械制造装备设计[M].北京:科学出版社,2017.

[4] 李庆余,孟广耀,岳明君.机械制造装备设计[M].4 版.北京:机械工业出版社,2017.

[5] 黄玉美.机械制造装备设计[M].北京:高等教育出版社,2008.

[6] 王先逵.机械制造工艺学[M].4 版.北京:机械工业出版社,2019.

[7] 戴曙.金属切削机床[M].北京:机械工业出版社,1993.

[8] 黄鹤汀.机械制造装备[M].4 版.北京:机械工业出版社,2018.

[9] 陈立德.机械制造装备设计[M].2 版.北京:高等教育出版社,2006.

[10] 陈立德.机械制造装备设计课程设计[M].2 版.北京:高等教育出版社,2012.

[11] 马宏伟.机械制造装备设计[M].北京:电子工业出版社,2011.

[12] 任家隆,刘志峰.机械制造基础[M].3 版.北京:高等教育出版社,2015.

[13] 任家隆,刘志峰.机械制造工艺及专用夹具设计指导书[M].北京:高等教育出版社,2014.

[14] 韩秋实,王红军.机械制造技术基础[M].3 版.北京:机械工业出版社,2009.

[15] 吴拓.现代机床夹具设计及实例[M].北京:化学工业出版社,2015.

[16] 卢秉恒.机械制造技术基础[M].4 版.北京:机械工业出版社,2017.

[17] 孙远敬,郭辰光,魏家鹏.机械制造装备设计[M].北京:北京理工大学出版社,2017.

[18] 王隆太.先进制造技术[M].3 版.北京:机械工业出版社,2020.